# 动物微生物实验教程

DONGWU WEISHENGWU SHIYAN JIAOCHENG

主 编：沙 莎 宋振辉

西南师范大学出版社

国家一级出版社 全国百佳图书出版单位

# 动物微生物实验教程

主　编:沙　莎　宋振辉

副主编:朱　玲　盖新娜

编　者:徐志文　王　印　杨晓伟
　　　　赵光伟　张鹦俊　孙裕光

审　稿:郭　鑫

# 前　言

　　本书主要通过掌握微生物学的基本理论和技术方法，来研究畜禽病原微生物、水产微生物和食品微生物、药学微生物的分离培养、鉴定、应用、微生物学检验及其所致疾病的免疫预防、诊断和治疗等。全书分 10 章，共有 32 个实验。本书主要包括以下 5 个方面：(1)动物微生物实验的基本操作和技能，如显微镜技术，无菌操作技术，细菌的分离与纯化，细菌染色，培养基制备，动物微生物菌种的分离、纯化、培养，细菌的生化鉴定等技术；(2)加深理论部分的理解，如动物微生物形态观察、动物微生物生理生化测定、消毒剂及抗生素等外界因素对动物微生物生长的影响等；(3)针对畜牧、兽医、水产、动物药学等专业不同研究内容设计的实验内容，如鱼实验方法、动物性食品微生物学检验、动物药品微生物检验方法、犬小孢子菌分离、鸭肝炎病毒的鸭胚接种等；(4)现代微生物学基本实验技术，如细菌 PCR 试验、大肠杆菌感受态细胞的制备等；(5)注重动物微生物实验技术的应用性，开设了紧密结合临床实际应用的实验内容，如巴氏杆菌的实验室诊断、动物性食品卫生检查、酶联免疫吸附试验、温和气单胞菌实验室检验等。

　　为便于同学理解和掌握，本书中附有大量图表，每项实验均有操作要点和复习思考题。使用本教材可依据各校具体情况和学时安排，选择性地安排实验课。

　　本书在多年积累的实验教学经验的基础上，参考了国内其他院校编写的相关教材和资料，并由中国农业大学动物医学院郭鑫教授审阅和修改。

　　本书编写过程中受到了西南大学荣昌校区动物医学系领导的关心，受到了来自四川农业大学徐志文、王印、朱玲教授和中国农业大学盖新娜副教授、西南大学程方俊副教授、杨晓伟、赵光伟、孙裕光、张鹦俊等同志的大力支持，受到了预防兽医教研室各位同事的支持和关怀，西南大学荣昌校区动医 07 级常浩、孙思、马骏同学也给予了热情的帮助，谨此一并致谢。

　　本书的不足之处，诚请师生和同行们指正，以便修订。

沙莎　宋振辉

*2011* 年 *5* 月于西南大学荣昌校区

# 目　录

# 实验须知

在进行动物微生物学与免疫学实验时,可能会接触到病原微生物,故操作中应小心谨慎,以免遭受传染或向外散播病原;只有严格遵守操作规程才可防止事故,确保安全。为此在下面的叙述中,我们提出了在微生物学实验操作中应遵守和注意的事项。

## 一、安全

### (一)微生物安全,严防感染

(1)进入实验室,必须穿着工作服,必要时应戴口罩和工作帽。

(2)在检验烈性传染病时,应穿着特制的防护服并在符合生物安全要求的专用实验室操作。工作结束后,应及时更换工作服,并对其进行消毒(如5％石碳酸等)过夜或高压灭菌后,然后洗涤。

(3)实验室内禁止饮食、吸烟及用嘴湿润铅笔和标签等物。

(4)接种针用前用后,必须通过火焰烧灼。吸过菌液或血清的吸管或玻璃刮棒必须放消毒液中浸泡或于消毒锅中煮沸。

(5)含有培养物的试管,不可平放桌面,以防其中的液体流出。

(6)用过的培养物及被污染的器皿(Tip、注射器等),均应放在指定地点或容器,不得随意乱放或用水直接冲洗;必须用消毒液浸泡或煮沸消毒,如果是芽孢杆菌,应延长消毒时间或高压灭菌后,方能清洗;用过的病料、动物尸体须焚烧或灭菌、消毒后掩埋。

(7)真菌培养过程中会产生大量的孢子,并扩散到周围环境中。因此,试验后应用甲醛熏蒸消毒。真菌研究实验室要与细菌、病毒研究实验室隔离,不可交叉使用。

(8)菌种、毒种不经教师同意,绝对不允许带出实验室。

(9)在实验室中一旦发生,如划破了皮肤,试验用细菌、病料污染了实验台面等意外时,不可自己随意处理,应立即报告教师。通常处理的方法是:如手污染时,先用70％酒精棉擦净后,立即用3％来苏儿、0.1％新洁尔灭、1∶200的百毒灭等专用消毒剂浸洗数分钟,再用肥皂和清水洗净;如皮肤划破或被动物咬伤,可于局部涂擦碘酒、碘伏并注射相应的抗血清、抗生素等;如实验台或地面污染时,应以5％石碳酸或3％来苏儿等有效消毒剂覆盖过夜再清擦。实验完毕后应全面用消毒剂消毒使用过的器具以及环境。

(10)每次实验课前必须对实验内容进行充分预习,以了解试验的目的、原理和方法,做到心中有数,思路清楚。操作中不要说话,以免飞沫污染或打乱思路。

### (二)化学药品、仪器使用安全

(1)一切易燃物品如二甲苯、乙醚、酒精等应远离火源;且不可将酒精灯倾斜向另一酒精灯引火,以防爆炸。

(2)电炉、燃气炉、水龙头等使用时不可离人，用完后应立即关闭。如有漏电、漏水、漏气等现象，应立即报告修理。如不慎失火，切勿慌张，应立即用灭火器、砂土或湿布掩盖灭火。

## 二、节约

(1)对水、电、煤气、染色液、镜油、拭镜纸及其他药品等均应节约使用。

(2)使用显微镜等各种仪器时要小心，按规程操作、保养，避免不必要的损耗和发生意外。

(3)培养皿一般应翻放，即皿底在上，皿盖在下，以免取拿培养皿时，皿底掉下摔破和冷凝水影响实验结果。

(4)玻璃注射器使用时要对号配套使用，不可过分用力推拉以免破损。

(5)金属器皿用毕消毒后，应立即擦干或烘干，防止生锈。

(6)吸管插入试管中时，要轻放到底才松手，以免戳破试管。

(7)加样器要轻拿轻放，并按要求和规格使用，以避免计量不准影响实验。

(8)标记：所用各种试剂、染色剂、培养物、动物等，均需标记明确，以免混乱影响实验结果。要经高压灭菌或蒸汽消毒的物品标记(标签)，应用深黑色铅笔书写，不可用毛笔、钢笔、圆珠笔书写，以免消毒灭菌后模糊不清。

(9)记录：每次试验的结果，应以实事求是的科学态度填入报告表格中，力求简明准确，按要求写出完整的实验报告，认真回答思考题，并及时汇交教师批阅。

(10)清洁和秩序：每日开始工作前，应清洁桌面、地面。实验室中各物均应摆放一定位置，工作完后放回原处或指定地点，对实验室进行整理，打扫。

(11)实验结束后用肥皂搓洗双手约30s，清水冲洗，脱下工作服离开。

# 第一章 细菌形态和结构的观察方法

细菌(bacterium)属原核生物(procaryote)。细菌种类数量多,结构简单,个体小,大小差别很大。细菌仅有 0.2~20μm 大小,所以肉眼不能直接看到,必须借助光学显微镜将细菌放大后,才能观察到细菌的形态或结构(表 1-1)。细菌不仅个体微小,而且透明,必须借助染色法使菌体着色,显示出细菌的一般形态结构及特殊结构,在显微镜下用油镜进行观察。对细菌形态结构及其功能的了解是细菌学研究最基本要求之一。所以它也是细菌分类学研究的依据之一。

表 1-1 显微镜的分辨率

| 项目 | 分辨率 |
| --- | --- |
| 裸眼 | 0.2mm |
| 光学显微镜 | 0.2μm |
| 电子显微镜 | 0.2~2nm |

细菌形态观察主要包括群体形态(菌落形态)和个体形态观察两个方面。菌落形态可用裸眼观察,个体形态及结构需借助光学显微镜乃至电子显微镜观察。

细菌的主要形态可分为球菌、杆菌、螺形菌三大类,细菌在适宜的生长条件下,形态一般在其幼龄阶段呈现出特定形态,整齐而正常,培养条件发生变化或在老龄培养物中则常出现异常形态,其形态常受培养基的成分、浓度、培养温度、培养时间等环境条件影响。

细菌基本结构有细胞壁、细胞膜、细胞质、核质体等,还有鞭毛、菌毛、性菌毛、芽孢、荚膜等特殊结构。

细菌细胞小而透明,当把细菌悬浮在水滴内,用光学显微镜观察时,由于背景和菌体没有显著的明暗差,因而难以看清它们的形态,更不易识别其结构,所以,用普通光学显微镜观察细菌时,往往要先将细菌进行染色,借助于颜色的反衬作用,可以更清楚地观察到细菌的形状及某些细胞结构。因此,为了研究微生物的形态特征和鉴别不同类群的微生物,微生物的染色及形态结构的观察是微生物学实验中十分重要的技术。

用于微生物染色的染料,是一类苯环上带有发色基团和助色基团的有机化合物。发色基团赋予化合物颜色特征,助色基团则给予化合物能够成盐的性质,仅含发色基团的苯化合物(称色原)即使带有颜色也不能作为染料,因为它不能电离,不能与酸或碱反应形成盐,对微生物(或其他材料)没有结合力,很容易被洗脱或机械方法除去。染料通常都是盐,分酸性染料和碱性染料两大类。在微生物染色中,碱性染料较常用,如常用的美蓝(即亚甲蓝)、结晶紫、碱性复红、番红花红(即沙黄)、孔雀绿等都属碱性染料。

细菌的染色方法很多,有单染色法,如美蓝染色法;复染色法,又称鉴别染色法,例如革兰氏染色法、姬姆萨染色法和抗酸性染色法等。此外,还有荚膜、鞭毛、芽孢等特殊染色法。

最常用的是革兰氏染色法,这种方法由丹麦植物学家革兰(Christian Gram)创建于 1884 年,以此法将所有细菌区分成革兰氏阳性菌和革兰氏阴性菌两大类,前者染成紫色,后者染成红色,在鉴别细菌和选择抗菌药物等方面具有重要意义,至今仍被广泛应用。

# 实验一　显微镜的使用及细菌形态观察

## 一、目的

(1)学习并掌握普通光学显微镜油浸系的使用。

(2)认识细菌的基本形态和特殊结构。

(3)了解暗视野、荧光显微镜的成像原理和使用方法。

## 二、基本原理

普通光学显微镜是由一组光学系统和机械系统组成。微生物教学及科研所用的光学显微镜是利用目镜和物镜两组透镜系统来放大成像,故又被称为复式显微镜。它由机械装置和光学系统两大部分组成。在显微镜的光学系统中,物镜的性能最为关键,它直接影响着显微镜的分辨率。

显微镜的分辨率或分辨力是指显微镜能辨别两点之间最小距离的能力。从物理学角度来看,光学显微镜的分辨率受光的干涉现象及所使用物镜性能的限制,可表示为:

$$分辨率(最大可分辨距离)=\lambda/2NA$$

式中 $\lambda$＝光波波长;NA＝物镜的数值孔径值。

光学显微镜的光源不可能超出可见光的波长范围($0.4\sim0.7\mu m$),而数值孔径值则取决于物镜的镜口率和玻片与镜头间介质的折射率,可表示为:NA＝$n*sina$。

式中 a 为光线最大射入角的半数。它取决于物镜的直径和焦距,一般来说在实际应用中最大只能达到 $120°$,而 $n$ 为介质折射率。由于香柏油的折射率(1.52)比空气及水的折射率(分别为 1.0 和 1.33)要高,要求高于低倍镜、高倍镜等干镜(NA 都低于 1.0)。若以可见光的平均波长 $0.55\mu m$ 来计算,数值孔径通常在 0.65 左右的高倍镜只能分辨出距离不小于 $0.4\mu m$ 的物体。

在普通光学显微镜通常配置的几种物镜中,油镜的放大倍数最大,在使用普通光学显微镜观察细菌形态时会选择使用油镜;油镜的使用比较特殊,需在载玻片与镜头之间滴加镜油,这主要有以下两方面原因:

### 1.增加照明亮度

油镜的放大倍数可达 $100\times$,放大倍数这样大的镜头,焦距很短,直径很小,但所需的光照强度却最大。从承载标本的玻片透过来的光线,因介质密度不同(从玻片进入空气,再进入镜头),有些光线会因折射或全反射,不能进入镜头,致使在使用油镜时会因射入的光线较少,物像显现不清。所以为了不使通过的光线有所损失,在使用油镜时须在油镜与玻片之间加入与玻璃的折射率($n=1.55$)相仿的镜油(通常用香柏油,其折射率 $n=1.52$)。

### 2.增加显微镜的分辨率

油镜的分辨率可达 $0.2\mu m$ 左右。

用油镜观察细菌标本时需在油浸镜与标本之间,滴加香柏油,调整光源进行检查。其使用原理是,香柏油具有与玻璃相似的折射率(香柏油为1.515,玻璃为1.52)。镜检时,滴加的香柏油可使光源尽可能多地进入物镜中,避免光线通过折光率低的空气(折光率1.0)而散失光线,因而能提高物镜的分辨力,使物像明亮清晰(图1-1-1)。

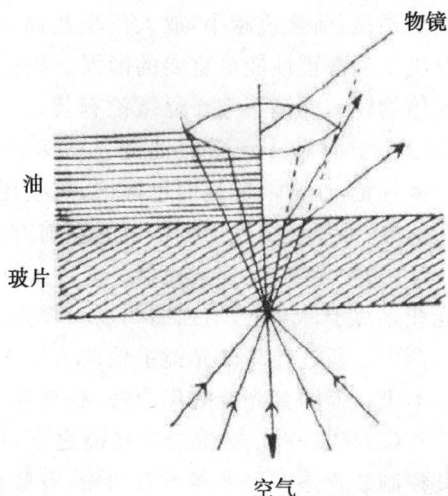

图1-1-1　显微镜油浸系原理图

## 三、材料

普通光学显微镜、香柏油、乙醇乙醚混合液或二甲苯、擦镜纸;大肠杆菌、沙门杆菌、布氏杆菌、金黄色葡萄球菌、猪链球菌、枯草芽孢杆菌、变形杆菌鞭毛、炭疽杆菌荚膜染色标本片。

## 四、操作步骤

### (一)普通光学显微镜

#### 1.显微镜的放置

一手握镜臂,一手托镜座使显微镜平稳移动,不可单手拎提;显微镜应放置在平整的台面上,镜座离实验台边缘3～5cm的距离。镜检时姿势坐端正,可坐在能够调节高度的凳子上,调整坐姿,使眼睛轻松地俯视目镜。且不论使用单目显微镜或双目显微镜均应将双眼同时睁开观察,以减少眼睛疲劳,也便于边观察边绘图或记录。

#### 2.认识和熟悉显微镜各部位的名称和位置

(1)目镜　位于镜筒的上端,是一个复合放大镜,作用是将由物镜所放大的影像再放大一次,一般是由两块凸透镜组成,上面的一个叫接目镜,下面的叫会聚镜,也叫场镜。在两块透镜中间或场镜的下方有一视场光阑。在进行显微测量时,目镜测微尺便要放在视场光阑上。目镜的放大倍率与接目镜的直径和目镜镜筒长度有关,即直径越小,筒长越短,而放大率越大,不同的目镜上刻有5×、10×、15×、20×等数字以表示放大倍数。使用时可根据需要选择目镜。双目显微镜的目镜还有视差调节和眼距调节装置,一般与目镜套装在一起。

(2)转换器　位于镜筒的下端,呈圆盘形,承载各种不同放大倍数的物镜,使用时用手转动转换器,使需要的物镜转换至使用位置上,用以与光轴重合。手指不要直接扳动物镜。

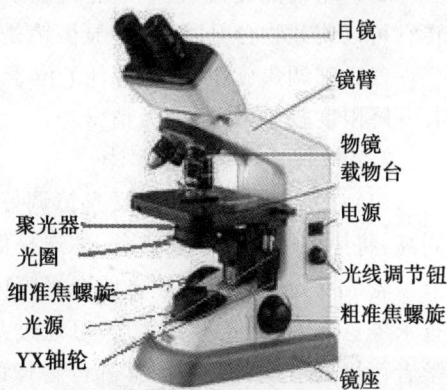

图1-1-2　光学显微镜

(3)物镜　位于转换器的下方,利用入射光线造成被检物体的第一次影像。它是由1～5组复式透镜所组成,每一组复式透镜又由多块透镜组成。物镜下端的透镜叫前透镜,上端的叫后透镜,前透镜越小,放大倍率越高,显微镜分辨率的高低主要取决于物镜的性能。物镜是决定显微镜性能最重要的因素。根据物镜的放大倍数和使用方法的不同,分为低倍物镜、高倍物镜和油镜三类。显微镜有装置3~4个物镜不等。低倍物镜有4×、10×、20×。高倍物镜有40×和45×等。油镜有90×、95×和100×等。不同品牌显微镜会用彩色油漆线对物镜标记,通常油镜是白色标记,有些还有文字标记,如"oil"或"油";高倍镜恒置于低倍镜的右前方,油浸镜恒置于低倍镜的左前方。

(4)聚光镜(又称聚光器) 安装在载物(片)台下,是由多块透镜构成,其作用是把平行的光线聚焦于标本上,增强照明度。聚光镜的焦点必须在正中,使用聚光镜上的调节器可以进行调中。通过转动聚光镜手轮调节聚光镜的上下,以适应使用不同,也能保证焦点落在被检标本上。但因聚光镜的焦距短,载玻片也不能太厚,一般以 0.9~1.3 mm 之间为宜。

(5)光圈或虹彩 位于聚光镜之下,可以放大和缩小,用以调节进入聚光镜的光线强弱。其控制装置是在聚光器下方的轮,有些显微镜是控制柄。

(6)光源 光学显微镜自身带有的照明装置称电光源或内置光源,安装在镜座内部,由强光灯泡发出的光线通过安装在镜座上的集光镜射入聚光镜。集光镜上有一视场光阑,可改变照明视场的光线大小,镜座上有一调节轮,可调节视场光线强弱。(反光镜是普通光学显微镜的外置取光设备,它一面是凹面镜,另一面是平面镜。可随意翻转,用以将光线反射入集光器内。反光镜日光下用平面,人工光源用凹面,染色标本用平面,本色标本多用凹面)。

(7)载物台 位于集光器的上方,呈一般呈方形,亦有圆形,供放置被检标本片用。

(8)标本夹和推进器 在载物台上用以固定承放标本片和将标本前后左右移动的装置;推进器上刻有尺度和数字,以便在重复观察时容易找出原来的检查部位。推进器由纵向移动手轮(Y)和横向移动手轮(X)控制。

(9)滤光器 位于光圈之下,呈圈状,可以装上玻璃片,以滤过进入集光器的光线。通常显微镜附有蓝色玻璃片和毛玻璃片各一块,当用灯光时,可以装上蓝色玻片,使光线近似白昼光线,若光线过强时,可装上毛玻璃片,使光线柔和,不致刺目。

(10)粗调焦旋钮(粗动手轮) 位于镜臂或镜臂与镜座交接部的上方,为较大的螺旋,旋转它可以使载物台升降,有些显微镜是使镜筒升降,用于调节物镜和标本之间的距离。

(11)细调焦旋钮(微动手轮) 位于粗调旋钮外端,为较小的螺旋,功用与粗调节器同,但其升降限度较小,作用更为精密。

3.显微镜及油镜使用方法

(1)对光 电源打开或反光镜调好采光,将光圈(虹彩)完全开放,升高集光器与载物台同高,将待检标本置于载物台上,选择低倍镜观察光源强弱,并依据光源的强弱调整亮度,调节手轮或反光镜的位置。要使全视野内有均等的明亮度。凡检查染色标本时,光线应强,检查未染色标本时,光不要太强,可通过开大或缩小光圈、升降集光器、旋转反光镜来调节。初学者可用低倍镜对染色标本进行物像的初观察,即将所观察标本放于载物台上用标本夹固定好,再使染色位点移动到物镜的正下方,旋转粗准焦旋钮找到染色标本的物像。

(2)油镜观察 将要检查的标本片染色部位滴加一滴香柏油,再放于载物台上,用标本夹固定。滴油的部位正对集光器的中央,转换物镜,使油浸镜转换至使用位。

(3)调焦 从侧面注视镜头,轻轻转动粗准焦螺旋,使油镜头浸入油滴中,直到几乎接触标本片为止,注意勿下降过度,否则有压碎玻片和损坏油镜头的危险。然后眼看目镜,用手微微转动粗准焦螺旋,向相反的方向使油镜慢慢上升,待看到模糊物像时,就改用细凋焦旋钮以调节焦点,使整个视野中的物像清晰。如没有看清物像或油镜已离开标本,再照上法重新操作。视野的物像清晰后,可调节推进器,使标本向前后、左右移动,转换视野进行观察,此间可调节细准焦旋钮以调节焦点。

(4)维护 镜检完毕,旋转粗准焦旋钮,将载物台降下或镜筒向上升起,取出标本片,以擦镜纸拭净油镜头上的香柏油,再以擦镜纸或柔软细布或脱脂棉沾二甲苯或乙醚乙醇混合液擦拭油镜头。再用干净的擦镜纸或柔软细布擦拭一遍油镜头。

(5)收镜 最后将集光器向下降落,将物镜转成"八"字形,或低倍镜转换正中,或在镜台与镜头之间垫以厚层纱布,调弱光线,关闭光圈,关闭电源或反光镜竖立。右手握镜臂,左手掌托住底座将显微镜送入放有防霉剂和干燥剂的镜箱内。显微镜机械部分的擦拭可用干净的软布擦拭,或用擦镜纸蘸取二甲苯或中性洗涤剂轻擦,不得用酒精和乙醚,因为这些试剂会侵蚀油漆,容易把油漆擦掉。

### (二)暗视野显微镜

暗视野显微镜又叫暗场显微镜,是一种通过观察样品受侧向光照射时所产生的散射光来分辨样品细节的特殊显微镜。

#### 1.原理、结构与应用

暗视野显微镜与普通光学显微镜的结构基本相同,只要在普通光学显微镜下安上一个暗视野聚光器,就可成为一台暗视野显微镜。暗视野显微镜是运用丁道尔(Tyndall)现象原理设计制造的。当人眼处于暗处,一束光线斜射到尘埃上时,由于光的反射和衍射,使尘埃颗粒似乎变大而易辨认,此现象称为 Tyndall 现象。根据这一原理,只要在聚光器上加上一块中央遮光板或暗视野聚光器,使光源的中央光束不能从聚光器的中心部位直接进入物镜,而是从边缘斜射到标本上,标本通过光的散射光线投入到物镜中,因此整个视野的背景是暗的,而标本的衍射光图像却是清晰明亮的。

暗视野显微镜有两种主要类型:一是折射型,只要在普通聚光镜放置滤光片的地方,放上一个中心有光挡的小铁环就成为一个暗视野聚光镜,甚至在一圆形玻璃片中央贴上一块回形的黑纸也可获得暗视野的效果。另一类暗视野聚光镜是反射型的,又可分为抛物面型和心型两种见图 1-1-3。

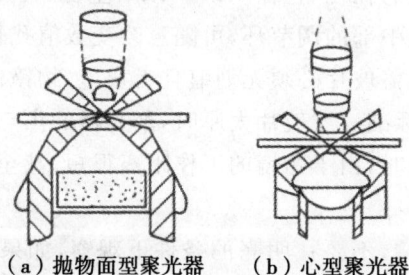

(a)抛物面型聚光器　　(b)心型聚光器

图 1-1-3 暗视野聚光器

由于暗视野显微镜能使标本和背景形成强烈的明暗对比,所以暗视野显微镜适于观察由于反差过小而不易观察的折射率很强的物体,以及一些小于光学显微镜分辨极限的微小颗粒,如用暗视野显微镜可观察到 $0.04\sim0.2\mu m$ 的微粒的存在和运动。在微生物学研究工作中,常用暗视野显微镜来观察不易着色的细菌、螺旋体和大型病毒的形态以及活菌的运动或鞭毛等,其不足之处是仅能看到菌体的轮廓,而看不清它的内部结构。

2.操作方法

(1)使用研究用暗视野显微镜,或将普通光学显微镜上的聚光器取下,换上暗场聚光器。

(2)不论是使用干燥物镜还是油浸系物镜,镜检时都应在聚光器的上透镜上加一大滴香柏油。

(3)将制作好的细菌悬滴标本片置于载物台上,上升聚光器至顶部使油与载玻片接触。

(4)放大光源。

(5)进行聚光器光轴调节及调焦。用10×物镜找到被检物像,关小聚光器虹彩光圈直到在视野中看到视场光阑的轮廓像为止,再上下缓慢调整聚光器,这样会使视场光阑的像变得清晰,如视场光阑不在场中央,利用聚光器外侧的两个调节钮进行调整,当亮光点调到场中央后,再将其开大,如图1-1-4,即可进行观察。

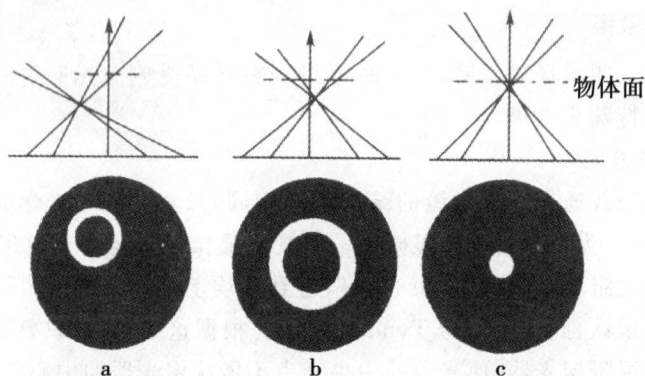

图1-1-4 暗场聚光器的中心调节及调焦

a.聚光器光轴与显微镜不一致;b.虽然经过中心调节,但聚光器焦点仍与被检物体不一致;c.聚光镜升降焦点与被检物体一致

3.注意事项

(1)暗视野观察所用物镜的孔径,宜在1.00~1.25左右,太高反而效果不佳,最好是使用带视场光阑的物镜,转动物镜中部的调节环,可随意改变数值孔径的大小。

(2)要求使用的载玻片和盖玻片必须无划痕且无灰尘,物镜前透镜也必须清洁无尘。载玻片与盖玻片的厚度应符合标准。载玻片太厚时,聚光器的焦点将落在载玻片内,达不到被检物体的平面上;使用油镜头时,由于物镜的工作距离很短,甚至无法调焦,从而看不到或看不清被检物体。

(3)镜检时,要求室内要暗,不要在明亮的条件下观察,如果没有这样的条件,要尽可能使用遮光装置,以阻止目镜周围的光线射入。

(4)在进行油镜镜检时,由于油内的杂质和气泡的乱反射,会妨碍视场的镜检效果,所以要求尽可能地除掉油内的杂质和气泡。

### (三)荧光显微镜

#### 1.原理

荧光显微镜是利用一定波长的光激发标本产生不同颜色的荧光,再通过物镜和目镜的放大作用,来显示标本的形状、所在的位置、某些化学成分及细胞组成的显微装置。

某些物质受紫外线照射时,能发出可见的荧光,这种发光现象称为荧光现象,这种发光的物质称为荧光物质。如细胞内某些天然物质叶绿素等,经紫外线照射后,能发出红色的荧光,称为自发荧光;另一种荧光现象称为诱发荧光,细胞某些天然物质虽受照射不发荧光,但可与荧光物质(如酸性品红、甲基绿、吖啶橙等荧光色素)结合,经紫外线照射后诱发发光。荧光显微镜就是根据这一现象设计的。

荧光显微镜与普通光学显微镜的结构基本相同,主要区别在于光源和滤光片。普通光学显微术是利用可见光使镜下标本得到照明,通过物镜和目镜系统放大以供观察,光源所起的作用仅仅是照明。荧光显微镜是利用一定波长的光使镜下标本受激发产生荧光,通过物镜和目镜系统放大以供观察,所以我们看到的不是标本的本色,而是它的荧光。这里光源所起的作用不是直接照明,而是作为一种激发光。由此可知荧光显微镜的特点主要在于它的光源,即这种光源必须能供给特定波长范围的光,使受检标本的荧光物质得到必要程度的激发。

荧光显微镜利用高发光率的点光源,目前采用的一般为高压汞灯,灯泡是用石英玻璃制成的,发出的强光谱适于激发荧光色素。能以最小表面释放出最大数量的紫外光(波长 365nm)和蓝紫光(波长 420nm)。荧光显微镜的滤光片有两组,第一组为激光滤片,位于光源和标本之间,仅允许能激发标本产生荧光的光线如紫外线通过,其他波长的可见光均被吸收掉;第二组为阻断滤片,位于标本与目镜之间,可吸收剩余的紫外线,只允许激发的荧光通过,这样既有利于增加反差,又可保护眼睛免受紫外线损伤。荧光显微镜中的透镜是用石英或能透过紫外线的玻璃构成的,在载物台下的反射镜面是涂铝的或为石英三棱镜,而且其聚光器的镜口率高于物镜。荧光显微镜的结构如图 1-1-5 所示。

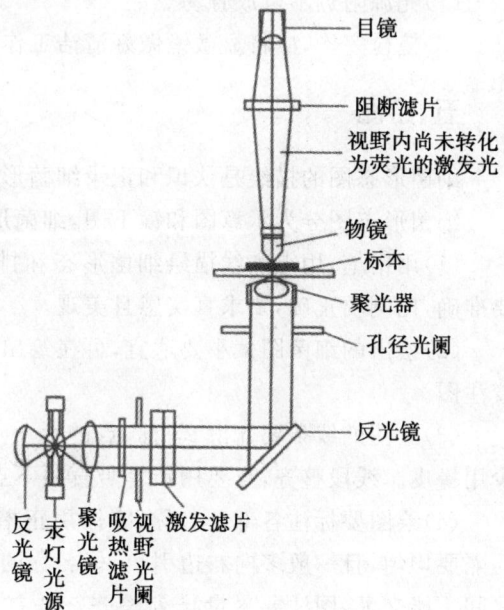

图 1-1-5 荧光显微镜的光程及其主要部件示意图

#### 2.应用

荧光显微镜技术通常用于检测与荧光染料共价结合的特殊蛋白质或其他分子。由于它灵敏度高,用极低浓度($10^{-6}$级)荧光染料就可清楚地显示细胞内特定成分,可进行固定切片或活体染色观察。因此,可以用来观察活细胞内物质的吸收与运输,化学物质的分布与定位等。

近年来发展起来的免疫荧光显微技术,可将荧光素标记抗体,利用抗体与细胞表面或内部大分子(抗原)的特异性结合,在荧光显微镜下对细胞的特异成分进行精确定位研究。

与分光光度计结合构成的显微分光光度计,可对细胞内物质进行定量分析,精确度高,可测得 $10^{-15}$ g 的 DNA。

由于荧光显微镜技术具有染色简便、标本色彩鲜艳、敏感度高、特异性强的特点,在医学诊断学、细胞生物学等领域已被广泛应用。

3.注意事项

(1)荧光镜检应在暗室观察。

(2)高压汞灯启动后需等 15min 左右才能达到稳定,亮度达到最大,此时方可使用。高压汞灯不要频繁开启,若开启次数多、时间短,会使汞灯寿命大大缩短。

(3)在观察与镜检合适物像时,宜先用普通明视野观察,当准确检查到物像时,再转换荧光镜检,这样可减轻荧光消退现象。

(4)观察与摄影应尽量争取在短时间内完成。可采用感光度较高的底片(如 400ASA)摄影。

(5)研究者应根据被检标本荧光的色调,选择恰当的滤光片(参见表 1)。

(6)紫外线易伤害人的眼睛,必须避免直视激发光。

(7)光源附近不可放置易燃品。

(8)镜检完毕,应将显微镜做好清洁工作后,方可离开工作室。

## 五、绘图

细菌形态图的描绘是认识和记录细菌形态的重要方法之一。

细菌形态图分为示意图和镜下图,细菌形态的描绘是按生物制图的要求进行的。

(1)用铅笔,用点和线描绘细菌形态和排列特征;绘图应具有高度的科学性。形态结构要准确,比例要正确,要求真实感且美观。

(2)绘出的细菌图大小要适宜,可在绘出的视野中绘细菌图,视野的位置略偏左,右边留着注图。

(3)绘图的线条要光滑、匀称,点的大小一致。图面要力求整洁,铅笔要保持尖锐,尽量少用橡皮。线段整齐,点要用铅笔竖直向下点在纸上。

(4)绘图要标注各部分名称,字体用正楷,大小要均匀,不能潦草。注图线用直尺画出,间隔要均匀,且一般多向右边引出,标名称的线要平行,图注部分接近时可用折线,但注图线之间不能交叉,图注要尽量排列整齐。并在图下面写上所绘图的名称,比如大肠杆菌形态图,力求完善。

(5)在细菌图的下方注明放大倍数或染色方法及着色。(镜下图见附录彩图)

细菌的基本形态及特殊结构的观察：

(1)各种球菌的形态和排列示意图：

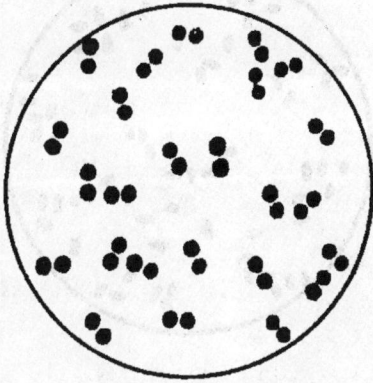

图 1-1-6　双球菌

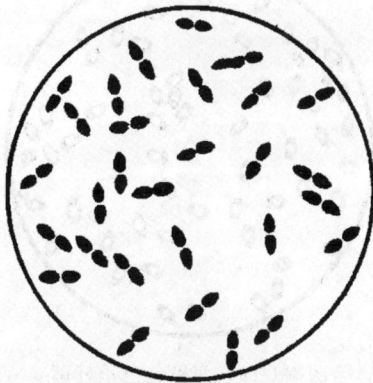

图 1-1-7　双球菌

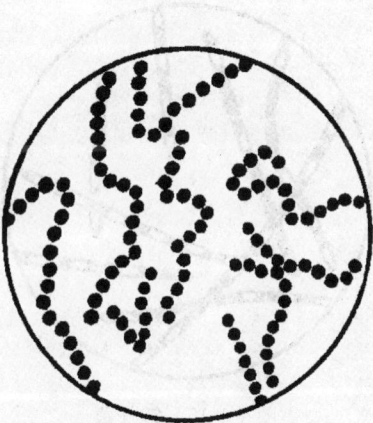

图 1-1-8　链球菌

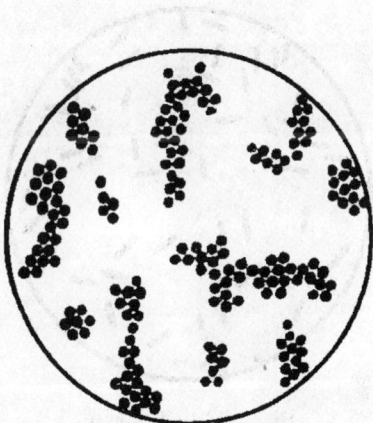

图 1-1-9　葡萄球菌

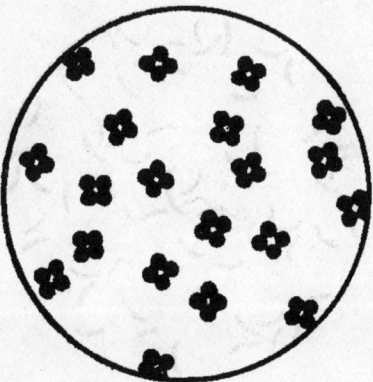

图 1-1-10　四联球菌

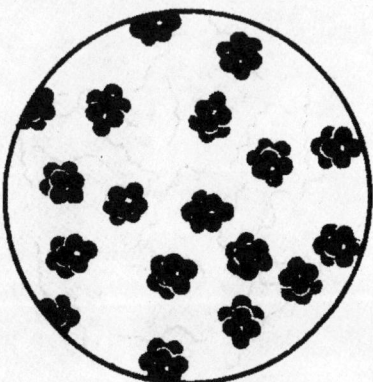

图 1-1-11　八叠球菌

(2)各种杆菌的形态和排列(示意图):

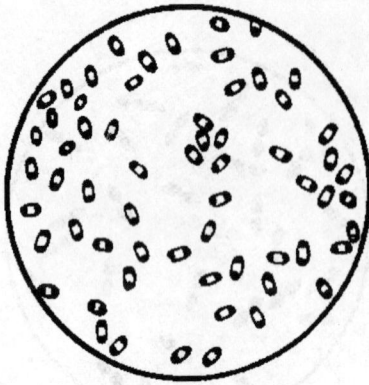

图 1-1-12 两极着色小杆菌

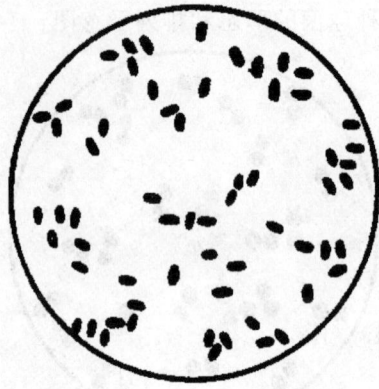

图 1-1-13 小杆菌

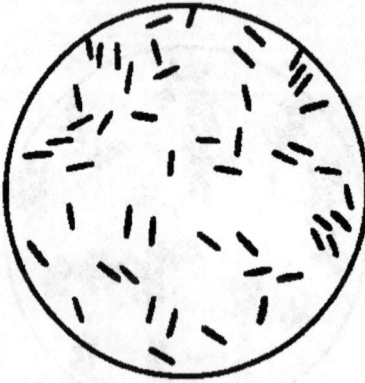

图 1-1-14 中等大杆菌

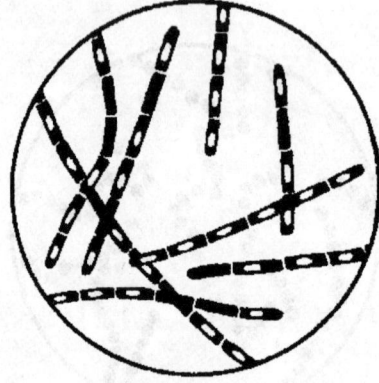

图 1-1-15 链杆菌

(3)螺形菌的形态和排列(示意图):

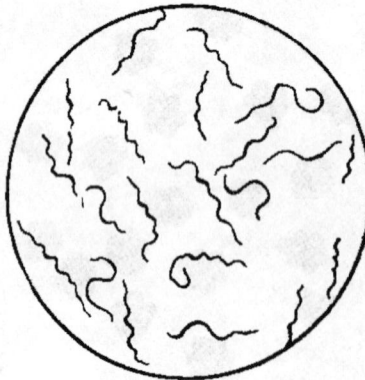

图 1-1-16 螺菌

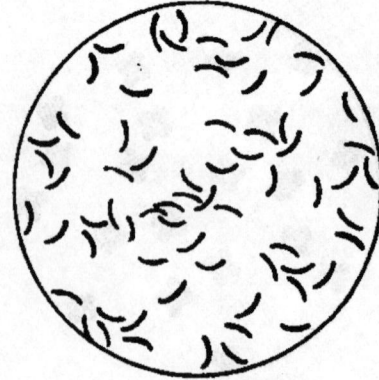

图 1-1-17 弧菌

细菌的特殊结构（示意图）：

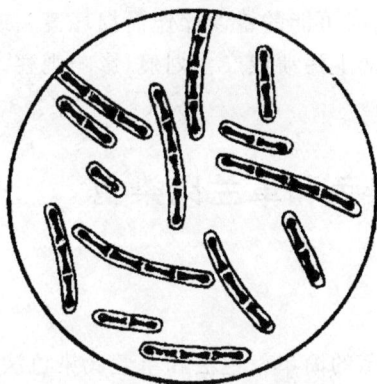

图 1-1-18 荚膜

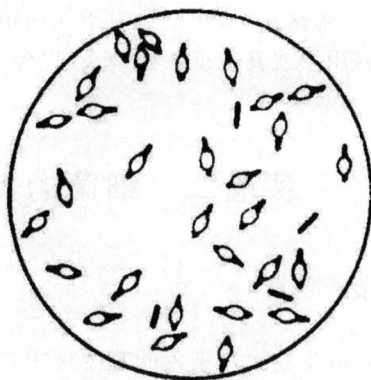

图 1-1-19　芽孢

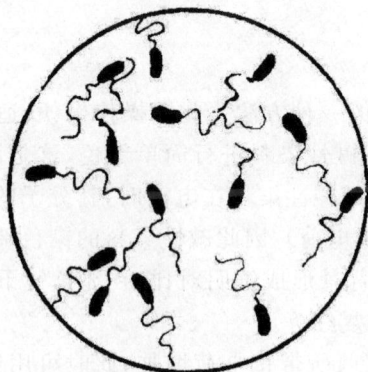

图 1-1-20　单鞭毛

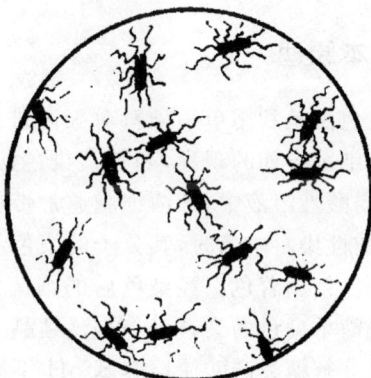

图 1-1-21　周鞭毛

## 六、思考题

（1）油镜用毕后，为什么必须把镜油擦净？用过多的二甲苯或用酒精擦镜油有什么危害？

（2）使用单目显微镜观察镜下细菌形态时为什么要用左眼，并且两眼都应睁开？

（3）使用油镜时，注意哪些问题？选用什么油？起什么作用？用其他液体行吗？

## 七、操作要点

（1）取放普通光学显微镜时应一手握住镜臂，一手拖住底座，使显微镜保持直立、平稳；切忌用单手拎提；且不论使用单筒显微镜或双筒显微镜均应双眼同时睁开观察，以减少眼睛疲劳，也便于边观察边绘图或记录。

（2）在任何时候使用粗准焦螺旋聚焦物像时，必须养成先从侧面注视，小心调节物镜靠近标本，然后用目镜观察，慢慢调节物镜离开标本进行准焦的习惯，以免因一时的错误操作而损坏镜头及玻片。

（3）在一般情况下，当物像在一种物镜中已清晰聚焦后，转动物镜转换器将其他物镜转到工作位置进行观察时，物像将保持基本准焦的状态，这种现象称为物镜的同焦。利用这种同焦现象,可以保证在使用高倍镜或油镜等放大倍数高、工作距离短的物镜时仅用细调节器即可对物像清晰聚焦,从而避免由于使用粗调节器时可能的错误操作而损坏镜头或载玻片。

(4)切忌用手或其他纸擦拭镜头,以免使镜头沾上污渍或产生划痕,影响观察。

(沙莎、宋振辉、张鹦俊)

# 实验二　细菌的美蓝染色和革兰氏染色

## 一、目的

(1)学习微生物涂片染色的基本技术,掌握细菌的简单染色法和革兰氏染色法。

(2)了解革兰氏染色法的原理及其在细菌分类鉴定中的重要性。

(3)巩固显微镜(油镜)的使用方法和无菌操作技术的学习。

## 二、基本原理

简单染色法是利用单一染料对细菌进行染色的一种方法。此法操作简便,适用于菌体一般形状和细菌排列的观察,如美蓝染色法。常用碱性染料进行简单染色,这是因为:在中性、碱性或弱酸性溶液中,细菌细胞通常带负电荷,而碱性染料在电离时,其分子的染色部分带正电荷(酸性染料电离时,其分子的染色部分带负电荷),因此碱性染料的染色部分很容易与细菌结合使细菌着色。经染色后的细菌细胞与背景形成鲜明对比,在显微镜下更易于识别。常用作简单染色的染料有:美蓝、结晶紫、碱性复红等。

当细菌分解糖类产酸使培养基 pH 下降时,细菌所带正电荷增加,此时可用伊红、酸性复红或刚果红等酸性染料染色。

应用两种或两种以上的染料或再加媒染剂进行染色的方法称复杂染色法。染色时,有些是将染料分别先后使用,有些则同时混合使用,染色后不同的细菌或物体,或者细菌构造的不同部分可以呈现不同颜色,有鉴别细菌的作用,又可称为鉴别染色,如革兰氏染色法、抗酸染色法、瑞氏染色法和姬姆萨染色法。

革兰氏染色有着重要的理论和实践意义,革兰染色是细菌鉴定的内容之一。其染色原理是利用细菌的细胞壁组成成分和结构的不同。革兰氏阳性菌的细胞壁肽聚糖层厚,含脂类少,交联而成的肽聚糖网状结构致密,95%乙醇作用后肽聚糖脱水收缩,细胞壁的孔隙缩小,通透性降低,以致结晶紫与碘形成的大分子复合物不能脱出而保留在细胞内,结果使细胞呈现蓝紫色。革兰氏阴性菌的细胞壁肽聚糖层薄,交联疏松,类脂含量较高,当以95%乙醇脱色时,类脂被溶解,细胞壁孔隙较大,不易收缩,结晶紫与碘的复合物极易被溶解脱出细胞壁,因而细胞被脱色,最后再经染料复染,细胞被染成红色。

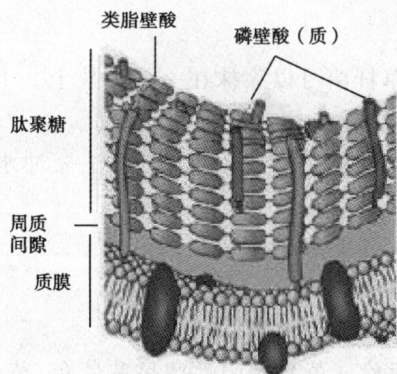

图 1-2-1　革兰氏阳性细菌细胞壁结构

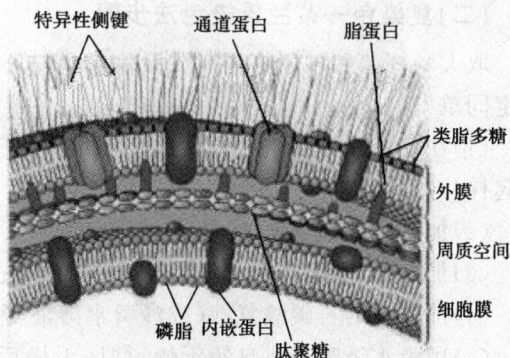

图 1-2-2　革兰氏阴性细菌细胞壁结构

## 三、材料

### (一)菌种

枯草芽孢杆菌 12～18h 营养琼脂斜面培养物、大肠杆菌 18～24h 营养琼脂斜面培养物。

### (二)染色液

(1)简单染色:碱性美蓝染液、石碳酸复红。
(2)革兰氏染色:草酸铵结晶紫染液、鲁格尔碘液、95％乙醇、稀释石碳酸复红染液。

### (三)其他

显微镜、酒精灯、载玻片、接种环、擦镜纸、洗瓶、滤纸、香柏油、二甲苯、无菌水等。

## 四、操作步骤

### (一)简单染色—美兰染色法步骤

(1)涂片　每人均用大肠杆菌和枯草杆菌进行涂片。取两块载玻片,各滴一小滴(或用接种环挑取 1～2 环)无菌水于玻片中央,用接种环以无菌操作手法在火焰旁分别从枯草芽孢杆菌斜面菌种上或大肠杆菌斜面菌种上挑取少许菌体于水滴中,混匀并涂成薄膜。烧去接种环上多余的细菌。若用菌悬液(或液体培养物)涂片,可用接种环挑取 1～2 环直接涂于载玻片上。涂片是染色的关键,载玻片要无油;滴无菌水和取菌不宜过多;涂片要涂抹均匀,不宜过厚。

(2)干燥　于室温自然干燥。

(3)固定　涂抹面朝上,在酒精灯火焰上方通过 2～3 次。此操作过程称为热固定。其目的是:杀死细菌;使菌体蛋白凝固,固定细胞形态,菌体牢固黏附于玻片上,染色时不被染液或水冲掉;增加菌体对染料的结合力,使涂片易于着色。

(4)染色　将玻片平放于染色搁架上,在涂抹面上滴加碱性美蓝染色液,以刚好覆盖涂抹面为宜。碱性美蓝染色 1～2min;石碳酸复红(或草酸铵结晶紫)染色约 1min。

(5)水洗　用洗瓶装自来水冲洗,直至涂片流下的水无色为止。

(6)干燥　自然干燥,或电吹风吹干,也可用吸水滤纸吸干。

(7)镜检　涂片必须完全干后才能用油镜观察。

### (二)复染色—革兰氏染色法步骤

取大肠杆菌和枯草杆菌制成涂片,大肠杆菌和枯草杆菌可以涂抹在一张玻片上。干燥、固定同单染色。

(1)在已干燥、固定好的抹片上,滴加草酸铵结晶紫溶液,经 $1\sim2min$,用洗瓶冲水洗。夹起抹片,直立,流掉多余水。再放于染色架上。

(2)加革兰氏碘溶液于抹片上媒染,作用 $1\sim3min$,同上水洗。

(3)加 95% 酒精脱色,$0.5\sim1min$,同上水洗。

(4)加稀释的石碳酸复红(或沙黄水溶液)复染 $10\sim30s$,水洗。

(5)用吸水纸吸干或自然干燥,彻底干燥后油镜镜检。革兰氏阳性菌呈蓝紫色,革兰氏阴性菌呈红色(见图1-2-3)。

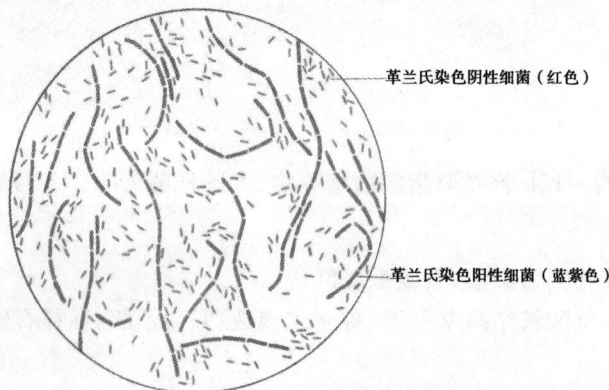

图 1-2-3  革兰氏染色

## 五、结果

(1)大肠杆菌染成红色;枯草芽孢杆菌染成蓝紫色。

(2)在镜下大肠杆菌是呈散在排列,中等大的杆菌;枯草芽孢杆菌是呈链状排列的大杆菌。

## 六、思考题

(1)你认为哪些环节会影响革兰氏染色结果的正确性? 其中最关键的环节是什么?

(2)制备细菌染色标本片时,应注意哪些事项?

(3)涂片固定的作用是什么? 固定时应注意什么问题?

(4)革兰氏染色的原理及染色成败的关键步骤是什么?

(5)用生物制图方法描绘染出的细菌镜下形态图,并说明细菌的染色结果。

## 七、操作要点

(1)载玻片要洁净无油渍;滴无菌水和取菌不宜过多;涂片不宜过厚;使用新鲜的培养物染色。

(2)水洗时,不要直接冲洗涂面,而应使水从载玻片的一端流下。水流不宜过急、过大,以免涂片薄膜脱落。

（3）热固定温度不宜过高（以玻片背面不烫手为宜），否则会改变甚至破坏细胞形态。

（4）革兰氏染色结果是否正确，乙醇脱色是革兰氏染色操作的关键环节。脱色不足，阴性菌被误染成阳性菌；脱色过度，阳性菌被误染成阴性菌，所以脱色时间一般与第一步和第二步骤的时间成正比。

（沙莎）

# 实验三　细菌特殊染色

## 一、目的

（1）学习并掌握特殊染色法。

（2）了解几种具有特殊结构的细菌形态特征。

## 二、基本原理

### 1.芽孢染色原理

某些细菌当个体发育到一定时期时，细胞质脱水浓缩形成一个圆形或卵圆形的特殊结构称为芽孢（spore 或 endospore），又叫内生孢子。未形成芽孢的菌体称为繁殖体或营养体（vegetative form），脱离菌体独立存在的芽孢称为游离芽孢。细菌种类不同芽孢在菌体中的位置亦不同，芽孢的形态、大小相当稳定，在细菌的鉴别上具有重要意义。由于芽孢壁厚，多层而致密、透性低、着色和脱色较营养体困难。因此，一般采用碱性染料（孔雀绿或石碳酸复红），并在微火上加热，或延长染色时间，使菌体和芽孢都染上色，再用水冲洗，芽孢一经着色难以被水洗脱，而菌体易脱色，当用对比度大的复染剂染色后，芽孢仍保留初染剂的颜色，而菌体和芽孢囊被染成复染剂的颜色，使芽孢和菌体易于区分。

### 2.荚膜染色原理

荚膜是包围在细菌细胞外的一层黏液状或胶质状物质，在光学显微镜下可看到边界明显，荚膜成分为多糖、糖蛋白或多肽，大多数细菌的荚膜由多糖构成，但炭疽杆菌荚膜是由D-谷氨酸组成的多肽所构成的。从机体分离到的致病菌，必须在营养丰富的培养基上才能生长。荚膜对碱性染料亲和力弱，而且可溶于水，不易着色，易在用水冲洗时被除去。所以染色后荚膜呈空圈。荚膜染色，通常用衬托染色法染色，使菌体和背景着色，而荚膜不着色，在菌体周围形成一透明圈。由于荚膜含水量高，制片时通常不用热固定，可以用甲醇固定以免变形影响观察。

炭疽杆菌病料的荚膜检查可用雷比格尔（Rabiger）染色法，亦可用多色美蓝染色液染色，显微镜检查时，在着色较深的菌体周围可看到一圈呈淡紫色的膜，即为荚膜，见细菌形态彩图 6。

### 3.鞭毛染色原理

细菌鞭毛非常纤细，超过了一般光学显微镜的分辨力，一般的染色不能看到它，必须通过特殊的鞭毛染色方法。鞭毛染色方法较多，主要原理是需经媒染剂处理，媒染剂的作用是促使染料吸附于鞭毛上，形成沉淀，使鞭毛直径加粗，然后染上染料或镀银，使银沉淀到鞭毛表面,才能在光学显微镜下观察到鞭毛。如利夫森法和银染法,前者菌体和鞭毛均为红色;后者菌体为深褐色,鞭毛为褐色,见细菌形态彩图 7。

4.抗酸染色原理

抗酸杆菌类一般不易着色,须用强浓染液加温或延长时间才能着色,但一旦着色即使用强酸、强碱或酸酒精也不能使其脱色。其原因有二:一是细菌细胞壁还有丰富的蜡质(分枝菌酸),它可阻止染液投入菌体内着染,但一旦染料进入菌体后就不易脱去;二是菌体表面结构完整,当染料着染菌体后即能抗御酸类脱色,若胞膜及胞壁破损,则失去抗酸性染色特性。

## 三、材料

(1)菌种:枯草芽孢杆菌 24～48h 营养琼脂斜面培养物。新型隐球菌 24h 营养琼脂斜面培养物(或含有荚膜菌的组织病料)。大肠杆菌 12～18h 营养琼脂斜面培养物。

(2)染色剂:1%美蓝酒精液(或 5%孔雀绿水溶液),石碳酸复红染色液(或 0.5%番红水溶液)。绘图墨水(福尔马林龙胆紫液或碱性美蓝染液:用于炭疽杆菌病料的荚膜检查。因为炭疽杆菌荚膜系由 D-谷氨酸组成的多肽所构成的,而菌体的主要成分则为核蛋白,因二者的着色力不同,染色水洗后,则可把荚膜上一部分染料冲洗掉,颜色变淡,故显微镜检查时,在着色较深的菌体周围看到一圈呈淡紫色的膜,即为荚膜)。

(3)仪器或其他用具:试管架、载玻片、木夹子、显微镜等。

## 四、操作步骤

### (一)芽孢染色—复红美蓝染色

(1)涂抹、干燥、固定。

(2)染色。滴加石碳酸复红液,加热至产生蒸汽,染色 5min。

(3)水洗。

(4)脱色。以 95%酒精脱色 2min,至淡红色为止。

(5)水洗。

(6)复染。用碱性美蓝液复染 60s。

(7)水洗、干燥。

(8)镜检。芽孢呈红色,菌体呈蓝色。

### (二)荚膜染色—碱性美蓝染色法

(1)涂抹、干燥同单染色法。

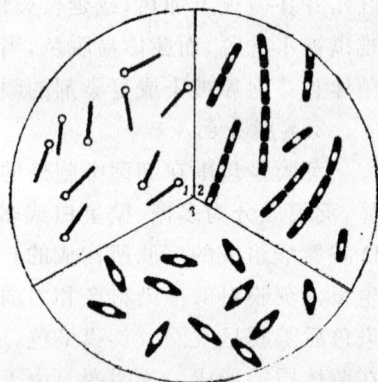

图 1-3-1　细菌芽孢　1 顶端芽孢
2.中央芽孢　3.近端芽孢

(2)固定。滴加甲醇于涂抹面上,固定 3～5min。

(3)水洗。倾去甲醇液,用水轻微冲洗。

(4)染色。滴加久储的多色性美蓝液作简单染色,染色 2～3min。

(5)水洗。倾去染色液,用水轻微冲洗。

(6)干燥。

(7)镜检。菌体染成蓝色,荚膜染成粉红色。

### (三)鞭毛染色

#### 1.载玻片的清洗

脱脂玻片的准备要用新的或表面没有磨损痕迹的玻片。先用洗衣粉煮 10～15min,或洗涤剂水溶液浸泡再煮沸 10min。取出玻片用清水洗净,再放入洗液中浸泡 24h 左右,取出后,用自来水和蒸馏水洗净,再用 95％酒精浸泡脱脂,用火焰烧去酒精,即可使用。如不立即使用,可在脱脂后放于干净的盒中,或浸泡于 95％酒精中,用前在火焰上烧去酒精,冷却后使用。

#### 2.菌种

将大肠杆菌在新制备的牛肉膏蛋白胨斜面培养基上(斜面下部要有少量冷凝水),连续移种 3～4 次,每次培养 12～18h,最后一次培养 12～16h。

#### 3.制片

在载片一端加一滴蒸馏水,用接种环挑取少许菌苔有

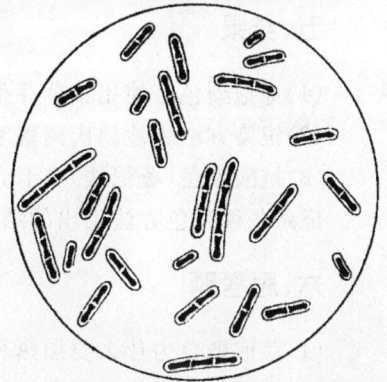

图 1-3-2　细菌荚膜

水部分的菌体(注意不要挑出培养基),将接种环悬放在水滴中片刻,将载片稍倾斜,使菌液随水滴缓缓流到另一端,可再返转一次,使菌液流经面积扩大,然后放平,自然干燥。

#### 4.染色

(1)鞭毛染色法之一(利夫森染色法)

用蜡笔将涂菌区圈起,滴加染液,过数分钟后,当染液的 1/2 以上区域表面出现金属光泽膜时,用水轻轻将金属光泽膜及染液冲洗干净,自然干燥。

(2)鞭毛染色法之二(银染法)

在载玻片一端加蒸馏水一滴,再用白金耳钓取少量细菌于水滴中蘸几下,将载玻片倾斜,使水滴流到另一端,然后将载玻片稍斜或平放,在空气中干燥后,在涂片上滴加硝酸银染色液 A 于涂片上染色 2～7min,用蒸馏水冲洗 5min,将残水甩干,用 B 液冲去残水,再滴加 B 液于涂片上,在酒精灯上稍加热 30～60s,或至出现水汽且不干,则效果更好。再用蒸馏水洗去染液,在空气中自然晾干,镜检。如未见鞭毛,需在整个涂片上多找几个视野,有时只在部分涂片上染出鞭毛来。

#### 5.镜检

镜检时应在涂片上按顺序进行观察,经常是在部分涂片区域的菌体上染出鞭毛,利夫森染色法的菌体及鞭毛均呈红色。银染法的菌体为深褐色,鞭毛为褐色。

### (四)抗酸染色(蓁尼(Ziehl- Neelsen)氏染色法)

(1)涂抹、干燥同单染色法。

(2)固定:用火焰或滴加甲醇于涂抹面上,固定 3～5min。

(3)滴加较多的石碳酸复红染色液在抹片下以酒精灯火焰微微加热至产生蒸汽为度(不要煮沸),维持微微产生蒸汽,经 3～5min。

(4)脱色:用 3％的盐酸酒精加于抹片之上脱色,至标本无色脱出为止。

(5)水洗:用水充分冲洗。

(6)再用碱性美蓝染液复染 1min。

(7)干燥：吸干或烘干。

(8)水洗：用水冲洗。吸干。

(9)镜检：抗酸性菌呈红色，非抗酸性菌呈蓝色。

## 五、结果

(1)芽孢染色若使用枯草芽孢杆菌，复红美蓝法将菌体染成蓝色；芽孢染成红色。

(2)银染方法染沙门氏菌鞭毛，菌体深褐色，鞭毛褐色。

(3)抗酸染色(姜尼法)染卡介苗材料，呈红色。

记录各种染色方法染出的结果，总结染色体会，绘出镜下图。

## 六、思考题

(1)芽孢染色为什么要加热和延长染色时间？

(2)鞭毛染色为什么要用培养 12～16h 的菌？染色成功的关键是什么？

(3)荚膜染色为什么要用负染法？动物组织中有荚膜的菌用什么方法染色？

(4)结核分枝杆菌用什么方法染色？染色方法有什么特点？与其他几种特殊染色方法有什么异同？

## 七、操作要点

(1)芽孢染色使用的菌种应掌握菌龄，以一半以上的菌体已形成芽孢为宜；加热过程中不宜使涂片干涸，要及时补充染液，补充染液时不宜在涂片很热时滴加，避免使涂片骤冷而断裂。

(2)鞭毛染色时菌种培养物是染色成功的基本条件，不宜使用老龄培养物；鞭毛染色使用的玻片必须无油迹、无划痕。染色液是鞭毛染色成功的关键，如银染法，要充分洗去 A 液再加 B 液和掌握好 B 液的染色时间。

(3)若要观察炭疽杆菌荚膜，可用炭疽感染的组织涂片，使用多色性美蓝染色，荚膜染成粉红色，菌体染成蓝色(炭疽杆菌为人畜共患 A 类传染病病原体，一般实验室条件严禁实验研究，应按国家生物安全要求只能在 P4 实验室进行，不可违法)。

(4)抗酸染色，用石碳酸复红对抗酸菌加热染色时要保证延长的时间，否则效果不好。

(沙莎)

# 第二章　培养基的配制与消毒灭菌

细菌和霉菌等微生物的培养需用培养基,正确掌握培养基的配制方法是从事动物微生物学实验工作的重要基础;消毒与灭菌不仅是从事微生物学和整个生命科学研究必不可少的重要环节和实用技术,而且在医疗卫生、环境保护、食品、生物制品等各方面均具有重要的应用价值。本章着重介绍培养基的配制方法和微生物实验中的消毒灭菌。

培养基是用人工方法按照微生物的生长需要,制成的一种营养物制品。其主要用途是繁殖及分离微生物,传代保存微生物,鉴别微生物,研究微生物的生理及生化特性,制造菌苗、疫苗或生物制品等。所以培养微生物的培养基必须符合微生物的生长繁殖要求,否则是不生长的。但由于微生物的种类繁多,因此营养要求各异。

培养基一般应含有微生物生长繁殖所需要的碳源、氮源、能源、无机盐、生长因子和水等营养成分。此外,为了满足微生物生长繁殖或积累代谢产物的要求,还必须控制培养基的pH、渗透压等环境条件。一般细菌适于生长在中性或微碱性的环境中,而酵母菌和霉菌则适于生长在偏酸性的环境中。因此,在配制培养基时,须将培养基调节在一定 pH 的范围内。

(1)按培养基的成分,可将培养基分为天然培养基、合成培养基和半合成培养基。

天然培养基是指利用动物、植物、微生物或其他天然有机成分配制而成的培养基。其优点是营养丰富、价格便宜。缺点是成分不能准确确定且不稳定。实验室常用的牛肉汁或麦芽汁培养基、血琼脂培养基即为天然培养基。

合成培养基(chemically defined medium)是指完全利用已知种类和成分的化学试剂配制而成的培养基。优点是各成分均为已知且含量稳定,缺点是价格较贵。如察别克培养基即为合成培养基,多用于霉菌的分离培养。

半合成培养基是指由天然有机成分和已知化学试剂混合组成的培养基。实验室常用的马铃薯葡萄糖培养基即为半合成培养基,很多霉菌都生长良好。

(2)按培养基的物理状态,可将培养基分为固体培养基、半固体培养基和液体培养基。

固体培养基是指在液体培养基中加入一定量的凝固剂,实验用的凝固剂有琼脂、明胶和硅胶等,对多数微生物来讲琼脂最为合适(常加 1.5%～2% 的琼脂),经融化冷凝而成,此培养基可供微生物的分离鉴定、活菌计数、菌种保藏等用。

半固体培养基是指在液体培养基中加入 0.75%～1% 的琼脂,经融化冷凝而成。此种培养基常用来观察细菌运动的特征、菌种保存和噬菌体的分离纯化及制备等。

液体培养基是指培养基中不加凝固剂琼脂,培养基呈液体状态。广泛用于微生物的培养,生理代谢和遗传学的研究以及工业发酵等。

(3)按培养基的用途,可将培养基分为加富培养基、运输培养基、选择培养基和鉴别培养基这些有特殊用途的培养基。

加富培养基是指在培养基中加入某些特殊营养物质,如血液、血清、动物或植物、组织液、酵母浸膏或生长因子等,用以培养对营养要求苛刻的微生物的目的,促使具有某种特殊性能的微生物迅速生长,有利于从混合菌群中分离出所需种类微生物的目的,例如培养巴氏杆菌需含有血液的培养基。

运输培养基指在取样后和实验室样品处理前保护和维持微生物活性的培养基。运输培养基中通常不允许包含使微生物增殖的物质,但是培养基应能保护菌株,确保它们不变质。如:Stuart 运输培养基或 Amies 运输培养基。

选择培养基是指在培养基中加入某些微生物生长抑制剂,抑制那些不需要的微生物的生长,以达到从混杂微生物菌群的环境中分离到所需的微生物的目的。例如 LB 培养基。含氨苄青霉素的 LB 培养基在基因工程研究中常用于筛选具有氨苄青霉素抗性的菌株。培养基中含有一定浓度(100μg/mL 培养基)的氨苄青霉素。它能杀死培养基中一切不抗氨苄青霉素的细菌,而只有对氨苄青霉素具有抗性的细菌才能正常生长繁殖,从而达到快速筛选氨苄青霉素抗性菌株的目的。

鉴别培养基是指在培养基中加入特定指示剂,它能与某一微生物的代谢产物产生显色反应,便于微生物的快速鉴定。例如用于鉴定大肠杆菌的伊红美蓝培养基。伊红美蓝培养基常用于检查乳制品和饮用水中是否含有致病性的肠道细菌。培养基中的伊红为酸性染料,美蓝则为碱性染料。当大肠杆菌发酵乳糖产生混合酸时,细菌带正电荷,与伊红染色,再与美蓝结合生成紫黑色化合物。在此培养基上生长的大肠杆菌形成呈紫黑色带金属光泽的小菌落。而产气杆菌则形成呈棕色的大菌落。不能发酵乳糖的细菌产碱性物较多,带负电荷,与美蓝结合,被染成蓝色菌落。

目前已有各种商品化的干燥培养基成品出售。这种培养基是将新鲜配制的液体培养基用喷雾干爆法、真空干爆法、低温干燥法或蒸发干燥法等将培养基内所含的水分去掉,或将培养基内的各种固形成分,经适当处理,充分混匀,变成干燥粉末而成,使用时只要按比例加入一定量的水,经溶解、分装、高压蒸汽灭菌,即可使用。这种培养基的优点是配制省时,携带方便,使用简易且稳定。

消毒(disinfection)与灭菌(sterilization)两者的意义有所不同。消毒一般是指消灭病原菌和有害微生物的营养体,灭菌则是指杀灭一切微生物的营养体、芽孢和孢子。在微生物实验中,需要进行纯培养,不能有任何杂菌污染,因此对所用器材、培养基和工作场所都要进行严格的消毒和灭菌。消毒与灭菌的方法很多,一般可分为加热、过滤、照射和使用化学药品等方法。

加热法又分干热灭菌和湿热灭菌两类。

1.干热灭菌

有火焰烧灼灭菌和热空气灭菌两种。火焰烧灼灭菌适用于接种环,接种针和金属用具如镊子等;热空气灭菌即通常所说的干热灭菌是在电热箱内利用高温干燥空气(160℃～170℃)进行灭菌,此法适用于玻璃器皿如吸管和培养皿等的灭菌。培养基、橡胶制品、塑料制品不能用干热灭菌。

2.湿热灭菌

有许多种,其中高压蒸汽灭菌法是将物品放在密闭的高压蒸汽灭菌锅内 0.1MPa,121℃,保持 15～30min 进行灭菌。时间的长短可根据灭菌物品种类和数量的不同而有所变化,以达到彻底灭菌为准。这种灭菌适用于培养基、工作服、橡皮物品等的灭菌,也可用于玻璃器皿的灭菌。

### 3.过滤除菌法

许多材料例如血清、腹水、抗生素糖溶液糖类、尿素、氨基酸及酶等用加热消毒灭菌方法,均会被热破坏,因此采用过滤除菌的方法。应用最广泛的过滤除菌方法有微孔滤膜($0.5 \sim 2.0 \mu m$ 孔径)过滤法、玻璃滤器法(玻砂漏斗 6G,为 $< 2.0 \mu m$ 孔径)这种滤器可以阻挡细菌通过滤板从而发挥作用。过滤除菌法在实验室可用于某些溶液、试剂的除菌。在微生物工业上所用的大量无菌空气以及微生物工作人员使用的净化工作台,都是根据过滤除菌的原理设计的。

在微生物实验过程中可根据不同的使用要求和条件选用合适的消毒灭菌的方法。

微生物规范操作技术见操作技术彩图。

# 实验四 基础培养基的制备

## 一、目的要求

(1)掌握一般培养基制备的原则和要求。

(2)熟悉一般培养基制备的过程。

(3)掌握培养基酸碱度的测定。

## 二、基本原理

基础培养基含有牛肉膏、蛋白胨和 NaCl。其中牛肉膏为微生物提供碳源、能源、磷酸盐和维生素。蛋白胨主要提供氮源和维生素,而 NaCl 提供无机盐。在配制固体培养基时还要加入一定量琼脂作凝固剂,琼脂在常用浓度下 96℃时溶化,实际应用时,一般在沸水浴中或下面垫以石棉网煮沸溶化,以免琼脂烧焦。琼脂在 40℃时凝固,通常不被微生物分解利用。

### 1.一般培养基制备的原则和要求

(1)培养基必须含有细菌生长所需要的营养物质,如水分、蛋白胨、碳水化合物及盐类等。

(2)培养基的材料和盛培养基的容器应没有抑制细菌生长的物质。

(3)培养基的酸碱度应符合细菌生长的要求。多数细菌生长适宜 pH 范围是弱碱(pH7.2～7.6)。

(4)所制培养基应该是透明的,以便于观察细菌的生长形状和其他代谢活动所产生的变化。

(5)必须彻底灭菌,不应含有任何活的微生物。制备好的培养基在使用前须进行 37℃,1～2d培养,检查杂菌。无菌后置 4℃冰箱保存,及时使用。

### 2.营养肉汤培养基

又可称为牛肉膏蛋白胨培养基、普通肉汤培养基。

成分:

      牛肉膏           3.0g

      蛋白胨           10.0g

| | |
|---|---|
| NaCl | 5.0g |
| 水 | 1000mL |
| pH | 7.4～7.6 |

3.营养琼脂培养基

亦可称为牛肉膏蛋白胨培养基、普通肉汤培养基。

| 成分：牛肉膏 | 3.0g |
|---|---|
| 蛋白胨 | 10.0g |
| NaCl | 5.0g |
| 水 | 1000mL |
| pH | 7.4～7.6 |
| 琼脂 | 20g |

## 三、材料

(1)溶液或试剂：牛肉膏、蛋白胨、NaCl、琼脂、1mol/L NaOH、1mol/L HCl、蒸馏水。

(2)仪器或其他用具：试管、三角瓶、烧杯、搪瓷烧杯(500mL)、量筒(杯)、玻棒、电炉、试管塞、天平、牛角匙、高压蒸汽灭菌锅、pH精密试纸(pH6.8～8.0)、棉花、牛皮纸、记号笔、麻绳、纱布等。

## 四、操作步骤

根据不同的种类和用途,选择适宜的培养基。

(1)称量。按培养基的配方称好各种原料,培养基内用的试剂药品必须达到化学纯度或分析纯,各种成分的称量必须精确。按培养基配方比例依次准确地称取牛肉膏、蛋白胨、NaCl放入烧杯中。牛肉膏常用玻棒挑取,放在小烧杯中称量,用热水溶化后倒入烧杯。也可放在称量纸上,称量时少量放在称量纸上,但每一次要把玻棒上的牛肉膏擦于称量纸上,直至够量后将盛牛肉膏的称量纸直接放入水中,这时如稍微加热,牛肉膏便会与称量纸分离,然后立即取出纸片。蛋白胨因易吸湿,在称取时动作要迅速。若已有蛋白胨黏附在称量纸上时,亦可将称量纸直接放入水中,这时如稍微加热,蛋白胨便会与称量纸分离,然后立即取出纸片弃去。另外,称药品时严防药品混杂,一把牛角匙用于一种药品的称量,或称取一种药品后,洗净,擦干,再称取另一药品。瓶盖要及时盖上并且不要盖错。

(2)溶化。在上述烧杯中先加入少于所需的水量,用玻棒搅匀,然后,在电磁炉上或电炉上加石棉网加热使其溶解,或在磁力搅拌器上加热溶解。将药品完全溶解后,补充水到所需的总体积,如果配制固体培养基时,将称好的琼脂放入已溶的药品中,再加热溶化,最后补足所损失的水分。在制备用三角瓶盛固体培养基时,一般也可先将一定量的液体培养基分装于三角瓶中,然后按1.5%～2%的量将琼脂直接分别加入各三角瓶中,不必加热溶化,而是灭菌和加热溶化同步进行,节省时间。

在琼脂溶化过程中,应控制火力以免培养基因沸腾而溢出容器。同时,需不断搅拌,以防琼脂糊底烧焦。配制培养基时,不可用铜或铁锅加热溶化以免离子进入培养基中,影响细菌生长。

(3)调pH。一般情况下可用精密试纸法或比色法调试pH。在未调pH前,先用精密

pH 试纸测量培养基的原始 pH，如果偏酸则用滴管向培养基中逐滴滴入 1mol/LNaOH，边加边搅拌，并随时用 pH 试纸测其 pH，直至 pH 达 7.4～7.6。反之，用 1mol/LHCl 进行调节。对于有些要求 pH 较精确的微生物，其 pH 的调节可用酸度计进行。

（4）过滤。针对某些有杂质和不清澈的或有特殊要求的培养基，应趁热用滤纸或多层纱布过滤，以利于某些实验结果的观察，一般无特殊要求的情况下，这一步可以省去。

（5）分装。按实验要求，可将配制的培养基分装入试管内或三角烧瓶内。

①液体分装：分装高度以试管高度的 1/4 左右为宜。分装三角瓶的量则根据需要而定，一般以不超过三角瓶容积的一半为宜。如果是用于振荡培养用，则根据通气量的要求酌情减少；有的液体培养基在灭菌后，需要补加一定量的其他无菌成分，如抗生素等，则装量一定要准确。

②固体分装：分装试管，其装量不超过管高的 1/4，灭菌后制成斜面。分装三角烧瓶的量以不超过三角烧瓶容积的一半为宜。

③半固体分装：分装试管一般以试管高度的 1/3 为宜，灭菌后垂直待凝。

分装过程中，注意不要使培养基沾在管（瓶）口上，以免沾污棉塞而引起污染。

（6）加塞。培养基分装完毕后，在试管口或三角烧瓶口上塞上棉塞（或硅胶塞及试管帽等），以阻外界微生物进入培养基内而造成污染，并保证有良好的通气性能。

棉塞的制作：棉塞的作用一是防止杂菌污染，二是保证通气良好。因此棉塞质量的优劣对实验的结果有很大的影响。正确的棉塞要求形状、大小、松紧与试管口（或三角烧瓶口）完全适合，过紧则妨碍空气流通，操作不便；过松则达不到滤菌的目的。加塞时，应使棉塞长度的 1/3 在试管口外，2/3 在试管口内。如图 2-4-1 所示。

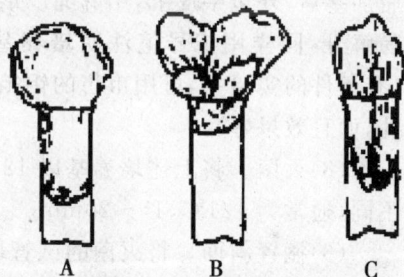

图 2-4-1　棉塞　A 正确 B、C 不正确

做棉塞的棉花要选纤维较长的，一般不用脱脂棉做棉塞。因为它容易吸水变湿，造成污染，而且价格也贵。做棉塞过程如图 2-4-2。

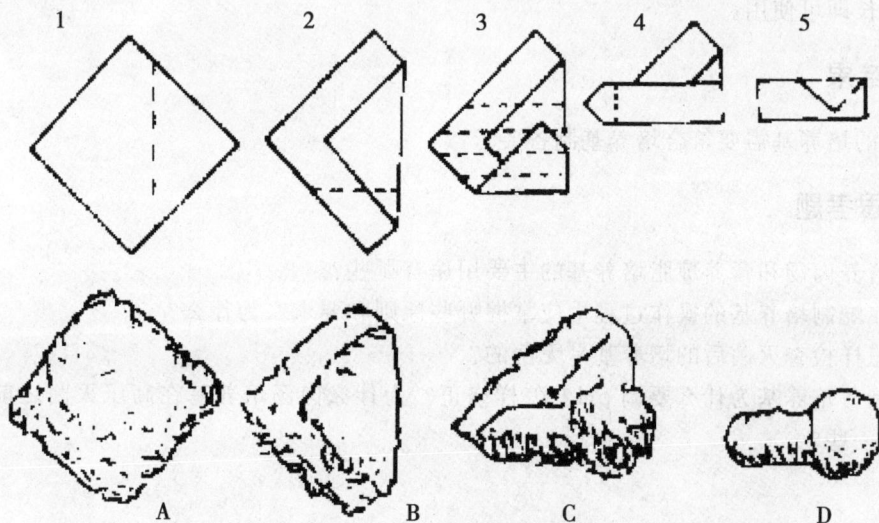

图 2-4-2　棉塞制作过程

此外，在微生物实验和科研中，往往要用到通气塞。所谓通气塞，就是几层纱布（一般8层）相互重叠而成，或是在两层纱布间均匀铺一层棉花而成。这种通气塞通常加在装有液体培养基的三角烧瓶口上经接种后，放在摇床上进行振荡培养，以获得良好的通气促使菌体的生长或发酵，通气塞的形状如图2-4-3。

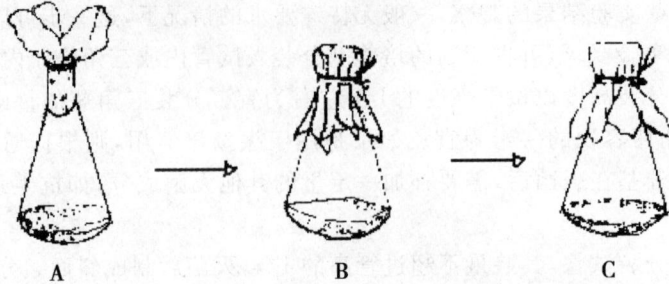

图2-4-3　三角培养瓶包装。A配制时纱布塞法，B灭菌时包牛皮纸，C培养时纱布翻出

（7）包扎。加塞后，将全部试管用绳（麻绳或玻璃绳）捆好，再在棉塞外包一层牛皮纸，以防止灭菌时冷凝水润湿棉塞，其外再用一道绳扎好。用记号笔或6B黑铅笔注明培养基名称、组别、配制日期三角烧瓶加塞后，外包牛皮纸，用麻绳以活结形式扎好，使用时容易解开，同样用记号笔注明培养基名称、组别、配制日期（有条件的实验室，可用市售的铝箔代替牛皮纸，省去用绳扎，而且效果好）。

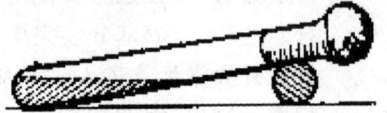

图2-4-4　摆斜面

（8）灭菌。将上述培养基以121℃高压蒸汽灭菌20min。不同培养基的灭菌温度和时间不同，通常为121℃，15～20min。

（9）搁置斜面。将灭菌的试管培养基冷至50℃左右（以防斜面上冷凝水太多），将试管口端搁在玻棒或其他合适高度的器具上，搁置的斜面长度以不超过试管总长的一半或加棉塞后试管下部的2/3为宜。

（10）无菌检查。将灭菌培养基放入37℃的温室中培养24～48h，以检查灭菌是否彻底。无细菌生长即可使用。

## 五、结果

做出的培养基需要符合培养基制备要求。

## 六、思考题

（1）营养肉汤和营养琼脂培养基的主要用途有哪些？

（2）在配制培养基的操作过程中应掌握哪些原则和要求？为什么？

（3）怎样检查灭菌后的培养基是无菌的？

（4）制备培养基为什么要调pH？怎样修正？为什么肉汤培养基在高压灭菌之前其pH要略微高一些？

## 七、操作要点

调 pH 时不要调到超过要求的范围,以避免回调时影响培养基内各离子的浓度。配制 pH 低的琼脂培养基时,若预先调好 pH 并在高压蒸汽下灭菌,则琼脂因水解不能凝固。因此,应将培养基的成分和琼脂分开灭菌后再混合,或在中性 pH 条件下灭菌,降温后再无菌操作调整 pH。

(沙莎)

# 实验五　高压蒸汽灭菌

## 一、目的

(1)了解高压蒸汽灭菌的原理和应用范围。
(2)学习高压蒸汽灭菌的方法。

## 二、基本原理

高压蒸汽灭菌是将待灭菌的物品放在一个密闭的加压灭菌锅内,通过加热,使灭菌锅隔套间的水沸腾而产生蒸汽,待水蒸气急剧地将锅内的冷空气从排气阀中驱尽,然后关闭排气阀,继续加热,此时由于蒸汽不能溢出,而增加了灭菌器内的压力,从而使沸点增高,得到高于100℃的温度,导致菌体蛋白质凝固变性而达到灭菌的目的。

在同一温度下,湿热的杀菌效力比干热大。其原因是:(1)湿热中细菌菌体吸收水分,蛋白质较易凝固,因蛋白质含水量增加,所需凝固温度低(表 2-5-1);(2)湿热的穿透力比干热大(表 2-5-2);(3)湿热的蒸汽有潜热存在。1g 水在 100℃时,由气态变为液态时可放出 2.26kJ(千焦)的热量。这种潜热,能迅速提高被灭菌物体的温度,从而增加灭菌效力。

在使用高压蒸汽灭菌锅灭菌时,灭菌锅内冷空气的排除是否完全极为重要,因为空气的膨胀压大于水蒸气的膨胀压,所以,当水蒸气中含有空气时,在同一压力下,含空气蒸汽的温度低于饱和蒸汽的温度。灭菌锅内留有不同分量空气时,压力与温度的关系见表 2-5-3。

由表 2-5-3 可知:如不将灭菌锅中的空气排除干净,即达不到灭菌所需的实际温度。因此,必须将灭菌器内的冷空气完全排除,才能达到完全灭菌的目的。

图 2-5-1　高压灭菌锅内外装置

在空气完全排除的情况下,一般培养基只需在 0.1MPa 下灭菌 30min 即可。但对某些物体较大或蒸汽不宜穿透的灭菌物品,则应适当延长灭菌时间,或将蒸汽压力升到0.15MPa 保持 1～2h。

表 2-5-1　蛋白质含水量与凝固所需温度的关系

| 卵白蛋白含水量/% | 30min 内凝固所需温度/℃ |
|---|---|
| 50 | 56 |
| 25 | 74～80 |
| 18 | 80～90 |
| 6 | 145 |
| 0 | 160～170 |

表 2-5-2　干热湿热穿透力及灭菌效果比较

| 温度(℃) | 时间(h) | 透过布层的温度/℃ | | | 灭菌 |
|---|---|---|---|---|---|
| | | 20 层 | 10 层 | 200 层 | |
| 干热 130－140 | 4 | 86 | 72 | 70.5 | 不完全 |
| 湿热 105.3 | 3 | 101 | 101 | 101 | 完全 |

一般培养基用 121.5℃,15～30min 可达到彻底灭菌的目的。灭菌的温度及维持的时间随灭菌物品的性质和容量等具体情况而有所改变。例如含糖培养基用 112.6℃灭菌 15～30min,但为了保证效果,可将其他成分先行 121.3℃,灭菌 20min,然后以无菌操作手续加入灭菌的糖溶液。又如盛于试管内的培养基以 121.5℃灭菌 20min 即可,而盛于大瓶内的培养基最好以 122℃灭菌 30min。

## 三、材料

配制的待灭菌培养基、包装好的培养皿、待灭菌的空试管、锥形瓶等。

## 四、操作步骤

(1)首先将内层锅(金属篮)取出,再向外层锅内加入适量的水。亦可根据灭菌锅的使用要求加入蒸馏水。水面与三角搁架相平或按使用说明的要求为宜。

(2)放回内层锅(篮),并装入待灭菌物品。注意不要装得太挤,以免妨碍蒸汽流通而影响灭菌效果。三角烧瓶与试管口端均不要与桶壁接触,以免冷凝水淋湿包口的纸而透入棉塞。

表 2-5-3　灭菌锅内留有不同分量空气时,压力与温度的关系

| 压力数 | | | 全部空气排出时的温度/℃ | 2/3 空气排出时的温度/℃ | 1/2 空气排出时的温度/℃ | 1/3 空气排出时的温度/℃ | 空气全不排出时的温度/℃ |
|---|---|---|---|---|---|---|---|
| MPa | kg/cm² | Ib/in² | | | | | |
| 0.03 | 0.35 | 5 | 108.8 | 100 | 94 | 90 | 72 |
| 0.07 | 0.70 | 10 | 115.6 | 109 | 105 | 100 | 90 |
| 0.10 | 1.05 | 15 | 121.3 | 115 | 112 | 109 | 100 |
| 0.14 | 1.40 | 20 | 126.2 | 121 | 118 | 115 | 109 |
| 0.17 | 1.75 | 25 | 130.0 | 126 | 124 | 121 | 115 |
| 0.21 | 2.10 | 30 | 134.6 | 130 | 128 | 126 | 121 |

现在法定压力单位已不用磅和 kg/cm² 表示,而是用 Pa 或 bar 表示,其换算关系为:

$$1kg/cm^2 = 98.0665Pa \quad 1Ib/in^2 = 6894.76Pa$$

（3）加盖，将盖上的排气软管插入内层锅的排气槽内。再以两两对称的方式同时旋紧相对的两个螺栓，使螺栓松紧一致，勿使其漏气。

（4）用电炉或煤气加热，并同时打开排气阀，使水沸腾以排除锅内的冷空气。待冷空气完全排尽后，关上排气阀，让锅内的温度随蒸汽压力增加而逐渐上升。当锅内压力升到所需压力时，控制热源，维持压力至所需时间。本实验用121℃，20min灭菌。自动化程度高的灭菌锅可根据使用要求设置参数值，按程序自动排出冷空气，自动维持灭菌温度和时间、自动停止加热。

灭菌因素是温度而不是压力。因此锅内冷空气必须完全排尽后，才能关上排气阀，维持所需压力。

（5）灭菌所需时间到后，切断电源或关闭煤气，让灭菌锅内温度自然下降，当压力表的压力降至"0"时，打开排气阀，旋松螺栓，打开盖子，取出灭菌物品。

（6）将取出的灭菌培养基放入37℃温箱培养24h，经检查若无杂菌生长，即可待用。

## 五、结果

37℃，24h培养后，培养基无任何杂菌生长。

## 六、思考题

（1）高压蒸汽灭菌开始之前，为什么要将锅内冷空气排尽？灭菌完毕后，为什么待压力降低至"0"时才能打开排气阀，开盖取物？

（2）在使用高压蒸汽灭菌锅灭菌时，怎样杜绝一切不安全的因素？

（3）灭菌在动物微生物实验操作中有何重要意义？

## 七、操作要点

（1）切勿忘记加水，同时加水量不可过少，以防灭菌锅烧干而引起炸裂事故。

（2）针对不同款式和功能的高压蒸汽灭菌锅一定严格按使用说明加水和操作。否则会使自动化程度高的灭菌锅电子程序中断和敏感度发生变化而影响灭菌锅使用寿命。

（3）压力一定要降到"0"时，才能打开排气阀，开盖取物。否则就会因锅内压力突然下降，使容器内的培养基由于内外压力不平衡而冲出烧瓶口或试管口，造成棉塞沾染培养基而发生污染，甚至灼伤操作者。

## 八、常用消毒灭菌方法

采用强烈的理化因素使任何物体内外所有的微生物永远丧失其生长繁殖能力的措施称之为灭菌（sterilization）。消毒（disinfection）则是用较温和的物理或化学方法杀死物体上绝大多数微生物（主要是病原微生物和有害微生物的营养细胞），实际上是部分灭菌。

在微生物学实验、生产和科学研究工作中，需要进行微生物纯培养，不能有任何外来杂菌。因此，对所用器材、培养基要进行严格灭菌，对工作场所进行消毒，以保证工作顺利进行。

灭菌的方法很多。由于灭菌的对象不同,实验的目的不同,所采用的灭菌方法也有所不同。一般情况下,接种针、环直接在火焰上进行灼烧;玻璃器皿常采用干热灭菌法;培养基则是应用加压蒸汽进行灭菌;而那些不耐热的、体积小的液体培养基只好采用过滤除菌的方法;紫外线的照射适用于无菌室的灭菌;化学杀菌剂常常对皮肤及器皿进行消毒等等。下面分别介绍几种最常用的灭菌方法。

### (一)干热灭菌

#### 1.火焰灭菌

微生物接种工具如接种环、接种针或其他金属用具等,可直接在酒精灯火焰上灼烧进行灭菌。这种方法灭菌迅速彻底。此外,接种过程中,试管或三角瓶口等也可通过火焰灼烧灭菌。

#### 2.干热灭菌

干热灭菌是在可以恒温的干热灭菌箱中进行的。它适用于各种耐热的玻璃空器皿(如培养皿、吸管等)和某些物质(如液体石蜡)的灭菌。一般在160℃温度下,持续时间1~2h,可达到灭菌的目的。玻璃器皿(如吸管、培养皿等)、金属用具等凡不适于用其他方法灭菌而又能耐高温的物品都可用此法灭菌。但是,培养基、橡胶制品、塑料制品等不能使用干热灭菌。

干热灭菌运用了高温能使微生物细胞内的蛋白质凝固变性的原理。由于蛋白质在干燥无水的情况下不容易凝固,因而干热灭菌需要较高的温度和较长的时间。

(1)干热灭菌操作步骤

①装箱:将准备灭菌的玻璃器材洗涤干净、晾干,用牛皮纸或旧报纸包装好,然后放入干热灭菌箱,关好箱门。

②灭菌:接通电源,打开干热灭菌箱排气孔,待温度升至80℃~100℃时关闭排气孔。继续升温至160℃~170℃时,开始计时。恒温1~2h。

③灭菌结束后,断电源,自然降温至60℃,打开干热灭菌箱门,取出物品放置备用。

(2)注意事项:

①灭菌的玻璃器皿不可有水。有水的玻璃器皿在干热灭菌中容易炸裂。

②灭菌物品不能堆得太满、太紧,以免影响温度均匀上升。

③灭菌物品不能直接放在电烘箱底板上,以防止包装纸或棉花被烤焦。

④灭菌温度恒定在160℃~170℃为宜。温度超过180℃,棉花、报纸会烧焦甚至燃烧。

⑤降温时,需待温度自然将至60℃以下才能打开箱门取出物品,以免因温度过高而骤然降温导致玻璃器皿炸裂。

### (二)湿热灭菌

湿热灭菌法比干热灭菌法更有效。湿热灭菌是利用热蒸汽灭菌。在相同温度下,湿热的效力比干热灭菌好的原因是:热蒸汽对细胞成分的破坏作用更强。水分子的存在有助于破坏维持蛋白质三维结构的氢键和其他相互作用弱键,更易使蛋白质变性。蛋白质含水量与其凝固温度成反比(见下表2-5-4);热蒸汽比热空气穿透力强,能更加有效地杀灭微生物;蒸汽存在潜热,当气体转变为液体时可放出大量热量,故可迅速提高灭菌物体的温度。

表 2-5-4　蛋白质含水量与其凝固温度的关系

| 蛋白质含水量/‰ | 蛋白质凝固点/℃ |
| --- | --- |
| 50 | 56 |
| 25 | 74～80 |
| 18 | 80～90 |
| 6 | 145 |

多数细菌和真菌的营养细胞在 60℃ 左右处理 15min 后即可杀死，酵母菌和真菌的孢子要耐热些，要用 80℃ 以上的温度处理才能杀死，而细菌的芽孢更耐热，一般要在 120℃ 下处理 15min 才能杀死。湿热灭菌常用的方法有常压蒸汽灭菌和高压蒸汽灭菌。

1.常压蒸汽灭菌

（1）常压蒸汽灭菌是湿热灭菌的方法之一，在不能密闭的容器里产生蒸汽进行灭菌。在不具备高压蒸汽灭菌的情况下，常压蒸汽灭菌是一种常用的灭菌方法。此外，不宜用高压蒸煮的物质如糖液、牛奶、明胶等，可采用常压蒸汽灭菌。这种灭菌方法所用的灭菌器有阿诺氏（Aruokd）灭菌器或特制的蒸锅，也可用普通的蒸笼。由于常压蒸汽的温度不超过 100℃，压力为常压，大多数微生物的营养细胞能被杀死，但芽孢细菌却不能在短时间内死亡，因此必须采取间歇灭菌或持续灭菌的方法，以杀死芽孢细菌，达到完全灭菌。

①巴氏消毒法是用于牛奶、啤酒、果酒等不能进行高温灭菌的液体的一种消毒方法，其主要目的是杀死其中的无芽孢病原菌（如牛奶中的结核分枝杆菌或沙门菌），而又不影响其特有风味。巴氏消毒法是一种低温消毒法，具体的处理温度和时间各有不同，一般在 60℃～85℃ 下处理 15～30min。具体的方法可分两类，第一类是较老式的，称为低温维持法，例如在 63℃ 下保持 30min 可进行牛奶消毒；另一类是较新式的，称为高温快速法，用于牛奶消毒时只要在 85℃ 下保持 5min 即可。但是巴氏消毒法不能杀灭引起 Q 热的病原体——伯氏考克斯氏体（一种立克次氏体）。

②间歇灭菌法又称分段灭菌法，适用于不耐热培养基的灭菌。方法是：将待灭菌的培养基在 100℃ 下蒸煮 30～60min，以杀死其中所有微生物的营养细胞，然后置室温或 20℃～30℃ 下保温过夜，诱导残留的芽孢萌发，第二天再以同法蒸煮和保温过夜，如此连续重复 3d，即可在较低温度下达到彻底灭菌的效果。例如，培养硫细菌的含硫培养基就应用间歇灭菌法灭菌，因为其中的元素硫经常规的高压灭菌（121℃）后会发生熔化，而在 100℃ 的温度下则呈结晶状。

③蒸汽持续灭菌法是微生物制品的土法生产或食用菌菌种制备时常用的方法。在容量较大的蒸锅中进行。从蒸汽大量产生开始，继续加大火力保持充足蒸汽，待锅内温度达到 100℃ 时，持续加热 3～6h，杀死绝大部分芽孢和全部营养体，达到灭菌目的。

以上三种方法通常是在无高压蒸汽灭菌条件的地方（如农村）使用。

（2）灭菌过程中应注意

①使用间歇法或持续法灭菌时必须在灭菌物里外都达到 100℃ 后，开始计算灭菌时间，此时锅顶上应有大量蒸汽冒出。

②为利于蒸汽穿透灭菌物，锅内或蒸笼上堆放物品不宜过满过挤，应留有空隙。固体曲料大量灭菌时，每袋以 1.5～2.0kg 为宜，料袋在锅内用篾子分层隔开，不能堆压在一起。

③火大水足才能保证汽足,蒸锅里应先把水加足。一次持续灭菌时,如锅内盛水量不能维持到底,应在蒸锅侧面安装加水口,以便在蒸煮过程中添水。添水应用开水,以防骤然降温。

④间歇法灭菌时应在每次加热后,迅速降温,然后在室温放置24h,再第二次加热。如果降温慢,往往使未杀死的杂菌大量滋长,反而导致灭菌物变质,特别是固体曲料包装过大时,靠近中心部分更易发生这种情况。

⑤从使用效果看,分装试管、三角瓶或其他容器的培养基,因其体积小,透热快以用间歇法为佳。固体曲料,应其变得不新鲜,影响培养效果,因此使用一次持续灭菌法较好。

2.高压蒸汽灭菌

高压蒸汽灭菌法是微生物学研究和教学中应用最广、效果最好的湿热灭菌方法(见实验五)。

高压蒸汽灭菌的原理和干热灭菌一样,都是运用高温能使微生物细胞内的蛋白质凝固变性的原理。但是高压蒸汽灭菌比干热灭菌更易杀死微生物。这是由于微生物细胞内的蛋白质在含水分多的情况下容易凝固,而且蒸汽穿透力强,加压的蒸汽又可提高水的沸点,因此这种灭菌方法就成为实验室中最常用的灭菌方法。它广泛适用于各种耐高温、不怕潮湿的物品,如各种培养基、溶液、玻璃器皿、金属器械、工作服、橡皮手套和小实验动物尸体等。

表 2-5-5　蒸汽压力与温度的关系

| 蒸汽压力(表压) | | 蒸汽温度 | |
| --- | --- | --- | --- |
| kg/cm² | MPa | ℃ | ℉ |
| 0.00 | 0.00 | 100 | 212 |
| 0.25 | 0.025 | 107.0 | 224 |
| 0.50 | 0.050 | 112.0 | 234 |
| 0.75 | 0.075 | 115.5 | 240 |
| 1.00 | 0.100 | 121.0 | 250 |
| 1.50 | 0.150 | 128.0 | 262 |
| 2.00 | 0.200 | 134.5 | 274 |

高压蒸汽灭菌的主要设备是高压蒸汽灭菌锅,有立式、卧式及手提式等几种类型。目前在实验室里以手提式高压蒸汽灭菌锅和立式灭菌锅使用最为普遍。卧式灭菌锅常用于大批量物品的灭菌。

3.煮沸消毒法

注射器和解剖器械等可用煮沸消毒法。一般微生物学实验室中煮沸消毒时间为10~15min,可以杀死细菌所有营养细胞和部分芽孢。如延长煮沸时间,并在水中加入1‰碳酸氢钠或2‰~5‰石碳酸,效果更好。人用注射器和手术器械均采用高压蒸气灭菌或干热灭菌,或采用一次性无菌用品。

4.超高温杀菌

超高温杀菌(ultra high temperature sterilization.简称 UHTS)是指在温度和时间标准分别为 135℃~150℃和 2~8s 的条件下对牛乳或其他液态食品(如果汁及果汁饮料、豆乳、茶、酒及矿泉水等)进行处理的一种工艺,其最大优点是既能杀死产品中的微生物,又能较好地保持食品品质与营养价值。超高温杀菌工艺的应用,使乳制品及各种饮料等无需冷藏的理想变成了现实。从而打破了地域和季节的限制。

超高温杀菌的基本原理是建立在食品品质及营养成分等,不遭受热力破坏的温度与微生物受热死亡的温度两者之间差异很大这一规律之上的。在温度上升不到135℃时,杀菌效应和牛乳褐变效应速率之比未发生显著改变,但在135℃以上,该比率发生很大变化,例如在140℃时,杀菌效应比褐变效应速率增长2000倍,在150℃时增长到5000倍,因此利用这样一个显著的差异进行超高温瞬时灭菌,就可实现既不破坏营养成分又能达到灭菌的目的。超高温杀菌自80年代以来已在世界各国广泛应用。我国自改革开放以来,超高温杀菌也广泛用于橘子汁、猕猴桃汁、荔枝汁、菊花茶、牛乳等生产。

### (三)过滤除菌

许多材料例如血清、抗生素及糖溶液等用加热消毒灭菌方法,均会被热破坏,因此采用过滤除菌的方法。

过滤器有各种各样,常用的有以下五种:硅藻土过滤器、蔡氏(Seitz)过滤器、张伯伦(Chamberland)过滤器、滤膜过滤器和玻璃过滤器。应用最广泛的过滤器有:(1)微孔滤膜过滤器,这是一种新型滤器。其滤膜是用醋酸纤维酯和硝酸纤维酯的混合物制成的薄膜。孔径分0.025,0.05,0.10,0.20,0.22,0.30,0.45,0.60,0.65,0.80,1.00,2.00,3.00,5.00,7.00,8.00和10.00μm。过滤时,液体和小分子物质通过,细菌则被截留在滤膜上。实验室中用于除菌的微孔滤膜孔径一般为0.22μm,但若要将病毒除掉,则需更小孔径的微孔滤膜。微孔滤膜不仅可用于除菌,还可用来测定液体或气体中的微生物。如水中微生物的检查。(2)蔡氏(Seitz)过滤器。该滤器是由石棉制成的圆形滤板和一个特制的金属(银或铝)漏斗组成,分上、下两节,过滤时,用螺旋把石棉板紧紧夹在上、下两节滤器之间。然后将溶液置于滤器中抽滤。每次过滤必须用一张新滤板。根据其孔径大小可将滤板分为三种型号:K型最大,作一般澄清用;EK滤孔较小,用来除去一般细菌;EK-S滤孔最小,可阻止大病毒通过,使用时可根据需要选用。

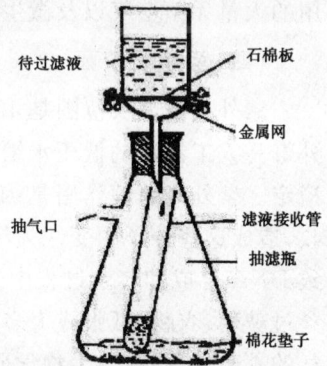

图2-5-2　蔡氏滤器结构

利用过滤器进行除菌的操作步骤如下(以蔡氏过滤器为例):

1.蔡氏过滤器的灭菌

(1)清洗:将过滤器拆开,用水洗净各部件。

(2)灭菌:部件洗好后组装。石棉滤板装入金属筛板上,拧紧螺旋,但不宜太紧,然后插入瓶口有软木塞的抽滤瓶内。抽滤瓶底部垫入棉花,放入1支收集滤液的试管。抽滤瓶口以上的部分全部用纱布包好。抽滤瓶的抽气口上橡皮管口塞入棉花,然后各自再用牛皮纸包好。收集滤液的试管棉花塞,单独用牛皮纸包好,最后一起高压蒸汽灭菌,121℃,15min。

2.培养基的除菌

(1)在装有抽气装置的水龙头上先接上一只安全瓶。

(2)解开抽气口的牛皮纸,让该处的橡皮管与安全瓶相接。

(3)再拆去蔡氏过滤器上面的牛皮纸和纱布,立即拧紧三只螺旋。

（4）向圆形金属筒中倒入待灭菌的培养基。这时打开抽气机（或真空泵）抽气，再将滤瓶抽气口上连接管上的控制夹打开开始过滤。

（5）过滤完毕后，先使安全瓶与抽气瓶相脱离，然后再关真空泵。请注意，此时切勿先关真空泵，以防泵中换气瓶中的水倒流。

（6）松动抽气瓶口的软木塞或橡胶塞，取出试管，塞上灭菌的棉塞。

（7）弃去石棉滤板，重新将各部件清洗干净，换上一张新的石棉滤板，组装，包好，重新灭菌备用。

各种过滤器须经灭菌后才能使用。使用后要及时进行灭菌和清洗。硅藻土过滤器和张伯伦过滤器用后先浸在不凝固蛋白质的消化液（如甲酚液）内，然后洗刷表面，再用水冲洗。以后相继放在 $2\%Na_2CO_3$ 水溶液中蒸馏煮沸 30min，最后用水冲洗干净。玻璃滤器用后须放在热硫酸（再加硝酸钠及过氯酸钠）中浸泡一段时间，再用水清洗。其他滤器用水洗净即可。石棉滤板及各种滤膜，只能使用一次。

试管口的棉塞、工厂里的空气过滤器，外科用的口罩等也是过滤器。它们都是进行气体的除菌。

过滤除菌法应用十分广泛。除实验室用于某些溶液、试剂的除菌外，在微生物工业上所用的大量无菌空气以及微生物工作使用的净化工作台，都是根据过滤除菌的原理设计的。

### （四）紫外线杀菌

紫外线的波长范围是 15～300nm，其中波长在 260nm 左右的紫外线杀菌作用最强。紫外灯是人工制造的低压水银灯，能辐射出波长主要为 253.7nm 的紫外线，杀菌能力强而且较稳定。紫外光杀菌作用是因为它可以被蛋白质（波长为 280nm）和核酸（波长为 260nm）吸收，造成这些分子的变性失活。例如，核酸中的胸腺嘧啶吸收紫外光后，可以形成二聚体，导致 DNA 合成和转录过程中遗传密码阅读错误，引起致死突变。紫外光穿透能力很差，不能穿过玻璃、衣物、纸张或大多数其他物体，但能够穿透空气，因而可以用作物体表面或室内空气的杀菌处理，在微生物学研究及生产实践中应用较广。紫外灯的功率越大效能越高。紫外线的杀菌作用随其剂量的增加而加强，剂量是照射强度与照射时间的乘积。如果紫外灯的功率和照射距离不变，可以用照射的时间表示相对剂量。紫外线对不同的微生物有不同的致死剂量。根据照射定律，照度与光源光强成正比而与距离的平方成反比。在固定光源情况下，被照物体越远，效果越差，因此，应根据被照面积、距离等因素安装紫外灯。由于紫外线穿透力弱，一薄层普通玻璃或水，均能滤除大量的紫外线。因此，紫外线只适用于表面灭菌和空气灭菌。在一般实验室、接种室、接种箱、手术室和药厂包装室等，均可利用紫外灯杀菌。以普通小型接种室为例，其面积若按 $10m^2$ 计算，在工作台上方距地面 2m 处悬挂 1～2只 30W 紫外灯，每次开灯照射 30min，就能使室内空气灭菌。照射前，适量喷洒石碳酸或煤酚皂溶液等消毒剂，可加强灭菌效果。紫外线对眼黏膜及视神经有损伤作用，对皮肤有刺激作用，所以应避免在紫外灯下工作，必要时需穿防护工作衣帽，并戴有色眼镜进行工作。

### （五）化学药剂消毒与杀菌

某些化学药剂可以抑制或杀死微生物，因而被用于微生物生长的控制。依作用性质可将化学药剂分为杀菌剂和抑菌剂。杀菌剂是能破坏细菌代谢机能并有致死作用的化学药剂，如重金属离子和某些强氧化剂等。抑菌剂并不破坏细菌的原生质，而只是阻抑新细胞物质的合成,使细菌不能增殖,如磺胺类及抗生素等。化学杀菌剂常用于机体表面,如皮肤、黏膜、伤口等处防止感染,也有的用于食品、饮料、药品的防腐。杀菌剂和抑菌剂之间的界线有时并不是很严格,如高浓度的石碳酸(3%～5%)用于器皿表面消毒杀菌,而低浓度的石碳酸(0.5%)则用于生物制品的防腐抑菌。理想的化学杀菌剂和抑菌剂应当是作用快、效力高但对组织损伤小,穿透性强但腐蚀小,配置方便且稳定,价格低廉易生产,并且无异味。但真正完全符合上述要求的化学药剂很少,我们要根据具体需要尽可能选择那些具有较多优良性状的化学药剂。此外,微生物种类、化学药剂处理微生物的时间长短、温度高低以及微生物所处环境等,都影响着化学药剂杀菌或抑菌的能力和效果。微生物实验室中常用的化学杀菌剂有升汞、甲醛、高锰酸钾、乙醇、碘酒、龙胆紫、石碳酸、煤酚皂溶液、漂白粉、氧化乙烯、丙酸丙酯、过氧乙酸、新洁尔灭等。常用化学杀菌剂的使用浓度和应用范围如表 2-5-6 所示。

表 2-5-6　常用化学杀菌剂

| 类别 | 实例 | 常用浓度 | 应用范围 |
| --- | --- | --- | --- |
| 醇类 | 乙醇 | 70%～75% | 皮肤及器械消毒 |
| 酸类 | 乳酸 | 0.33～1mol/L | 空气消毒(喷雾或熏蒸) |
| | 食醋 | 3～5mL/m³ | 熏蒸空气消毒,可预防流感 |
| 碱类 | 石灰水 | 1%～3% | 地面消毒、粪便消毒等 |
| 酚类 | 石碳酸 | 5% | 空气消毒、地面器皿消毒 |
| | 来苏儿 | 2%～5% | 空气消毒、皮肤消毒 |
| 醛类 | 甲醛(福尔马林) | 40%溶液 2～6mL/m³ | 接种室、接种箱或器皿消毒 |
| 重金属离子 | 升汞 | 0.1% | 植物组织(如根瘤)表面消毒 |
| | 硝酸银 | 0.1%～1% | 皮肤消毒 |
| | 硫柳汞 | 0.01% | 生物制品防腐 |
| 氧化剂 | 高锰酸钾 | 0.1%～3% | 皮肤、水果、蔬菜、器皿消毒 |
| | 过氧化氢 | 3% | 清洗伤口、口腔黏膜消毒 |
| | 氯气 | 0.2～1ppm | 饮用水消毒等 |
| | 漂白粉 | 1%～5% | 培养基容器、饮水和厕所消毒 |
| | 过氧乙酸 | 0.2%～0.5% | 塑料、玻璃、皮肤消毒等 |
| 染料 | 结晶紫 | 2%～4% | 外用紫药水、浅疮口消毒 |
| 表面活性剂 | 新洁尔灭 | 1：20 水溶液 | 皮肤及不能遇热器皿的消毒 |
| 季铵盐类 | 杜灭芬(消毒宁) | 0.05%～0.1% | 皮肤疮伤冲洗、棉织品、塑料、橡胶物品消毒 |
| 烷基化合物 | 环氧乙烷 | 50mg/100mL | 手术器械、敷料、糖瓷类灭菌 |
| 金属螯合剂 | 8-羟喹啉硫酸盐 | 0.1%～0.2% | 外用清洗消毒 |

(沙莎、宋振辉、张鹦俊)

# 实验六　特殊培养基的制备

## 一、目的要求

(1)掌握血液琼脂培养基、明胶培养基、肉肝汤的配制方法。

(2)明确血液培养基和肉肝汤培养基的用途。

## 二、基本原理

特殊培养基包括厌氧培养基和细菌 L 型培养基,以及运输培养基、鉴别培养基、鉴定培养基、选择培养基等。厌氧培养基是培养专性厌氧菌的培养基,除含营养成分外,还加入还原剂以降低培养基的氧化还原电势。动物组织(新鲜无菌的小片肌肉、肝、心等),由于组织的呼吸作用或组织中的可氧化物质氧化而消耗氧气(如肌肉或脑组织中不饱和脂肪酸的氧化能消耗氧气,碎肉培养基的应用,就是根据这个原理),组织中所含的还原性化合物如谷胱甘肽也可以使氧化—还原电势下降,从而使厌氧菌生长。

细菌 L 型培养基是针对细胞壁缺损的细菌 L 型,由于胞内渗透压较高,故培养基必须采用高渗低琼脂培养基。

基础培养基也可以作为一些特殊培养基的基础成分,再根据某种微生物的特殊营养需求,在基础培养基中加入所需营养物质。

血液培养基是一种含有脱纤维动物血(一般用兔血或羊血)的牛肉膏蛋白胨培养基。因此除培养细菌所需要的各种营养外,还能提供辅酶(如 v 因子)、血红素(X 因子)等特殊生长因子。因此血液培养基常用于培养、分离和保存对营养要求苛刻的某些病原微生物。此外,这种培养基还可用来测定细菌的溶血作用。

明胶是由胶原蛋白经水解产生的蛋白质,在 25℃ 以下可维持凝胶状态,以固体形式存在。而在 25℃ 以上明胶就会液化。有些微生物可产生一种称作明胶酶的胞外酶,水解这种蛋白质,而使明胶液化,甚至在 4℃ 仍能保持液化状态。明胶培养基可鉴定某些细菌是否有液化明胶的特性。

## 三、材料

(1)营养肉汤培养基、营养琼脂培养基、明胶、液体石蜡。

(2)仪器或其他用具:装有 5～10 粒玻璃珠的无菌三角瓶、无菌注射器、无菌平皿和试管、三角瓶、烧杯(1000mL 和 100mL 各一个)、搪瓷烧杯 100mL、量筒、玻棒、刻度吸管、小刀、电炉、试管塞、天平、牛角匙、高压蒸汽灭菌锅、pH 精密试纸(pH6.8～8.0)、棉花、牛皮纸、记号笔、麻绳、纱布、洗耳球等。

(3)动物:健康的兔或羊。

## 四、操作步骤

鲜血琼脂培养基

（1）成分：

营养琼脂　　　　100mL

pH　　　　　　　7.4～7.6

无菌脱纤维兔血（或羊血）100mL

（2）无菌脱纤维兔血（或羊血）的制备

用配备 16～18 号针头的注射器以无菌操作抽取健康动物全血（无菌采血操作见实验十二）。并立即注入装有无菌玻璃珠（直径约 3mm）的无菌三角瓶中，然后摇动三角瓶 10min左右，形成的纤维蛋白块会沉淀在玻璃珠上，把含血细胞和血清的上清液倾入无菌容器即得到脱纤维兔血（或羊血），置冰箱备用。

另外，可用 3.8％灭菌枸橼酸钠溶液作抗凝剂采集抗凝血液：用配备 16～18 号针头的注射器以无菌操作抽取健康动物全血，注入加有 3.8％灭菌枸橼酸钠溶液的无菌三角瓶中，摇匀，置冰箱备用。

（3）将牛肉膏蛋白胨琼脂培养基溶化。待冷至 45℃～50℃时，以无菌操作按 10％加入无菌脱纤维兔血（或羊血）于培养基中，立即摇荡，以便血液和培养基充分混匀。

45℃～50℃加入血液是为了保存其中某些不耐热的营养物质和保存血细胞的完整，以便于观察细菌的溶血作用。同时，在这种温度时琼脂不会凝固。

（4）迅速以无菌操作倒入无菌平皿中，使其成为血液琼脂平板。注意不要产生气泡。

（5）置 37℃过夜，如无菌生长即可使用。

明胶培养基：

（1）成分：

营养肉汤　　　　100mL

明胶　　　　　　12～18g

pH　　　　　　　7.2～7.4

（2）在水浴锅中将上述成分混合，不断搅拌溶化。溶化后调 pH7.4～7.6。过滤分装于试管中，115℃灭菌 10min。保存于冰箱备用。

肉肝汤培养基

（1）成分

普通肉汤　　　　3～4mL

肝片　　　　　　3～6 块

（2）将新鲜的动物肝脏放于流通蒸汽锅中加热 1～2h，或沸水中，待蛋白凝固后，肝脏深部呈褐色，将其切成小方块（3～4m³），用水洗净后，取 3～6 块放入肉汤试管中。

（3）再往每支肝片肉汤试管中滴加液体石蜡 0.5～1.0mL（3～5mm 厚度），以高压蒸汽灭菌，121℃，20min 后，冷藏备用。

## 五、结果

（1）鲜血琼脂培养基无论是斜面或平皿杂检后应无菌，培养基鲜红。

（2）肝汤培养基较清澈。

（3）明胶培养基做成高层。

## 六、思考题

(1)在培养、分离和保存病原微生物时,为什么培养基中要加入脱纤维血液?

(2)在制备血培养基时,所加入的血液不经脱纤维处理可以吗? 为什么?

(3)试述肝汤培养基、血琼脂培养基的用途。

## 七、操作要点

(1)整个过程必须严格无菌操作;制备脱纤维血液时,应摇动足够时间以防凝固。

(2)在将肝脏切块后用清水充分清洗,避免加入肉汤后浑浊。液体石蜡不可加入太多,试管中以 3～5mm 为宜,最后加入。

(3)明胶培养基灭菌时间不宜过久,加热的次数不宜过多,否则明胶将失去凝固力而不凝固。

(4)明胶在 20℃ 以下即凝固成固体;24℃ 以上自行液化。故培养时温度需在 18℃～20℃。

(沙莎、孙裕光)

# 第三章 细菌及真菌的分离培养及纯化技术

细菌在自然界中分布极广，数量大，种类多，它可以造福人类，也可以成为致病的原因。存在于土壤、水源、空气、动物机体的细菌往往是与许多种类的微生物混杂生活和共存的群体。人们要研究某种细菌的特性，首先要获得该细菌的纯培养。细菌分离培养是一种从混杂微生物群体中获得单一菌株纯培养的方法。纯种（纯培养）是指一株菌种或一个培养物中所有的细胞或孢子都是由一个细胞分裂、繁殖而产生的后代。在进行动物疫病检验时，细菌分离培养是一项重要的环节。培养出来的细菌用于研究、鉴定和应用等，如在动物感染疾病时进行的病原学诊断和药物敏感试验、细菌学的研究以及生物制品的制备等。因此，细菌分离技术是动物微生物实验技术中重要的基本技术之一。

纯种分离方法可分为 10 倍稀释平板分离法、涂布法、划线分离法、单细胞分离法等。

各种方法均可根据需要合理选择，这些方法可用于动物疫病的细菌分离培养、动物食品的细菌计数、动物药品的无菌检查、限量检查等等。

无菌是生物技术中的一个重要概念，指没有活的微生物。在微生物培养时，通常在培养基、发酵设备等处于无菌的前提下，目的微生物接种后，才能实现纯种培养，最终得到所需的产品。无菌所涉及的技术或操作规范又称为无菌技术或无菌操作。无菌技术或无菌操作是无菌环境下结合无菌操作的集合，是防止微生物进入物体或机体的方法。在进行微生物学实验、外科手术、换药、注射及无菌药品分装时，均需严格遵守无菌操作规范。

细菌经稀释分离或划线分离接种在固体培养基上，在适宜的环境条件下，单个菌体经生长繁殖在固体培养基表面形成的细菌集团叫菌落。它具有一定的特征。若接种量大（如接种在斜面培养基上），菌体生长连成片状则称为菌苔。细菌的菌落及个体形态特征是辨认、鉴定菌种的重要依据。

不同的细菌在固体、半固体和液体培养基中能表现出各自特有的培养特征。这些特征可以作为不同种类细菌的鉴别特征之一。了解它们的培养特征、掌握其生长规律对识别、控制和利用细菌具有重要价值。

值得指出的是从微生物群体中经分离生长在平板上的单个菌落并不能保证是纯培养的。因此，纯培养的确定除观察其菌落特征外，还要结合显微镜检测个体形态特征后才能确定，有些微生物的纯培养要经过一系列的分离与纯化过程和多种特征鉴定方能得到。

厌氧菌的分离和培养有其特殊性，主要是采取各种方法使它们处于无氧的环境或氧化还原电位低的条件下进行培养。引起动物疫病的厌氧菌也是动物微生物研究的重要内容。

真菌是一种真核生物，根据生长特性与形态差异，可将真菌简单分为酵母、真菌和蕈（蘑菇），其中对人类及动物有致病性的真菌有 300 多个种类。真菌在生长时营养要求不高，需要氧气，pH 范围较宽 pH4～6 均可生长，生长繁殖最适 pH5.6，最佳温度为 25℃～30℃，但某些深部感染的真菌为 37℃，与动物体温度相同。由于真菌繁殖一代的时间较长，主要为孢子繁殖,因而培养时间也较久,所以在进行真菌的培养时应防止培养基干燥,或尽可能用试管,临床上常用沙保弱培养基。致病真菌白色念珠菌和隐球菌可在 24h 内生长。在固体培养基上真菌长出的菌落分为:酵母型菌落、类酵母型菌落和丝状菌落三种。酵母型菌落呈奶油色,硬度与细菌的菌落相似,镜检可见圆形或卵圆形壁薄真菌细胞,以发芽方式繁殖,幼芽成熟则脱离母细胞,这种孢子称为芽生孢子。类酵母菌落表面与酵母菌落相似,也呈奶白色或黄色,但有深入培养基的假菌丝,所谓的假菌丝,即培养基内菌细胞发芽,但芽不从母细胞脱离,而延长发育,继续发芽,细胞相连接形成分枝,呈网状。丝状菌落由菌丝(气生菌丝、营养菌丝)组成,外观上可呈棉絮样、毛样、粉状、颗粒状,又因真菌孢子具有各种颜色,所以通常称为"霉菌"。有不少属的真菌,可根据不同的生活环境、不同的培养温度,生成不相同的菌落,镜下所见也不相同,这类真菌称为双相性真菌。一般菌丝体每 30~40min 就能产生一个新的菌丝,在培养真菌时,一旦被污染,菌丝蔓延速度很快,因此,与细菌培养类似,从制备培养基时开始,整个培养过程必须按无菌操作要求进行。真菌的菌落在真菌鉴定上是很重要的,用特殊的培养基对真菌进行培养分离对真菌感染的疾病具有很好的诊断作用,而培养基因菌落产生的水溶性色素而变成相应颜色,这对于鉴定真菌的种属都有重要意义。

真菌的培养方法可分为直接培养和间接培养,另外常用小培养方法,前者是将真菌病料直接在培养基上培养的方法,后者是指采集病料标本后再进行培养的方法,小培养是将真菌孢子或菌丝接种在约 1cm$^2$ 大小的培养基上,盖上盖玻片,保湿培养的方法,此方法可观察真菌的自然生长形态。

观察真菌的形态可用乳酸棉兰水浸片方法。

(徐志文、王印、朱玲)

# 实验七　细菌分离培养及移植

## 一、目的

(1)学习、掌握厌氧菌培养的原理及其方法。

(2)学习、掌握需氧菌分离培养的基本要领和技术。

(3)掌握挑菌、纯培养及移植技术。

## 二、基本原理

在细菌学检验中,分离培养是极其重要的环节,正确的分离培养有助于在含多种细菌的病料或培养物中挑选出某种细菌,对疫病的诊断是至关重要的。对待测菌进行分离培养时,要选择适合于所分离细菌生长的培养基、培养温度、气体条件等。常用平板划线法对可疑菌作出初步鉴定;若需从平板上获取纯种,则挑取一个单个菌落作纯培养。可见微生物操作技术彩图 5

## 三、材料

(1)菌种:大肠杆菌斜面、大肠杆菌与金黄色葡萄球菌混合培养肉汤等。

(2)培养基：普通肉汤和普通琼脂斜面、普通琼脂和鲜血琼脂平板等。

(3)器械：天平、记号笔、接种环、酒精灯、火柴等。

## 四、操作步骤

### (一)需氧菌的分离培养方法

(1)平板划线分离培养　其目的是将被检查的材料作适当的稀释，以便能得到单个菌落。有利于菌落性状的观察和对可疑菌作出初步鉴定。避免因接种量大而形成菌落连成一片，发育成菌苔。其操作方法如下：

①右手持接种棒，使用前须酒精灯火焰灭菌，灭菌时先将接种棒直立灭菌待烧红后，再横向持棒烧金属柄部分，通过火焰3～4次。

②接种培养平板时以左手掌托平皿，拇指、食指及中指将平皿盖揭开呈20°左右的角度（角度越小越好，以免空气中的细菌进入平皿中将培养基污染）。

③用接种环无菌取样或取斜面培养物或取液体材料和肉汤培养物少许。

④将所取材料涂布于平板培养基边缘，然后将多余的细菌在火焰上烧灼，待接种时才可使用；为便于划线，一般培养基不宜太薄，每皿（直径90mm）约倾倒20mL培养基，培养基应厚薄均匀，平板表面光滑。划线主要有连续划线法和分区划线法两种（如图3-7-1）。

连续划线法：取菌、接种方法与上述方法一致。从接种细菌的部位在平板上自左向右轻轻划线，划线时平板面与接种环面成30～40°角，以手指或手腕力量在平板表面轻巧滑动划线，接种环不要嵌入培养基内划破培养基，线条要均匀而密集，充分利用平板表面积，注意勿使前后两条线重叠。划线完毕，盖上皿盖。灼烧接种环，待冷却后放置于接种架上。

分区划线法（四分区划线法）：分区划线法划线分离时平板分4个区，故又称四分区划线法。其中第4区是单菌落的主要分布区，故其划线面积应最大。

为防止第4区内划线与1、2、3区线条相接触，应使4区线条与1区线条相平行，这样区与区间线条夹角最好保持在120°左右。先将接种环蘸取少量菌在平板上，1区划3～5条平行线，取出接种环，左手盖上平皿盖，将平板转动60～70°。灼烧接种环，待在平板边缘冷却后再与所涂细菌轻轻接触开始划线，其方法如图3-7-1所示。

⑤划线前先将接种环稍稍弯曲，这样易与平皿内琼脂面平行，不致划破培养基；在划线时不宜过多地重复旧线，以免形成菌苔。

⑥接种完毕，在平皿底上作好菌名、日期和接种者等标记，平皿倒扣，置37℃培养。

划线分离的培养基必须事先倾倒好，需充分冷凝，待平板稍干冷却后，再按以上方法以1区划线的菌体为菌源，由1区向2区作第2次平行划线。

第2次划线完毕，同时再把平皿转动60～70°，同样依次在3、4区划线。划线完毕，灼烧接种环，盖上平皿盖，倒置于37℃恒温箱中培养24h后，在划线区观察单菌落，亦可将分区与连续划线结合进行分离。

平板划线

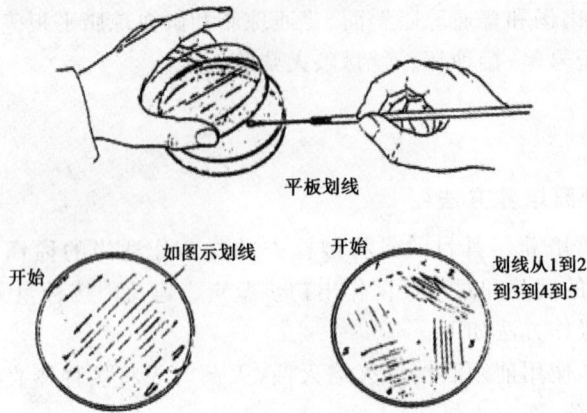

图 3-7-1　平板划线培养法示意图

(2)纯培养菌的获得与移植法　将划线分离培养24h的平板从37℃的温箱取出,挑取单个菌落,经染色镜检,证明不含杂菌,此时用接种环挑取单个菌落,移植于琼脂斜面培养,所得到的培养物,即为纯培养物,再作其他各项实验检查和致病性实验等。具体操作方法如下:

①两试管斜面移植时,左手斜持菌种管和被接种琼脂斜面管,使管口互相并齐,管底部放在拇指和食指之间,松动两管棉塞,以便接种时容易拔出(图3-7-2)。右手持接种棒,在火焰上灭菌后,用右手小指和无名指并齐同时拔出两管棉塞,将管口进行火焰灭菌,使其靠近火焰(图3-7-3),将接种环伸入菌种管内,先在无菌生长的琼脂上接触使其冷却,再挑取少许细菌后拉出接种环立即伸入另一管斜面培养基上,勿碰及斜面和管壁,直达斜面底部,从斜面底部开始划曲线,向上至斜面顶端为止,管口通过火焰灭菌,将棉塞塞好(图3-7-4)。接种完毕,接种环通过火焰灭菌后放下接种棒,最后在斜面管壁上注明菌名、日期,置37℃温箱中培养。

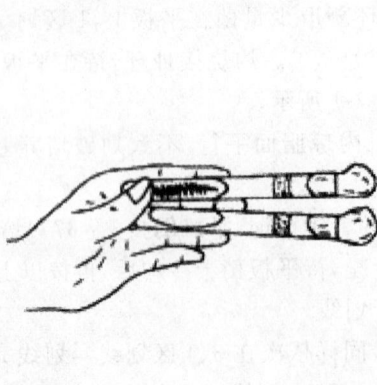

图 3-7-2　手持试管法

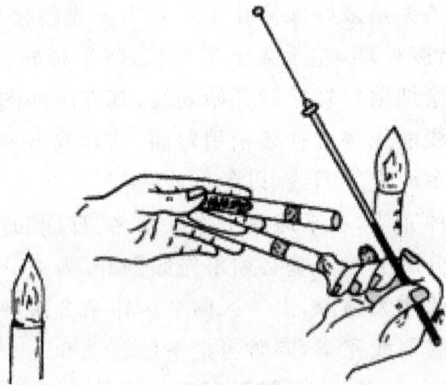

图 3-7-3　拔试管棉塞示意图

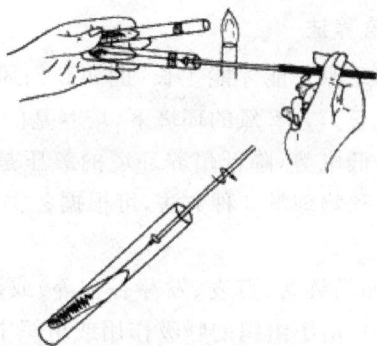

图 3-7-4　斜面接种方法示意图

②从平板培养基上选取可疑菌落移植到琼脂斜面上作纯培养时，则用右手执接种棒，将接种环火焰灭菌。左手打开平皿盖，挑取可疑菌落，然后左手盖上平皿盖后立即取斜面管，按上述方法进行接种，培养。

（3）肉汤增菌培养　为了提高由病料中分离培养细菌的机会，在用平板培养基做分离培养的同时，多用普通肉汤做增菌培养，病料中即使细菌很少，这样做也多能检查出。另外用肉汤培养细菌，以观察其在液体培养基上的生长表现，也是鉴别细菌的依据之一。其操作方法与斜面纯培养相同；无菌取病料少许接种增菌培养基或普通肉汤管内，于37℃下培养。

（4）穿刺接种　半固体培养基用穿刺法接种，方法基本上与纯培养接种相同，不同的是用接种针挑取菌落，垂直刺入培养基内。要从培养基表面的中部一直刺入管底然后按原方向垂直退出。若进行 $H_2S$ 产生实验时，将接种针沿管壁穿刺向下即使产生少量 $H_2S$，从培养基中也易识别。

（5）倾注培养法　取 3 支融化后冷却至45℃左右的琼脂管，用接种环取一环培养物移至第一管内，摇匀。从第一管取一接种环至第 2 管，摇匀。再由第 2 管取一接种环至第 3 管，混匀。将 3 管含有培养物的琼脂分别倒入 3 个灭菌培养皿内做成平板，凝固后倒放于37℃恒温箱内培养，24h 后观察结果。第一管的平板菌数甚多，而第 2、第 3 管之平板菌数则渐渐减少，此法现在应用较少。

（6）芽孢需氧菌分离培养法　若怀疑材料中有带芽孢的细菌，先将检查材料接种于一个含有液体培养基的试管中，然后将它置于水浴箱，加热到80℃，维持 15～20min，再行培养。材料中若有带芽孢的细菌，其仍能存活并发育生长，不耐热的细菌繁殖体则被杀灭。

（7）利用化学药品的分离培养法　抑菌作用：有些药品对某些细菌有极强的抑制作用，而对另一些细菌则无效，故可利用此种特性来进行细菌的分离。例如通常在培养基中加入结晶紫或青霉素来抑制革兰氏阳性菌的生长，以分离革兰氏阴性菌。

杀菌作用：将病料如结核病病料加入15％硫酸溶液中处理，其他杂菌皆被杀死，结核菌因具有抗酸活性而存活。

鉴别作用：根据细菌对某种糖具有分解能力，通过培养基中指示剂的变化来鉴别某种细菌。例如 SS 琼脂培养基可以用来鉴别大肠杆菌与沙门氏杆菌。

（8）实验动物分离法　当分离某种病原菌时，可将被检材料注射于敏感性高的实验动物体内，如将结核菌材料注射于豚鼠体内，杂菌不发育，而豚鼠最终患慢性结核病而死。实验动物死后，取心血或脏器用以分离细菌。有时甚至可得到纯培养。

### (二)厌氧性细菌的分离培养法

厌氧菌需有较低的氧化—还原势能才能生长(例如破伤风梭状芽孢杆菌需氧化—还原电势降低至 0.11V 时才开始生长),在有氧的环境下,培养基的氧化—还原电势较高,不适于厌氧菌的生长。为使培养基降低电势,降低培养环境的氧压是十分必要的。现有的厌氧培养法甚多,主要有生物学、化学和物理学 3 种方法,可根据各实验室的具体情况而选用。

#### 1.生物学方法

培养基中含有植物组织(如马铃薯、燕麦、发芽谷物等)或动物组织(新鲜无菌的小片组织或加热杀菌的肌肉、心、脑等),由于组织的呼吸作用或组织中的可氧化物质氧化而消耗氧气(如肌肉或脑组织中不饱和脂肪酸的氧化能消耗氧气,碎肉培养基的应用,就是根据这个原理),组织中所含的还原性化合物如谷胱甘肽也可以使氧化—还原电势下降。

另外,将厌氧菌与需氧菌共同培养在一个平皿内,利用需氧菌的生长将氧消耗后,使厌氧菌能生长。其方法是将培养皿的一半接种吸收氧气能力强的需氧菌(如枯草杆菌),另一半接种厌氧菌,接种后将平皿倒扣在一块玻璃板上,并用石蜡密封,置 37℃恒温箱中培养 2～3d 后,即可观察到需氧菌和厌氧菌均先后生长。

#### 2.化学方法

利用还原作用强的化学物质,将环境或培养基内的氧气吸收,或用还原氧化型物质,降低氧化—还原电势。

(1)李伏夫(B.M.JIbbob)法:此法系用连二亚硫酸钠(Sodium hydrosulpHite)和碳酸钠以吸收空气中的氧气,其反应式如下:

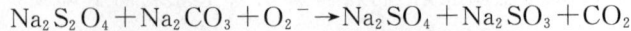

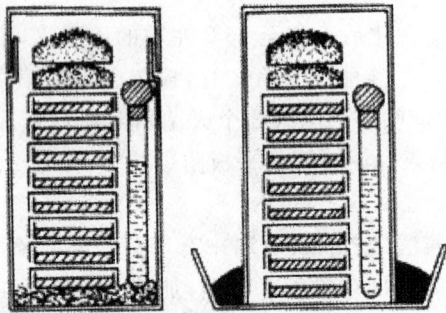

$$Na_2S_2O_4 + Na_2CO_3 + O_2^- \rightarrow Na_2SO_4 + Na_2SO_3 + CO_2$$

图 3-7-5　李伏夫厌氧培养法

取一有盖的玻璃罐,罐底垫一薄层棉花,将接种好的平皿重叠正放于罐内(如系液体培养基,则直立于罐内),最上端保留可容纳 1～2 个平皿的空间(视玻罐的体积而定),按玻罐的体积每 1000cm³ 空间用连二亚硫酸钠及碳酸钠各 30g,在纸上混匀后,盛于上面的空平皿中,加水少许使混合物潮湿,但不可过湿,以免罐内水分过多。若用无盖玻罐,则可将平皿重叠正放在浅底容器上,以无盖玻罐罩于皿上,罐口周围用胶泥或水银封闭(如图 3-7-5)。

(2)焦性没食子酸法:焦性没食子酸在碱性溶液中能吸收大量氧气,同时由淡棕变色为深棕色的焦性没食橙(Purpurgallin)。每 100cm³ 空间用焦性没食子酸 1g 及 10%氢氧化钠或氢氧化钾 10mL,其具体方法主要有下列几种:

①单个培养皿法:将厌氧菌接种于血琼脂平板。取方形玻璃板一块,中央置纱布或棉花

或重叠滤纸一片，在其上放焦性没食子酸 0.2g 及 10％NaOH 溶液 0.5mL。迅速拿去皿盖，将培养皿倒置于其上，周围以融化石蜡或胶泥密封。将此玻璃板连同培养皿放入 37℃恒温箱培养 24～48h 后，取出观察。

②Buchner 氏试管法：取一大试管，在管底放焦性没食子酸 0.5g 及玻璃珠数个或放一螺旋状铅丝。将已接种的培养管放入大试管中，迅速加入 20％NaOH 溶液 0.5mL，立即将管口用橡皮塞塞紧，必要时周围封以石蜡，37℃培养 24～48h 后观察（图 3-7-6）。

③玻罐或干燥器法：置适量焦性没食子酸于一干燥器或玻罐的隔板下面，将培养皿或试管置于隔板上，并在玻罐内置美蓝指示剂一管，从罐侧加入氢氧化钠溶液放于罐底，将焦性没食子酸用纸或纱布包好，用线系住，暂勿与氢氧化钠接触，待一切准备好后，将线放下，使焦性没食子酸落入氢氧化钠溶液中，立即将盖盖好；封紧，置温箱中培养。

④瑞（Wright）氏法：将已接种细菌的培养管的脱脂棉塞在火焰中烧灼灭菌后，塞入管中离培养基 1～1.5cm 处，置适量焦性没食子酸于其上，加入 10％NaOH 溶液 2mL，迅速用橡皮塞将管口塞紧，以胶泥或石蜡严密封闭置温箱中培养（图 3-7-7）。

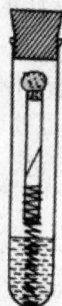

图 3-7-6　Buchner 氏厌氧培养法　　　　图 3-7-7　瑞氏厌氧培养法

⑤史（Spray）氏法：用如图 3-7-8 所示的厌氧培养皿，在皿底一边置焦性没食子酸，另一边氢氧化钠溶液，将已接种的平皿翻盖于皿上，并将接合处用胶泥或石蜡密封完全，然后摇动底部，使氢氧化钠溶液与焦性没食子酸混合，置温箱中培养。

⑥平皿法：置一片中有小圆孔的金属板于两平皿之间，上面的平皿接种细菌，下面的平皿盛焦性没食子酸及氢氧化钠溶液，用胶泥封固后，置温箱中培养（图 3-7-9）。

图 3-7-8　史氏厌氧培养皿　　　　图 3-7-9　平皿厌氧培养法

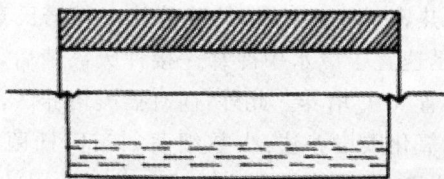

⑦硫乙醇酸钠法：硫乙醇酸钠（$HSCH_2COONa$）是一种还原剂，加入培养基中，能除去其中的氧或还原性物质，促使厌氧菌生长。其他可用的还原剂包括葡萄糖、维生素 C、半胱氨酸等。

a.液体培养基法：将细菌接种入含 0.1％的硫乙醇酸钠液体培养基中，37℃培养 24～48h

后观察,本培养基中加美蓝液作为氧化还原的指示剂,在无氧条件下,美蓝被还原成无色。

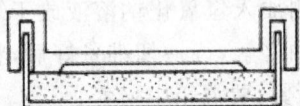

图 3-7-10　Brewer 氏厌氧培养皿　　　图 3-7-11　McIntosh-Fildes 二氏厌氧罐

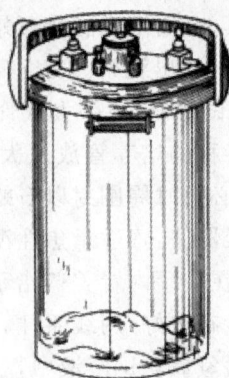

　　b.固体培养基法:常采用特殊构造的 Brewer 培养皿,可使厌氧菌在培养基表面生长而形成孤立的菌落;操作过程是先将 Brewer 氏皿干热灭菌,将溶化且冷却至 50℃ 左右的硫乙醇酸钠固体培养基倾入皿内。待琼脂冷凝后,将厌氧菌接种于培养基的中央部分。盖上皿盖,使皿盖内缘与培养基外围部分相互紧密接触(图 3-7-10)。此时皿盖与培养基中央部分留在空隙间的少量氧气可被培养基中的硫乙醇酸钠还原,故美蓝应逐渐褪色,而外缘部分,因与大气相通,故仍呈蓝色。将 Brewer 氏培养皿置于 37℃ 恒温箱内,经过 24～48h 后观察。

　　3.物理学方法

　　利用加热、密封、抽气等物理学方法,以驱除或隔绝环境及培养基中的氧气,使其形成厌氧状态,有利于厌氧菌的生长发育。

　　(1)厌氧罐法:常用的厌氧罐有 Brewer 氏罐、Broen 氏罐和 Mclntosh-Fildes 二氏罐(图3-7-11)。将接种好的厌氧菌培养皿依次放于厌氧罐中,先抽去部分空气,代以氢气至大气压。通电,使罐中残存的氧与氢经铂或钯的催化而化合成水,使罐内氧气全部消失。将整个厌氧罐放入孵育箱培养。本法适用大量的厌氧菌培养。

　　(2)真空干燥器法:将欲培养的平皿或试管放入真空干燥器中,开动抽气机,抽至高度真空后,替代以氢、氮或二氧化碳气体。将整个干燥器放进孵育箱培养。

　　(3)高层琼脂法:加热融化高层琼脂,冷却至 45℃ 左右接种厌氧菌,迅速混合均匀。冷凝后 37℃ 培养,厌氧菌在管底处生长。

　　(4)加热密封法:将液体培养基放在阿诺氏蒸锅内加热 10min,驱除溶解于液体中的空气,取出,迅速置于冷水中冷却。接种厌氧菌后,在培养基液面覆盖一层约 0.5cm 的无菌凡士林石蜡,置 37℃ 培养。此外,尚有摇震培养法,此处从略。

　　(5)二氧化碳培养法:少数细菌如布氏杆菌(牛型)等,孵育时,需在大气中添加 5％～10％二氧化碳,方能使之生长繁殖旺盛。常用的方法是置于 $CO_2$ 培养箱中进行培养;最简单的二氧化碳培养法是在盛放培养物的有盖玻璃缸内,燃点蜡烛,当火焰熄灭时,缸内的大气中,就增加了 5％～10％的二氧化碳。也可用化学物质作用后生成二氧化碳,如碳酸氢钠与硫酸钠或碳酸氢钠与硫酸作用即可生成二氧化碳。若各用 0.4％ $NaHCO_3$ 与 30％ $H_2SO_4$ 1mL,则可产生 22.4mL 的二氧化碳气体。

### 五、思考题

(1)分离培养的目的是什么？何谓纯培养？

(2)在挑取固体培养物上的细菌作平板分区划线时,为什么在每区之间都要将接种环上的剩余细菌烧掉？

(3)培养皿培养时为什么要倒置？

### 六、操作要点

(1)选择适合于所分离细菌的培养基。

(2)满足所要分离菌的培养条件,如营养、温度、气体环境(需氧、厌氧,有一定浓度的$CO_2$)和培养时间等。

(3)注意无菌操作。

(徐志文、王印、朱玲)

# 实验八　细菌在培养基中的生长表现

## 一、目的

(1)了解细菌的菌落形态及其在不同培养基上的生长表现。

(2)了解培养性状对细菌鉴别的重要意义。

(3)了解不同种类细菌对营养的不同需求。

## 二、基本原理

每一种微生物都有特殊的生物学特性,细菌在适宜的生长条件下,在特定的培养基中有其特征性的生长表现,可作为鉴定细菌种类的依据。一般的细菌经37℃培养18～24h后可观察其生长现象,个别生长缓慢的细菌需要培养数天甚至数周后才能观察。

## 三、材料

(1)普通平板或鲜血(血清)平板、斜面、琼脂穿刺及明胶穿刺培养基上生长的葡萄球菌、炭疽杆菌、大肠杆菌、巴氏杆菌、猪丹毒杆菌。

(2)半固体穿刺培养基上生长的大肠杆菌、葡萄球菌。

(3)肉汤培养物中生长的马链球菌马亚种、绿脓杆菌、葡萄球菌、大肠杆菌、炭疽杆菌,熟肉培养基上生长的厌氧梭菌。

## 四、操作步骤

### (一)细菌在固体培养基上的生长表现

固体培养基分平板与斜面,细菌在平板上经划线分离培养后,平板表面出现由单个细菌生长繁殖形成的肉眼可见菌落。各种细菌菌落的大小、形状、颜色、边缘、表面光滑度、湿润度、透明度及在血平板上的溶血情况等,可因细菌的种类和所用的培养基不同而有所差异,是鉴别细菌的重要依据之一。例如,葡萄球菌在琼脂平皿上,由于产生色素的不同,形成各种颜色的圆形且突起的菌落;肠道杆菌属的细菌,形成圆形、湿润、黏稠、扁平、大小不等的菌落;巴氏杆菌和猪丹毒杆菌形成细小露珠状菌落。菌落的观察方法除肉眼外,可用放大镜,必要时也可用低倍显微镜进行检查。观察的主要内容有:

(1)大小 菌落的大小,规定用毫米(mm)表示,一般不足 1mm 者为露滴状菌落;1～2mm 者为小菌落;2～4mm 者为中等大菌落;4～6mm 或更大者称为大菌落、巨大菌落。

(2)形状 菌落的外形有圆形、不正形、根足形、葡萄叶形;菌落边缘有整齐、锯齿状、网状、树叶状、虫蚀状、放射状等。

(3)表面性状 观察其表面是否平滑、粗糙、皱襞状、旋涡状、荷包蛋状,甚至有子菌落等(图 3-8-1)。

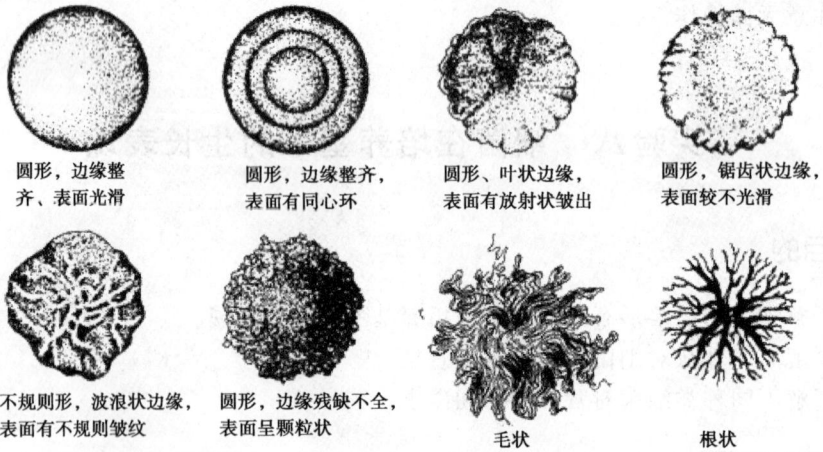

圆形,边缘整　　圆形,边缘整齐,　　圆形,叶状边缘,　　圆形,锯齿状边缘,
齐、表面光滑　　表面有同心环　　表面有放射状皱出　　表面较不光滑

不规则形,波浪状边缘,　　圆形,边缘残缺不全,　　毛状　　　　根状
表面有不规则皱纹　　　表面呈颗粒状

图 3-8-1 菌落的形状、边缘和表面构造

(4)隆起度 表面分为隆起、轻度隆起、中央隆起,也有凹陷或堤状(图 3-8-2)。

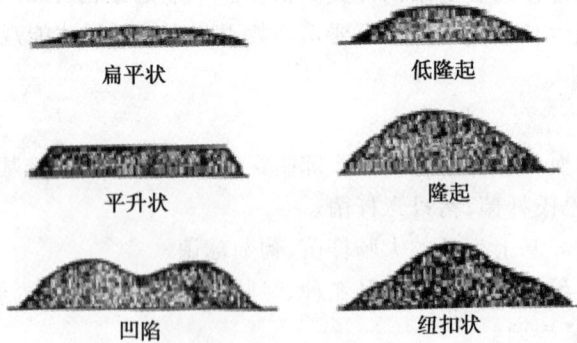

扁平状　　　　低隆起

平升状　　　　隆起

凹陷　　　　纽扣状

图 3-8-2 菌落的隆起度

(5)颜色及透明度 菌落分无色、灰白色,还有的能产生各种色素;是否光泽、透明及不透明。

(6)硬度 黏液状、膜状、干燥或湿润等。

(7)溶血 若是鲜血琼脂平皿,应看其是否溶血,溶血情况等。

### (二)琼脂斜面上生长表现

将各种细菌分别以接种针直线接种于琼脂斜面上(自底部向上划一直线),培养后观察其生长表现。

### (三)琼脂柱穿刺培养中的生长表现

将各种细菌分别以接种针穿刺接种于琼脂柱中,培养后观察其生长表现,如图 3-8-3 所示的各种生长方式。

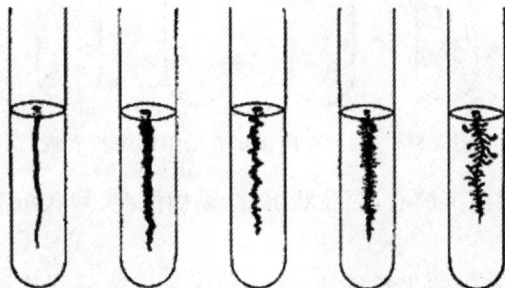

图 3-8-3　琼脂柱穿刺培养的菌落表现

### (四)细菌在半固体培养基中的生长表现

用接种针将细菌穿刺接种于半固体培养基中,如细菌无运动力(无鞭毛),则沿此穿刺线生长,而周围培养基清澈透明;如细菌有鞭毛能运动,可由穿刺线向四周扩散呈放射状或云雾状生长。例如,可取大肠杆菌、枯草杆菌和其他多种细菌分别以接种针穿刺接种于明胶柱,置 22℃ 温箱中培养后观察其液化与否和液化的情况。细菌对明胶柱的液化作用的形式如图 3-8-4 所示。

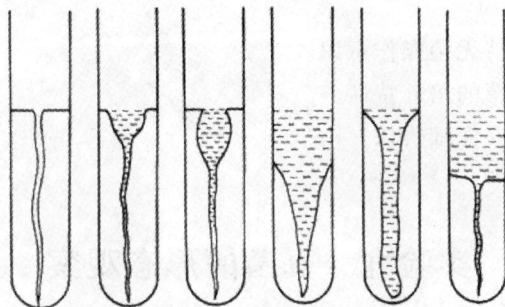

图 3-8-4　细菌明胶柱穿刺培养生长表现

### (五)细菌在液体培养基中的生长表现

不同细菌在液体培养基中可出现不同生长表现:①混浊生长:多数细菌呈此现象,多属兼性厌氧菌;②沉淀生长:少数呈链状生长的细菌或较粗的杆菌在液体培养基的底部形成沉淀,培养液较清,如链球菌、乳杆菌;③菌膜生长:专性需氧菌可浮在液体表面生长,形成菌膜,如枯草杆菌。

(1)细菌在肉汤培养基中的生长表现:将马链球菌马亚种、绿脓杆菌、葡萄球菌、大肠杆菌、炭疽杆菌等分别接种于肉汤中,培养后观察其生长情况,注意其和图 3-8-4 细菌明胶柱穿刺培养生长表现浊度、沉淀物、菌膜、菌环和颜色等的区别(图 3-8-5)。

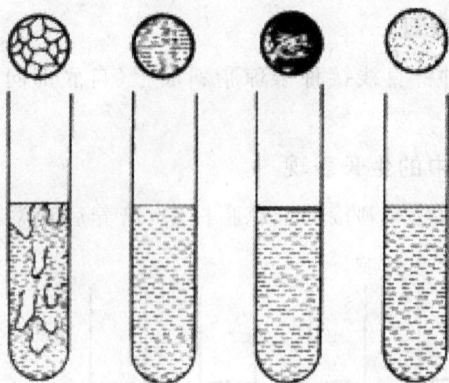

图 3-8-5　细菌在肉汤培养基中的生长表现

细菌在肉汤中所形成的沉淀有：颗粒状沉淀、黏稠沉淀、絮状沉淀、小块状沉淀。另外还有不生成沉淀的菌种。

（2）细菌在熟肉培养基中的生长表现：取各种厌氧梭菌分别接种于熟肉培养基中，培养后观察其生长表现，注意其浑浊度、沉淀、碎肉的颜色和碎肉块被消化的情况。

## 五、思考题

（1）培养基有哪些种类？

（2）如何描述细菌在固体和液体培养基上的生长表现？

（3）如何进行细菌的营养需求测定？

## 六、操作要点

（1）操作过程中要保持无菌操作意识。

（2）注意区分不同细菌的培养特性。

（3）观察菌落形态时要仔细辨认。

（徐志文、王印、朱玲）

# 实验九　真菌的形态观察

## 一、目的

（1）掌握自制水浸片观察霉菌、酵母菌的形态的方法。

（2）掌握霉菌封闭标本的制备方法。

（3）了解各种观察真菌形态的方法，认识真菌的形态。

## 二、基本原理

真菌的诊断与细菌的诊断有相似之处，但由于真菌的形态往往具有特征性，检测其菌丝或孢子可作出判断。

酵母菌是单细胞真菌，通常呈圆形、椭圆形或卵圆形，在高倍镜下能观察到明显的细胞核及内含物。酵母菌新陈代谢具有较强的还原能力,能将美蓝还原为无色,由此可区别死、活细胞。

不同霉菌具有不同菌丝和无性孢子,可根据其形态不同来判断不同的霉菌。霉菌的菌丝较粗大,细胞容易收缩变形,且孢子容易飞散,制标本时常用乳酸石碳酸棉蓝染色液处理。此染色液制成的霉菌标本片细胞不变形,具有杀菌防腐作用且不易干燥,能保持较长时间,溶液本身呈蓝色,有一定染色效果。利用培养在玻璃纸片上的霉菌作为观察材料,可以得到清晰、完整、保持自然状态的霉菌形态。

## 三、材料

(1)样本:在 YEPD 培养基中生长 48h 的酵母菌、在马铃薯琼脂(PAD)培养基平板生长 2~5d 的根霉或毛霉、青霉、曲霉、木霉和白地霉。

(2)试剂:美蓝染色液或蒸馏水、乳酸石碳酸棉蓝染色液、5%乙醇。

(3)器材:盖玻片、玻片、接种环、显微镜、解剖针、解剖镜。

## 四、操作步骤

### (一)真菌水浸片的制备及观察

水浸片可用于观察真菌的菌体形态,常用美蓝染色液制片,活细胞能还原美蓝为无色,可区别死、活细胞,也可用蒸馏水制片。

(1)酵母菌水浸片的制备:将美蓝染色液或蒸馏水滴于干净的载玻片中央,用接种环以无菌操作取培养 48h 的酵母菌体少许,均匀涂于液滴中(液体培养物可直接取一接种环于玻片上),并加盖盖玻片,然后置于显微镜下观察。注意酵母菌的形态、大小和芽体,同时可以根据是否染上颜色来区分死、活细胞。

(2)霉菌水浸片的制备:取培养 2~5d 的根霉或毛霉,培养 3~5d 的青霉、曲霉和木霉,2d 左右的白地霉涂于载玻片中的美蓝或蒸馏水中,同上法制片。霉菌要选择有无性孢子的菌丝,用解剖针挑取少许菌丝放在上述载玻片的液滴中,将载玻片置于解剖镜下细心地用解剖针将菌丝分散成自然状态,然后加盖盖玻片。制好片后先在低倍镜下观察,必要时再转换至高倍镜下观察并记录观察结果。

### (二)直接制片观察法及霉菌标本的封闭

(1)取干净的载玻片一块,在中央滴加一滴乳酸石碳酸棉蓝染色液;

(2)用解剖针从生长有霉菌的平板中挑取少许带有孢子的霉菌菌丝,放入 5% 的乙醇浸润片刻(洗掉脱落的孢子以及附着于菌丝与孢子之间的空气),再用蒸馏水将浸过的菌丝清洗干将;

(3)将菌丝放在已滴有乳酸石碳酸棉蓝的载玻片上,在解剖镜下用解剖针将菌丝轻轻分开成自然状态,盖上盖玻片(勿产生气泡且不要再移动载玻片);

(4)在温暖干燥的室内停放数日,让水分蒸发一部分,使盖玻片与载玻片紧贴,即可封片保存。

### (三)载玻片培养观察法(小培养法)

(1)培养小室的灭菌:取一张直径 7cm 左右的圆形滤纸铺放于直径 9cm 的平皿底部,在滤纸上放一根 U 型玻棒,然后在 U 型玻棒上放一张干净的载玻片和一张盖玻片,盖好平皿盖子灭菌。

（2）琼脂块的制备：用灭菌滴管将灭菌后融化的固体培养基滴加少许至灭菌的培养小室中的载玻片中央。

（3）接种：挑取真菌孢子，用灭菌水溶解制成孢子悬液，将孢子悬液接种至载玻片中央中已凝固的培养基四周，盖上盖玻片。

（4）培养：放在适宜温度的培养箱中培养。

（5）观察：定期取出并在低倍镜下观察，可观察到孢子萌发、发芽管长出、菌丝生长、无隔菌丝中孢子囊柄和孢子囊的形成过程、有隔菌丝的细胞生长、孢子的着生状态等。

### （四）玻璃纸培养观察法

霉菌的玻璃纸培养观察法与放线菌的玻璃纸培养观察法相似。这种方法用于观察不同生长阶段的霉菌形态，可获得良好的效果。

## 五、结果

### （一）酵母菌的形态特点

酵母菌为单细胞真菌，多呈圆形、椭圆形或卵圆形，可见芽殖体，在高倍镜下可观察到典型的细胞结构。酵母活细胞经美蓝染色后呈无色，死细胞为蓝色。

### （二）各种霉菌的形态特点

（1）根霉菌丝无隔膜、有分枝和假根，孢子囊柄直立、不分枝，孢子囊呈球形，孢囊孢子呈椭圆形、球形或不规则，黄灰色。

（2）毛霉菌丝无隔膜、分枝状、无假根，孢子囊柄总状分枝或假轴状分枝、直立状，孢子呈囊球形，孢子囊孢子呈球形、椭圆形，无色。

（3）青霉有隔膜，无足细胞，分生孢子柄呈直立状，分生孢子呈球形、椭圆形或短柱形，蓝绿色。

（4）曲霉有隔膜，有足细胞，分生孢子柄呈直立状，分生孢子呈成串球形，青灰色、黄褐色或绿色。

（5）木霉分生孢子柄粗直或呈锯齿状，分生孢子多呈球形，绿色。

（6）白地霉有隔膜，节孢子多呈长筒形或方形。

## 六、思考题

（1）描述常见真菌的形态特征和培养特性。

（2）比较根霉与毛霉、青霉、曲霉、木霉之间的异同点。

（3）封片前为什么要蒸发一部分水分？

## 七、操作要点

（1）注意盖上盖玻片时切勿移动，以免弄坏菌丝或破坏芽殖体。

（2）霉菌要选择具有无性孢子的菌丝，并用解剖针将其分散成自然状态以利于观察。

（3）霉菌样本封闭时要用清洁的纱布或脱脂棉将盖玻片周围擦净，并在周围涂一圈合成树脂或加拿大树胶风干后保存。

（徐志文、王印、朱玲）

# 第四章 细菌的生理及生化特性

　　细菌与其他生物一样,有独立的生命活动,外界环境因素对它的生长发育有重大影响,细菌在自然界中不断经受周围环境中各种因素的影响将导致其生长繁殖速度的变化甚至发生变异。当环境适宜时,细菌能进行正常的新陈代谢而生长繁殖;若环境条件发生变化,可引起细菌的代谢和其他性状发生变异;若环境条件改变剧烈,可使细菌生长受到抑制或导致死亡。因此掌握细菌对周围环境的依赖关系,在动物疾病控制中,一方面可创造有利条件,促进细菌的生长繁殖,从病理材料中分离培养出病原微生物,有助于动物传染病的诊断以及制备疫苗来预防某些传染病;另一方面,也可利用环境对细菌不利因素,抑制或杀灭病原微生物,以达到消毒灭菌的目的。

　　由于细菌特有的单细胞原核生物的特性,不同种类的细菌,其细胞内新陈代谢的酶系统不同,因而对底物的分解能力不同,对营养物质的吸收利用、分解排泄及合成产物的产生等都有很大的差别,也就是分解、利用糖类、脂肪类和蛋白类物质的能力不同,所以其发酵的类型和产物也不相同。因此,检测某种细菌能否利用某种(些)物质及其对某种(些)物质的代谢及合成产物,确定细菌合成和分解代谢产物的特异性,就可鉴定出细菌的种类。目前即使在分子生物学技术和手段不断发展的今天,细菌的生理生化反应在菌株的分类鉴定中仍有很大作用。

　　药物敏感实验简称药敏实验(或耐药实验)。其目的是了解病原微生物对各种抗生素的敏感(或耐受)程度,以指导临床合理选用抗生素药物的一种微生物学实验。一种抗生素如果以很小的剂量便可抑制、杀灭致病菌,则称该种致病菌对该抗生素"敏感",反之,则称为"不敏感"或"耐药"。为了解致病菌对哪种抗生素敏感,以合理用药,减少盲目性,往往应进行药敏实验。其大致方法是:从动物感染部位采取含致病菌的标本,接种在适当的培养基上,于一定条件下培养;同时将分别沾有一定量各种抗生素的纸片贴在培养基表面(或用不锈钢圈,内放定量抗生素溶液),培养一定时间后观察结果。由于致病菌对各种抗生素的敏感程度不同,在药物纸片周围便出现不同大小的抑制病菌生长而形成的"空圈",称为抑菌圈。抑菌圈大小与致病菌对各种抗生素的敏感程度成正比关系。于是可以根据试验结果有针对性地选用抗生素。不同药物的作用方式不相同,因此各种病原菌对不同抗菌药物的敏感性也不同,通过细菌的药物敏感性试验,可以筛选出某种(类)病原菌的敏感药物,为临床治疗感染性疾病提供技术支持。

# 实验十　理化因素对微生物的影响

## 一、目的

(1)了解温度、紫外线、pH以及化学药剂对微生物生长的影响。

(2)掌握无菌操作技术以及培养基的制备。

## 二、基本原理

微生物的生命活动与周围环境有着密切的联系,适宜的环境能够促进微生物的生长、繁殖。不适宜的环境则使微生物的生长受到抑制,甚至造成死亡。影响微生物生长的环境因素很多,本实验着重探讨温度、紫外线、pH以及化学药剂对微生物的影响。

(1)温度对微生物的影响:温度通过影响蛋白质、核酸等生物大分子的结构与功能以及细胞结构如细胞膜的流动性、完整性来影响微生物的生长繁殖和新陈代谢。过高的环境温度会导致蛋白质或核酸的变性失活,而过低的温度会使酶活力受到抑制,细胞的新陈代谢活动减弱。每种微生物只能在一定的温度范围内生长,低温微生物最高生长温度不超过20℃,中温微生物的最高生长温度低于45℃,而高温微生物能在45℃以上的温度条件下正常生长。某些极端高温微生物甚至能在100℃以上的温度条件下生长。

(2)紫外线对微生物的影响:紫外线波长200~300nm部分具有杀菌作用,其中以265~266nm段的杀菌力最强。紫外线的杀菌原理是细菌经紫外线照射后,同一条DNA链上相邻近的胸腺嘧啶之间形成二聚体,改变DNA的分子构型,影响DNA复制与转录时的正常碱基配对,引起致死性突变而死亡。此外,紫外线还可使空气中的分子氧变为臭氧,臭氧放出氧化能力强的原子氧,也具有杀菌作用。

(3)pH对微生物生命活动的影响:一是使蛋白质、核酸等生物大分子所带电荷发生变化,从而影响其生物活性;二是引起细胞膜电荷变化,导致微生物细胞吸收营养物质能力改变;三是改变环境中营养物质的可溶性及有害物质的毒性。不同微生物对pH条件的要求各不相同,它们只能在一定的pH范围内生长,这个pH范围有宽有窄,而其生长最适pH常限于一个较窄的pH范围,对pH条件的不同要求在一定程度上反映出微生物对环境的适应能力。

(4)化学因素对微生物的影响:常用化学消毒剂主要有重金属及其盐类,酚、醇、醛等有机化合物以及染料和表面活性剂等。其杀菌或抑菌作用主要是使菌体蛋白质变性或与某些酶蛋白的巯基相结合而使酶失活。

## 三、材料

(1)菌种:大肠杆菌、金黄色葡萄球菌、酵母菌。

(2)培养基:牛肉膏蛋白胨液体培养基、牛肉膏蛋白胨琼脂培养基、马铃薯葡萄糖培养基。

(3)溶液及试剂:0.1%新洁尔灭、0.1%龙胆紫、2.5%碘液、0.85%生理盐水

(4)仪器或其他用具：恒温培养箱、4℃冰箱、水浴锅、10mL 无菌带帽试管、培养皿、接种环、无菌吸管、玻璃涂布棒、紫外灯箱、黑纸、标签纸、镊子、200μL 移液器、1000μL 移液器、灭菌枪头，记号笔等。

## 四、操作步骤

### （一）温度对微生物的影响

(1)将培养 24～48h 的大肠杆菌斜面和酵母菌斜面加入无菌生理盐水 5mL，用接种环刮下菌苔制成菌悬液。

(2)取预先配置好的牛肉膏蛋白胨液体培养基和马铃薯葡萄糖培养基试管各 8 支（每支 5mL 培养基），分别标为 A 组、B 组。A 组接入大肠杆菌悬液 0.1mL，混匀；B 组接入酵母菌悬液 0.1mL，混匀。分别于 4℃、25℃、37℃、50℃条件下培养，每个温度设置两个重复。

(3)在相应温度下培养 24h 后，记录结果。根据菌液的混浊度判断大肠杆菌和酵母菌生长繁殖的最适温度。

### （二）紫外线杀菌效果的观察

(1)制备牛肉膏蛋白胨琼脂平板一个（每皿 15～20mL）。

(2)用灭菌滴管吸取大肠杆菌菌悬液 3～4 滴于上述普通琼脂平板表面，用玻璃涂布棒将菌液涂布均匀。

(3)打开培养皿盖，用无菌黑纸遮盖部分平板，置于预热 10～15min 后的紫外灯下，紫外线照射 30min，弃去黑纸，盖上皿盖。倒置于 37℃温箱中培养 18～24h 后，观察细菌分布情况。

### （三）pH 对微生物生长的影响

(1)配置牛肉膏蛋白胨液体培养基 10 支。分别调 pH 至 3、5、7、9 和 11，每个 pH 设定两个重复，每管盛培养液 5mL，灭菌备用。

(2)分别吸取前期制备的大肠杆菌菌悬液 0.1mL，接种于装有不同 pH 的牛肉膏蛋白胨液体培养基的试管中，于 37℃培养箱中培养 24～48h。

(3)将上述试管取出，根据菌液的混浊度或者利用 722 型分光光度计判定大肠杆菌最适生长的 pH。

### （四）化学药剂对微生物的影响

(1)将培养 24h 的大肠杆菌斜面和金黄色葡萄球菌斜面加入无菌生理盐水 5mL，用接种环刮下菌苔制成菌悬液。

(2)将已灭菌并冷却至 45℃左右的牛肉膏蛋白胨琼脂培养基（15～20mL）倒入无菌平皿中（每种试验菌一皿），凝固后，用移液器分别吸取金黄色葡萄球菌和大肠杆菌悬液 0.1mL 于上述普通琼脂平板表面，用玻璃涂布棒将菌液涂布均匀。

(3)将平皿底划分成 4 等份，每一等份内标明一种消毒剂的名称，采用无菌操作技术，用无菌眼科镊子将已灭菌的小圆滤纸片分别浸入装有 0.1%新洁尔灭、0.1%龙胆紫、2.5%碘液的小玻璃平皿中浸湿。然后取出滤纸片，在试管内壁沥去多余药液，尽量保证滤纸片所含消毒剂溶液量基本一致，将滤纸片贴在混菌平板相应区域，以浸有无菌生理盐水的滤纸片作为对照。

(4)将上述贴好滤纸片的平板放于 37℃ 培养箱中,倒置培养 24h,取出观察抑菌圈的大小。并对比大肠杆菌和金黄色葡萄球菌对各类消毒剂的耐受力。

## 五、结果

(1)观察大肠杆菌和酵母菌在不同温度下培养的菌液浓度,找出大肠杆菌和酵母菌生长的最适温度。

(2)取出经紫外灯照射的平皿,观察细菌的分布状况,分析紫外线对平板上细菌生长状况的影响。

(3)观察记录不同 pH 条件下大肠杆菌的生长情况,找出大肠杆菌生长的最适 pH。

(4)取出培养皿,观察抑菌圈,并记录抑菌圈的直径。分析各类化学试剂对微生物的抑菌(杀菌)效果。

## 六、思考题

(1)影响微生物生长发育的因素包括哪些是什么?

(2)温度、紫外线以及化学药剂的抑菌(杀菌)作用及原理是什么?

(3)根据自身体会,谈谈无菌操作在微生物实验中的重要性。

## 七、操作要点

(1)注意吸取菌悬液时要将菌液吹打均匀,保证各管中接入的菌液浓度一致。

(2)实验过程中采用无菌操作技术,避免其他因素对结果的干扰。

(徐志文、王印、朱玲)

# 实验十一　细菌生化试验

## 一、目的

(1)通过本试验加深对细菌生化反应原理的理解。

(2)掌握常规细菌生化试验操作方法。

(3)了解细菌生化试验在细菌鉴定及诊断中的重要意义。

## 二、基本原理

利用生物化学方法来鉴别不同细菌,称为细菌的生物化学试验或称生化反应。在所有生活细胞中存在的全部生物化学反应称之为代谢。代谢过程主要是酶促反应过程。具有酶功能的蛋白质多数在细胞内,称为胞内酶(endoenzymes)。许多细菌产生胞外酶(exoenzymes),这些酶从细胞中释放出来,以催化细胞外的化学反应。不同种类的细菌,由于其细胞内新陈代谢的酶系不同,因而对底物的分解能力不同,对营养物质的吸收利用、分解排泄及合成产物的产生等都有很大的差别。因此,检测某种细菌能否利用某种(些)物质及其对某种(些)物质的代谢及合成产物,确定细菌合成和分解代谢产物的特异性,就可鉴定出细菌的种类。

## 三、材料

(1)菌种:需鉴定的单一菌落培养物

(2)培养基:各种生化培养基(将在操作步骤中详细介绍)

(3)仪器或其他用具:天平、恒温培养箱、培养皿、接种环、酒精灯、记号笔等。

## 四、操作步骤

### (一)糖(醇、苷)类分解试验

(1)原理:不同种类细菌含有发酵不同糖(醇、苷)类的酶,因而对各种糖(醇、苷)类的代谢能力也有所不同,即使能分解某种糖(醇、苷)类,其代谢产物也可因菌种而异。检查细菌对培养基中所含糖(醇、苷)降解后产酸或产酸产气的能力,可用来鉴定细菌种类。

(2)培养基:适用于需氧菌的培养基:用邓亨氏(Dunham)蛋白胨水溶液(蛋白胨 1g,氯化钠 0.5g,水 100mL,pH7.6 按 0.5%~1%的比例分别加入各种糖),每 100mL 加入 1.2mL 的 0.2%溴麝香草酚蓝(或用 1.6%溴甲酚紫酒精溶液 0.1mL)作指示剂。分装于试管(每一个试管事先都加有一枚倒立的小发酵管),10 磅高压灭菌 10min。如在培养基中加入琼脂达 0.5%~0.7%,则成半固体,可省去倒立的小发酵管。0.2%溴麝香草酚蓝溶液配法:溴麝香草酚蓝 0.2g,0.1NNaOH5mL,蒸馏水 95mL。

适用于厌氧菌的培养基:蛋白胨 20g、氯化钠 5g、琼脂 1g、1.6%溴甲酚紫酒精溶液 1mL、糖 10g、硫乙醇酸 1g、蒸馏水 1000mL。将蛋白胨、盐、硫乙醇酸钠、琼脂和水放于烧瓶内,加热使其融化,再加入所需的糖,调整 pH 到 7.0,加入指示剂,分装试管,在 115℃高压灭菌 15min 后,做成高层。

所使用的糖(醇、苷)类有很多种,根据不同需要可选择单糖、多糖或低聚糖、多元醇和环醇等,见表 4-11-1。一般常用的指示剂为酚红、溴甲酚紫、溴百里蓝和 An-drade 指示剂。推荐使用市售各种糖或醇类的微量发酵管。

表 4-11-1　常用于细菌糖发酵试验的糖、醇类

| 种类 | | 名称 |
| --- | --- | --- |
| 单糖 | 四碳糖 | 赤藓糖 |
| | 五碳糖 | 核糖　核酮糖　木糖　阿拉伯糖 |
| | 六碳糖 | 葡萄糖　果糖　半乳糖　甘露糖 |
| 双糖 | | 蔗糖(葡萄糖+果糖)　乳糖(葡萄糖+半乳糖)　麦芽糖(两分子葡萄糖) |
| 三糖 | | 棉子糖(葡萄糖+果糖+半乳糖) |
| 多糖 | | 菊糖(多分子果糖)　淀粉 |
| 醇类 | | 侧金盏花醇　卫矛醇　甘露醇　山梨醇 |
| 非糖类 | | 肌醇 |

(3)试验方法:以无菌操作,用接种针或接种环移取纯培养物少许,接种于发酵液体培养基管中,若为半固体培养基,则用接种针作穿刺接种,置 37℃孵育箱内孵育数小时到两周(视方法及菌种而定)后,观察结果。若用微量发酵管(应开口朝下),或要求培养时间较长时,应

注意保持其周围的湿度,以免培养基干燥。本试验主要是检查细菌对各种糖、醇和糖苷等的发酵能力,从而进行各种细菌的鉴别,因而每次试验,常需同时接种多管。

(4)结果:检视培养基颜色有无改变(产酸),如果接种进去的细菌可发酵某种糖或醇,则可产酸,使培养基由紫色变成黄色(用符号"＋"表示),如果不发酵,则仍保持紫色(用符号"－"表示);小倒管中有无气泡,如发酵的同时又产生气体,则在微量发酵管顶部积有气泡,微小气泡亦为产气阳性,若为半固体培养基,则检视沿穿刺线和管壁及管底有无微小气泡(用符号"↑"表示)。

### (二)糖氧化/发酵(O/F)试验

(1)原理:细菌在分解糖的过程中,必须有分子氧参加的,称为氧化型;能进行无氧降解的为发酵型;不分解葡萄糖的细菌为产碱型。发酵型细菌无论在有氧或无氧环境中都能分解糖,而氧化型细菌在无氧环境中则不能分解糖。这在区别微球菌与葡萄球菌、肠杆菌科成员中尤其有意义。

(2)培养基:蛋白胨 2g、氯化钠 5g、磷酸氢二钾 0.3g、葡萄糖 10g、琼脂 3g、1‰溴麝香草酚蓝 3mL、蒸馏水 1000mL。将蛋白胨、盐、琼脂和水混合,加热溶解,调节 pH 至 7.2,然后加葡萄糖和指示剂,加热溶解;分装试管,3～4mL 每管;115℃,高压蒸汽灭菌 20min,取出后冷却成琼脂柱。

(3)试验方法:挑取少许纯培养物(不要从选择性平板中挑取)穿刺接种,每种细菌接种两管,于其中 1 管覆盖 1mL 灭菌的液体石蜡以隔绝空气(作为密封管),另一管不加(作为开放管)。37℃培养 48h 或更长时间,最长可达 7d。

(4)结果:只在没有覆盖石蜡的一管发酵糖产酸或产酸产气者属氧化型;两管均发酵糖产酸或产酸产气者为发酵型;两管都不生长者不予判定结果。

### (三)靛基质(吲哚)试验

(1)原理:细菌分解蛋白胨中的色氨酸,生成吲哚(靛基质),经与试剂中的对位二甲基氨基苯甲醛作用,生成玫瑰吲哚而呈红色,如图 4-11-1。

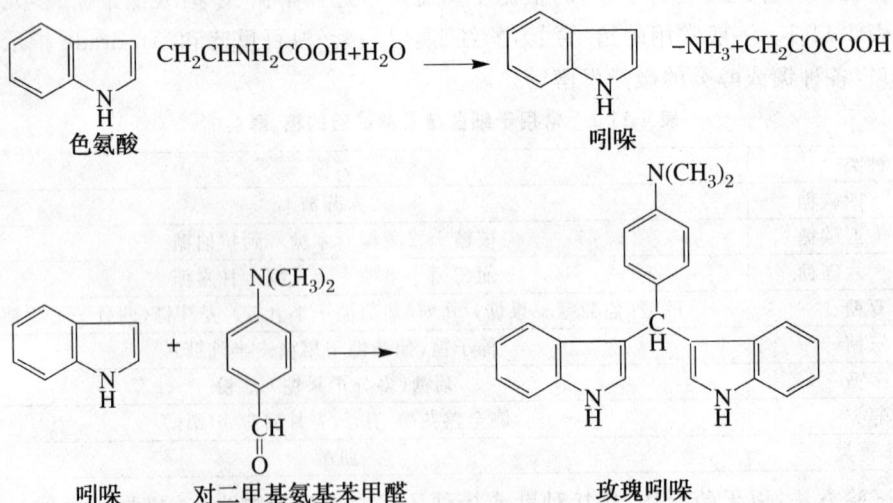

图 4-11-1　吲哚试验原理

（2）培养基：邓亨氏蛋白胨溶液，常用试剂为欧立希氏（Ebrlich's）吲哚试剂（对位二氨基苯甲醛（P-dimethyl aminobenzaldehyde）1g，无水乙醇 95mL，浓盐酸 20mL。先用乙醇溶解试剂后加盐酸，避光保存）和 Kovacs 试剂（对位二氨基苯甲醛 5g，戊醇或异戊醇 75mL，浓盐酸 25mL）

（3）试验方法

1）试管法：以接种环将待检菌新鲜斜面培养物接种于 Dunham 氏蛋白胨水溶液中，置 37℃ 培养 24～48h（可延长 4～5d）；于培养液中加入戊醇或二甲苯 2～3mL，摇匀，静置片刻后，沿试管壁加入 Ehrlich 氏或 Kovac 氏试剂 2mL。

2）斑点试验法：将一片滤纸放在培养皿的盖子上或一张载玻片上；滴加 1～1.5mL 试剂液于滤纸上使其变湿；取 18～24h 琼脂平板培养物涂布于浸湿的滤纸上；在 1～3min 内观察。

3）加热试验法：将一小指头大的脱脂棉，滴上 2 滴 Ehrlich 氏试剂，再在同一处滴加 2 滴高硫酸钾饱和水溶液，置于含培养液的被检试管中，离液面约 1.5cm；将被检试管放入烧杯或搪瓷缸水浴煮沸为止；观察脱脂棉颜色变化。若将试剂加到液体中，吲哚和粪臭素均呈阳性反应，而用此法，只是吲哚（具挥发性）呈阳性反应。

（4）结果：试管实验法中出现红色颜色变化为阳性，斑点试验法中棕色的试剂由紫红变为红色者为阳性，加热试验法中脱脂棉上出现红色者为阳性；反之之为阴性。

### （四）二乙酰（VP）试验

（1）目的：测定细菌产生乙酰甲基甲醇的能力。某些细菌能发生如下转换：葡萄糖→丙酮酸→乙酰甲基甲醇（Acetymethyl carbinol）→2,3－丁烯二醇（2,3－bytaylene cylycol），在有碱存在时氧化成二乙酰，后者和胨中的胍基化合物起作用，产生粉红色的化合物。其反应式为：

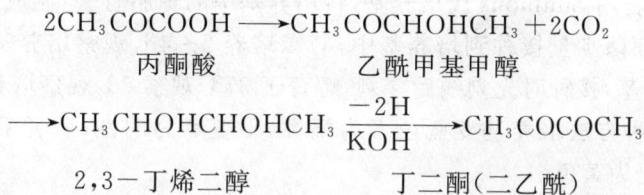

$$2CH_3COCOOH \longrightarrow CH_3COCHOHCH_3 + 2CO_2$$
$$\qquad 丙酮酸 \qquad\qquad 乙酰甲基甲醇$$

$$\longrightarrow CH_3CHOHCHOHCH_3 \xrightarrow[KOH]{-2H} CH_3COCOCH_3$$
$$\quad 2,3－丁烯二醇 \qquad\qquad 丁二酮（二乙酰）$$

（2）培养基：含葡萄糖、$K_2HPO_4$、蛋白胨各 5g，完全溶解于 1000mL 水中后，分装试管内，间歇灭菌或 115℃ 灭菌 10min。

（3）试验方法

1）O'Meara's 法：将被检细菌接种于葡萄糖蛋白胨水培养基后，于 35℃～37℃ 培养 48h，于每毫升培养物中加入 0.1mL 试剂（40g 氢氧化钾溶于 100mL 蒸馏水中，加入 0.3g 肌酐即成），猛烈摇振混合。

2）Baritt's 法：同上法接种培养细菌，于 2mL 培养液内加入甲液（6% α-奈酚酒精溶液）1mL 和乙液（40% 氢氧化钾）0.4mL，摇振混合。

（4）结果：试验时强阳性者约于 5min 后，可产生粉红色反应（长时间无反应，置室温过夜），次日不变者为阴性。

### （五）甲基红（MR）试验

（1）原理：某些细菌在糖代谢过程中，分解葡萄糖产生丙酮酸，丙酮酸进一步被分解为甲酸、乙酸和琥珀酸等,使培养基 pH 下降至 4.5 以下时,加入甲基红指示剂呈红色。如细菌分解葡萄糖产酸量少,或产生的酸进一步转化为其他物质(如醇、醛、酮、气体和水),培养基 pH 在 5.4 以上,加入甲基红指示剂呈橘黄色。本试验常与 V-P 试验一起使用,因为前者呈阳性的细菌,后者通常为阴性。

(2)培养基:同 V-P 试验培养基。

(3)试验方法:取一种细菌的 24h 培养物,接种于葡萄糖蛋白胨水培养基中,置 37℃ 培养 48~72h,取出后加甲基红试剂(甲基红 0.02g,95% 酒精 60mL,蒸馏水 40mL)3~5 滴,立即观察结果。

(4)结果:凡培养液呈红色者为阳性,以"+"表示;橙色者为可疑,以"±"表示;黄色者为阴性,以"-"表示。

### (六)枸橼酸盐利用试验

(1)原理:当细菌利用铵盐作为唯一氮源,并利用枸橼酸盐作为唯一碳源时,若细菌能利用这些盐作为碳源和氮源而生长,则利用枸橼酸钠产生碳酸盐,与利用铵盐产生的 $NH_3$ 反应,形成 $NH_4OH$,使培养基变碱,pH 升高,指示剂溴麝香草酚蓝由草绿色变为深蓝色。值得注意的是,该实验和靛基质(吲哚)试验二乙酰(VP)试验甲基红(MR)试验一起缩写为 IMViC,用于鉴别大肠杆菌和产气肠杆菌,多用于水的细菌检验。

(2)培养基:Simmons 氏培养基:柠檬酸钠 lg,$K_2HPO_4$ 1g、硫酸镁 0.2g、氯化钠 5g、琼脂(洗过)20g、$NH_4H_2PO_4$ 1g、1% 溴麝香草酚蓝酒精溶液 10mL,蒸馏水加至 1000mL,调整 pH 至 6.8,121℃ 高压灭菌 15min 后制成斜面。Christenten 氏培养基:柠檬酸钠 5g、$KH_2PO_4$ 1g、葡萄糖 0.2g、氯化钠 5g、酚红 0.012g、半胱氨酸 0.1g、琼脂 15g、酵母浸膏 0.5g、蒸馏水加至 1000mL,pH 不必调整,高压灭菌后做成短厚的斜面。

(3)试验方法:若用 Simmons 氏培养基,将培养基中的琼脂省去,制成液体培养基,同样可以应用,将被检细菌少量接种到培养基中,37℃ 培养 2~4d,观察培养基颜色变化。若用 Christenten 氏培养基,接种时先划线后穿刺,孵育于 37℃ 观察 7d,观察培养基颜色变化。

(4)结果:前一种方法培养基变蓝色者为阳性,不变者为阴性;后者阳性者培养基变红色,阴性者培养基仍为黄色。

### (七)β-半乳糖苷(ONPG)试验

(1)原理:细菌分解乳糖依靠两种酶的作用,一种是 β-半乳糖苷酶透性酶(β-galactosi-dasepermease),它位于细胞膜上,可运送乳糖分子渗入细胞。另一种为 β-半乳糖苷酶(β-gaalac-tosidase),亦称乳糖酶(Lactase),位于细胞内,能使乳糖水解成半乳糖和葡萄糖。具有上述两种酶的细菌,能在 24~48h 发酵乳糖,而缺乏这两种酶的细菌,不能分解乳糖。乳糖迟缓发酵菌只有 β-D-半乳糖苷酶(胞内酶),而缺乏 β-半乳糖苷酶透性酶,因而乳糖进入细菌细胞很慢,而经培养基中 1% 乳糖较长时间的诱导,产生相当数量的透性酶后,始能较快分解乳糖,故呈迟缓发酵现象。ONPG 可迅速进入细菌细胞,被半乳糖苷酶水解,释出黄色的邻位硝基苯酚(OrthonitrpHenyl,ONP),故由培养基液变黄可迅速测知 β-半乳糖苷酶的存在,从而确知该菌为乳糖迟缓发酵菌。

(2)培养基:邻硝基酚 β-半乳糖苷 0.6g,0.01mol/L pH7.5 磷酸缓冲液 1000mL,pH7.5 的灭菌 1% 蛋白胨水 300mL。先将前两种成分混合溶解,过滤除菌,在无菌条件下与 1% 蛋白胨水混合,分装试管,每管 2～3mL,无菌检验后备用。购不到 ONPG 时,可用 5‰的乳糖,并降低蛋白胨含量为 0.2‰～0.5‰,可使大部分迟缓发酵乳糖的细菌在 1d 内发酵。

(3)试验方法:取一环细菌纯培养物接种在 ONPG 培养基上 37℃培养 1～3h 或 24h,观察结果。

(4)结果:如有 β-半乳糖苷酶,会在 3h 内产生黄色的邻硝基酚;如无此酶,则在 24h 内不变色。

### (八)胆汁七叶苷水解试验

(1)原理:在 10‰～40‰胆汁存在下,测定细菌水解七叶苷的能力。七叶苷被细菌分解生成葡萄糖和七叶素,七叶素与培养基中的枸橼酸铁的二价铁离子发生反应,形成黑色化合物。主要用于鉴别 D 群链球菌与其他链球菌的区别,以及肠杆菌科的某些种、某些厌氧菌(如脆弱拟杆菌等)的初步鉴别。D 群链球菌本试验为阳性。

(2)培养基:牛肉浸粉 3g、胰酪蛋白胨 17g、酵母粉 5g、牛胆粉 10g、氯化钠 5g、七叶苷 1.0g、柠檬酸铁铵 0.5g、叠氮化钠 0.25g、柠檬酸钠 1.0g、琼脂 13.5g、室温下调节 pH 至 7.1±0.2。

(3)试验方法:将被检菌接种于胆汁七叶苷培养基中,35℃孵育 18～24h 后,观察结果。

(4)结果:培养基完全变黑为阳性,不变黑为阴性。

### (九)硝酸盐还原试验

(1)原理:有的细菌能把硝酸盐还原为亚硝酸盐,而亚硝酸盐能和对氨基苯磺酸作用生成对重氮基苯磺酸,且对重氮基苯磺酸与 α-萘胺作用能生成红色的化合物 N-α-萘胺偶氮苯磺酸,其反应式为:

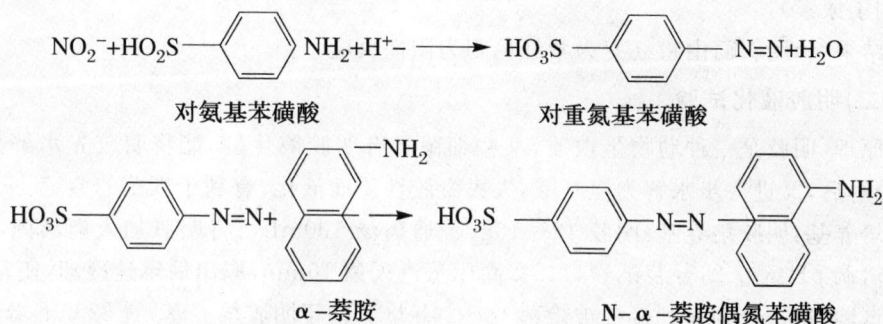

$$NO_2^- + HO_2S - \bigcirc - NH_2 + H^+ - \longrightarrow HO_3S - \bigcirc - N=N + H_2O$$

对氨基苯磺酸　　　　　　　　对重氮基苯磺酸

α-萘胺　　　　　　　　N-α-萘胺偶氮苯磺酸

(2)培养基:适用于需氧菌的培养基:硝酸钾(不含 $NO_2^-$)0.2g、蛋白胨 5g、蒸馏水 1000mL,溶解后调节 pH 至 7.4,分装试管。每管约 5mL,15 磅高压灭菌 15min。厌氧菌硝酸盐培养基:硝酸钾(不含 $NO_2^-$)1g、磷酸氢二钠 2g、葡萄糖 1g、琼脂 1g、蛋白胨 20g、蒸馏水 1000mL,加热溶解,调整 pH 至 7.2,过滤,分装试管,121℃高压灭菌 15min。

(3)试验方法:接种细菌后 37℃培养 4d,沿管壁加入 2 滴甲液(对位氨基苯磺酸 0.8g、5N 醋酸溶液 100mL)与 2 滴乙液(α-萘胺 0.5g,5N 醋酸溶液 100mL),当时观察。厌氧菌接种后作厌氧培养,试验方法和结果观察同前,但培养 1～2d 即可。

(4)结果:呈红色者为阳性。

### (十)硫化氢试验

(1)原理:有些细菌可分解培养基中含硫氨基酸或含硫化合物,而产生硫化氢气体,硫化氢遇铅盐或低铁盐可生成黑色沉淀物。

(2)培养基:可用成品微量发酵管、醋酸铅琼脂或三糖铁琼脂斜面。

(3)试验方法

1)微量法:取一种细菌纯培养物,接种于 $H_2S$ 微量发酵管中,置 37℃培养 24h 后观察结果。

2)常量法:用接种针蘸取纯培养物,沿试管壁作穿刺醋酸铅琼脂或三糖铁培养基,37℃培养 24～48h 或更长时间,培养基变黑者为阳性。或将纯培养物接种于肉汤,肝浸汤琼脂斜面或血清葡萄糖琼脂斜面,在试管壁和棉花塞间夹一 6.5cm×0.6cm 大小的试纸条(浸有饱和醋酸铅溶液),培养于 37℃,观察纸条颜色变化。

(4)结果:呈黑色者为阳性,无色者为阴性。

**(十一)尿素酶实验**

(1)原理:某些细菌能产生尿素酶,尿素酶可分解尿素,产生大量的氨,使培养基的 pH 升高,使指示剂酚红显示出红色。

(2)培养基:尿素微量发酵管或 Christensen 氏尿素琼脂培养基:蛋白胨 10g、葡萄糖 18g、氯化钠 5g、磷酸二氢钾 2g、0.4%酚红溶液 3mL、琼脂 20g、20%尿素溶液 100mL、蒸馏水 900mL。除尿素溶液外,将上述成分依次加入蒸馏水中,加热溶解,调 pH 至 7.2,121℃高压蒸汽灭菌 15min,待冷至 50℃～55℃时加入已滤过除菌的尿素溶液,混匀分装于灭菌试管,放成斜面冷却备用。

(3)试验方法:用接种环将待检菌培养物接种于尿素琼脂斜面,不要穿刺到底,下部留作对照。置 37℃培养,于 1～6h 检查(有些菌分解尿素很快),有时需培养 24h 到 6d(有些菌则缓慢作用于尿素)。

(4)结果:琼脂斜面由粉红变为紫红色则为阳性反应。

**(十二)明胶液化试验**

(1)原理:明胶是一种动物蛋白质,某些细菌具有明胶液化酶,能将明胶先水解为多肽,明胶经分解后,又进一步水解为氨基酸,失去凝胶性质而液化,有利于细菌的鉴定。

(2)培养基:明胶培养基:明胶 12～15g、普通肉汤 100mL。将明胶加入肉汤内,水浴中加热溶解,调 pH 至 7.2,分装试管,115℃高压蒸汽灭菌 10min,取出后迅速冷却,使其凝固。

(3)试验方法:分别穿刺接种被检菌 18～24h 培养物于明胶培养基,置 22℃下培养,观察明胶液化状况。因为明胶低于 20℃凝成固体,高于 24℃则自行呈液化状态,因此,培养温度最好在 22℃,但有些细菌在此温度下不生长或生长极为缓慢,则可先放在 37℃培养,再移置于 4℃冰箱经 30min 后取出观察,具有明胶液化酶者,虽经低温处理,明胶仍呈液态而不凝固。明胶耐热性差,若在 100℃以上长时间灭菌,能破坏其凝固性,此点在制备培养基时应注意。接种穿刺法可见微生物操作技术彩图 7。

(4)结果:明胶液化为阳性。

**(十三)苯丙氨酸脱氨酶试验**

(1)原理:细菌若具有苯丙氨酸脱氨酶就能将苯丙氨酸脱氨变成苯丙酮酸,酮酸能使三氯化铁指示剂变绿色。变形杆菌及普罗菲登斯菌以及莫拉氏菌有苯丙氨酸脱氨酶的活力。

(2)培养基:DL 苯丙氨酸 2g(或 L-苯丙氨酸 1g)、氯化钠 5g、琼脂 12g、酵母浸膏 3g、蒸馏水 1000mL、磷酸氢二钠 1g。分装于小试管内,121℃高压蒸汽灭菌 10min,制成斜面。

(3)试验方法:多量接种被检菌,37℃孵育 18～24h,生长好后,取出注入 0.2mL(或 4～5 滴)10％的 $FeCl_3$ 水溶液于生长面上,观察颜色变化。

(4)结果:变绿色为阳性。

### (十四)氨基酸脱羧酶试验

(1)原理:肠杆菌科细菌的鉴别试验,用以区分沙门氏菌(通常为阳性)和枸橼酸杆菌(通常为阴性),若细菌具有脱羧酶,能使氨基酸脱羧(—COOH),生成氨和 $CO_2$,使培养基的 pH 升高,指示剂溴麝香草酚蓝就显示出蓝色,试验结果为阳性。若细菌不脱羧,培养基不变则为黄色。最常用的氨基酸有赖氨酸、鸟氨酸和精氨酸。

(2)培养基:蛋白胨 5g、酵母浸膏 3g、葡萄糖 18g、蒸馏水 1000mL、0.2％溴麝香草酚蓝溶液 12mL。调整 pH 至 6.8,在每 100mL 基础培养基内,加入需要测定的氨基酸 0.5g,所加的氨基酸应先溶解于 1.5％NaOH 溶液内。加入氨基酸后,再调整 pH 至 6.8,分装于灭菌小试管内,每管 1mL,121℃高压蒸汽灭菌 10min。

(3)试验方法:从琼脂斜面上挑取培养物少许接种,上面滴加一层无菌液体石蜡,于 37℃ 培养 4d,每天观察结果。

(4)结果:阳性者培养液先变为黄色,后变为蓝色;阴性者为黄色。

### (十五)石蕊牛乳试验

(1)原理:石蕊是一种 pH 指示剂,当 pH 升至 8.3 时碱性显蓝色,pH 降至 4.5 时酸性显红色;pH 接近中性,未接种的培养基为紫蓝色故称紫乳,主要成分为干酪素、乳糖及指示剂等,由于各种细菌对这些成分的作用不同,引起培养基的变化也有不同,观察的主要变化为:产酸,酸凝或加有产气,凝乳酶产生,胨化,产碱等。

(2)培养基:加石蕊的酒精饱和溶液于新鲜脱脂牛奶中,使达浅紫色,分装于小试管,用流动蒸汽灭菌,每天 1 次,每次 1h,共 3d。石蕊酒精溶液的制备:8g 石蕊在 30mL40％乙醇中研磨,吸出上清液,再如此用乙醇操作两次。加 40％乙醇到总量为 100mL,并煮沸 1min。取用上清液,必要时可加几滴 1N 盐酸使达艳紫色。现在多应用溴甲酚紫代替石蕊,即于 100mL 脱脂乳中加入 1.2mL 的 1.6％溴甲酚紫的乙醇溶液。

(3)试验方法:将细菌接种于紫乳培养基中,37℃培养 1～7d 后观察结果。

(4)结果:若细菌分解乳糖产酸,指示剂变色(石蕊为红色,溴甲酚紫为黄色)。若产酸产气,使牛乳酸凝,气体使凝块中有裂隙,如产气荚膜梭菌呈"爆裂发酵"。若为紫色,表示乳糖未分解;若为蓝色表示乳糖虽未发酵,但细菌分解培养基中所出现的氮源物质而产碱所致。若指示剂还原则为无色,常出现在酸凝块形成之后。

### (十六)氧化酶试验

(1)原理:氧化酶亦即细胞色素氧化酶,为细胞色素呼吸酶系统的终末呼吸酶,氧化酶先使细胞色素 C 氧化,然后此氧化型细胞色素 C 再使对苯二胺氧化,产生颜色反应。能够在氧气存在下生长的同时产生细胞内细胞色素氧化酶的细菌发生阳性反应。

(2)培养基:适应细菌生长的培养基。1％四甲基对苯二胺试剂需新鲜配制,装棕色瓶贮存,4℃,可保存 1 个月。

(3)试验方法:加 2～3 滴试剂于滤纸上,用牙签挑取 1 个菌落到纸上涂布,观察菌落的反应。也可将试液滴在细菌的菌落上,还可在菌落上加试液后倾去,再徐徐滴加用95%酒精配制的1%的α-萘酚溶液。

(4)结果:方法一,阳性反应在5～10s内由粉红到黑色,15min后可出现假阳性反应;方法二,菌落呈玫瑰红然后到深紫色者为阳性;方法三,当菌落变成深蓝色者为阳性。

### (十七)触酶试验

(1)原理:过氧化氢的形成看作是糖需氧分解的氧化终末产物,因为 $H_2O_2$ 的存在对细菌是有毒性的,细菌产生酶将其分解,这些酶为触酶(过氧化氢酶)和过氧化物酶。本试验主要检测细菌有无触酶的存在。

(2)培养基:适应细菌生长的培养基;3%过氧化氢试剂(新配)。

(3)试验方法:可用接种环将一菌落放于载玻片的中央,加1滴3%过氧化氢于菌落上,立即观察有无气泡出现,也可在菌落和过氧化氢混合物之上放一张盖玻片,可帮助检出轻度反应,还可降低细胞的气溶胶颗粒的形成。或直接将3%过氧化氢加到培养琼脂斜面或平板上直接观察有无气泡出现(血琼脂平板除外)。

(4)结果:有气泡出现为阳性。

### (十八)氰化钾抑菌试验

(1)原理:氰化钾可以抑制某些细菌的呼吸酶系统,细胞色素、细胞色素氧化酶、过氧化氢酶和过氧化物酶,以铁卟啉作为辅基,氰化钾能和铁卟啉结合,使这些酶失去活性,使细菌生长受到抑制。

(2)培养基:蛋白胨 10g、$Na_2HPO_4$ 5.64g、NaCl 5g、$KH_2PO_4$ 0.225g、蒸馏水 1000mL,此为基础液。调节 pH 至 7.6,15 磅灭菌 15min,冷却,置冰箱。于冷基础液中加以 15mL 0.5%氰化钾溶液(0.5g KCN 溶于 100mL 冷却的灭菌蒸馏水中),分装于灭菌小试管,每管约1mL,立即用蘸有热石蜡的软木塞塞紧,可于冰箱中保存 2 周。

(3)试验方法:将 20～24h 肉汤培养物,接种一大环到 KCN 培养基中,立即用软木塞塞紧,置 37℃培养,连续观察 2d。注意:KCN 为剧毒药,宜在通气橱内操作。

(4)结果:有细菌生长时为阳性反应。

### (十九)脂酶试验

(1)原理:细菌产生的脂酶可分解脂肪为游离脂肪酸。加在培养基中的维多利亚蓝可与脂肪结合成为无色化合物,如果脂肪被细菌产生的脂肪酶分解,则维多利亚蓝释出,呈现深蓝色。该试验主要用于厌氧菌的鉴定。

(2)培养基:蛋白胨 10g、酵母浸膏 3g、氯化钠 5g、琼脂 20g(pH7.8)、维多利亚蓝(1:1500 水溶液)100mL、玉米油 50mL、蒸馏水 900mL。

(3)试验方法:将被检细菌接种于脂酶培养基上,于 35℃～37℃培养 24h。

(4)结果:培养基变为深蓝色为阳性,培养基不变色(无色或粉红色)为阴性。

### (二十)脱氧核糖核苷酸(DNA)酶试验

(1)原理:DNA 酶可使 DNA 链水解成为由几个单核苷酸组成的寡核苷酸链。长链DNA 可被酸沉淀,而水解后形成的寡核苷酸,则可溶于酸,于 DNA 琼脂平板上进行试验,可在菌落周围形成透明环。

(2)培养基:营养琼脂(pH7.2)100mL、脱氧核糖核酸(DNA)0.2g、8% $CaCl_2$ 水溶

液 1mL。

(3)试验方法:将被检菌接种于 0.2％DNA 琼脂平板上作点状接种,于 37℃培养 18～24h 后,用 1N 盐酸倾注平板。

(4)结果:在菌落周围出现透明环为阳性。

### (二十一)凝固血清液化试验

(1)原理:有些细菌产生胞外酶,可使凝固的血清液化,借此鉴别细菌。

(2)培养基:吕氏血清培养基:1％葡萄糖肉汤(pH7.6)100mL,无菌羊(牛、猪)血清 300mL,混合后,分装于无菌试管,每管 5～7mL,在血清凝固器内摆成斜面,间歇灭菌。第一天,80℃1h,于 37℃过夜;第二天,85℃1h,于 37℃过夜;第三天,90℃1h,于 37℃过夜。弃去有污染的管。

(3)试验方法:将纯培养物在斜面上作划线接种,于 37℃培养 1 周,观察培养基变化。

(4)结果:培养基液化为阳性。

## 五、结果

统计各试验结果,对照《伯杰氏细菌鉴定手册》中对各细菌的描述,得出细菌种类。

## 六、思考题

(1)解释所做生化试验的原理。

(2)在所做生化试验中,分解糖或蛋白质的各有哪些?

(3)试述生化试验在细菌鉴定中的作用与意义。

(4)试分析各反应中,除了菌种不纯外,还有哪些情况可能出现假阳性。

(5)试根据分离自不同部位及不同形态的细菌制定快速简易的生化鉴定方案。

## 七、操作要点

(1)很多生化实验已经有市售的微量生化鉴定管,免去了配制培养基的繁琐,可方便快速地得到结果,但是也易因为人为因素出现假阳性,同时在使用微量生化鉴定管之前应注意其是否过期。

(2)实验过程应注意无菌操作。

(3)在产气实验中操作应该轻柔小心,避免人为引入气泡,造成假阳性。

(4)若为有毒有害实验除注意个人防护外还应注意不能污染环境。

(5)认真记录实验结果,对实验过程较长的实验要注意随时观察结果。

(徐志文、王印、朱玲)

# 实验十二　细菌药敏试验

## 一、目的

(1)理解生物化学因素对细菌的影响。

（2）掌握抗生素体外抗菌试验纸片法的操作程序和结果判定方法。

（3）掌握最低抑菌浓度测定方法及意义。

## 二、基本原理

细菌药敏试验是指在体外测定药物抑菌或杀死细菌的能力，可以为临床治疗感染性疾病选择敏感药物，也可了解细菌耐药情况。药敏试验的方法很多，通常使用的有纸片扩散试验（Kirby-Baueer Dise Diffusion）和最低抑菌浓度试验（Minimum Inhibitory Concentration，MIC）等。

（1）纸片扩散试验：将含有定量抗菌药物的纸片贴在已接种试验菌的琼脂平板上，纸片中所含的药物吸取琼脂中的水分溶解后便不断地向纸片周围扩散形成递减的浓度梯度。在纸片周围若试验菌生长被抑制，就会形成透明的抑菌圈。抑菌圈越大，说明试验菌对该药物越敏感，反之，则不敏感。

（2）最低抑菌浓度试验：培养基内待测药物的含量按几何级数量稀释并接种适量的细菌，经培养后，观察抑菌作用，凡能抑制试验菌生长的最高药物稀释度为该药的最低抑菌浓度。

## 三、材料

（1）菌种：金黄色葡萄球菌、大肠埃希菌、沙门氏菌等。

（2）培养基：适合试验菌生长的琼脂平板培养基、普通肉汤培养基。

（3）溶液及试剂：药敏试纸、含青霉素 64IU/mL 的普通肉汤。

（4）仪器或其他用具：恒温培养箱、培养皿、接种环、1mL 刻度无菌吸管、游标卡尺、镊子、记号笔等。

## 四、操作步骤

### （一）纸片扩散试验

（1）用灭菌的棉拭蘸取试验菌（应含 0.5 个麦氏单位的菌浓度）均匀涂抹在琼脂平板培养基表面，放室温使菌吸附数分钟。

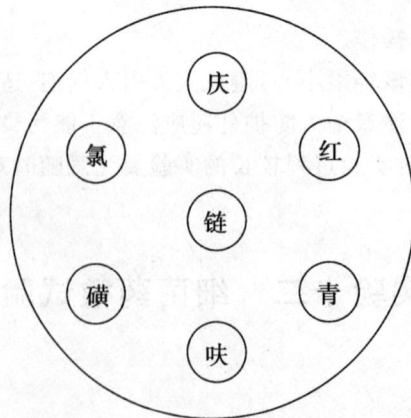

图 4-12-1　抑菌圈

(2)以无菌镊子取各种药敏试纸,贴放于已接种过试验菌的平板培养基表面,每个平板上贴4～7片,轻压试纸使其与琼脂适当接触。纸片与纸片之间的距离要相等且纸片之间圆心距应大于3cm。亦不可太靠近培养皿边缘,如图4-12-1。

(3)37℃培养24h,观察结果(可参照表4-12-2)。

### (二)最低抑菌浓度试验

(1)取灭菌小试管9支置于试管架上,再以无菌操作每管加液体培养基1mL。

(2)无菌操作吸取抗菌药物稀释液1mL,放入第1管中,混匀后吸取1mL放入第2管中,混匀后吸取1mL放入第3管中,如此逐管倍量稀释到第8管,混匀后吸取1mL弃去。第9管不加抗菌药物作对照。操作术式如表4-12-1。

表4-12-1　MIC术式表

| 管号 | 1 | 2 | 3 | 4 | 5 | 6 | 7 | 8 | 9 |
|---|---|---|---|---|---|---|---|---|---|
| 药物浓度（μg/mL） | 32 | 16 | 8 | 4 | 2 | 1 | 0.5 | 0.25 | |
| 肉汤（mL） | 1 | 1 | 1 | 1 | 1 | 1 | 1 | 1 | 1 |
| 青霉素（mL） | 1 | 1 | 1 | 1 | 1 | 1 | 1 | 1 | 弃1mL |
| 葡萄球菌液（mL） | 0.1 | 0.1 | 0.1 | 0.1 | 0.1 | 0.1 | 0.1 | 0.1 | 0.1 |

(3)每管加被检细菌液体培养物稀释液各0.1mL,一般接种菌液量为每毫升药液含$10^3$～$10^5$个细菌,混匀后37℃培养16～24h,特殊试验菌可适当地延长培养时间,观察结果。

表4-12-2　药物抑菌判定标准(CLSI)2005

| 抗生素 | 纸片含药量 | 抑菌环直径(mm) | | | MIC值(μg/mL) | | |
|---|---|---|---|---|---|---|---|
| | | S(敏感) | I(中介) | R(耐药) | S(敏感) | I(中介) | R(耐药) |
| 氨苄西林 | 10μg | ≥17 | 14—16 | ≤13 | ≤8 | 16 | ≥32 |
| 美洛西林 | 75μg | ≥21 | 18—20 | ≤17 | ≤16 | 32—64 | ≥128 |
| 哌拉西林 | 100μg | ≥21 | 18—20 | ≤17 | ≤16 | 32—64 | ≥128 |
| 羧苄西林 | 100μg | ≥23 | 20—22 | ≤19 | ≤16 | 32 | ≥64 |
| 头孢噻吩 | 30μg | ≥18 | 15—17 | ≤14 | ≤8 | 16 | ≥32 |
| 头孢唑啉 | 30μg | ≥18 | 15—17 | ≤14 | ≤8 | 16 | ≥32 |
| 头孢孟多 | 30μg | ≥18 | 15—17 | ≤14 | ≤8 | 16 | ≥32 |
| 头孢噻肟 | 30μg | ≥23 | 15—22 | ≤14 | ≤8 | 16—32 | ≥64 |
| 头孢克洛 | 30μg | ≥18 | 15—17 | ≤14 | ≤8 | 16 | ≥32 |
| 头孢克肟 | 5μg | ≥19 | 16—18 | ≤15 | ≤1 | 2 | ≥4 |
| 卡那霉素 | 30μg | ≥18 | 14—17 | ≤13 | ≤16 | 32 | ≥64 |
| 庆大霉素 | 10μg | ≥15 | 13—14 | ≤12 | ≤4 | 8 | ≥16 |
| 妥布霉素 | 10μg | ≥15 | 13—14 | ≤12 | ≤4 | 8 | ≥16 |
| 奈替米星 | 30μg | ≥15 | 13—14 | ≤12 | ≤8 | 16 | ≥32 |
| 链霉素 | 10μg | ≥15 | 12—14 | ≤11 | — | — | — |

续表

| 抗生素 | 纸片含药量 | 抑菌环直径(mm) | | | MIC 值(μg/mL) | | |
|---|---|---|---|---|---|---|---|
| | | S(敏感) | I(中介) | R(耐药) | S(敏感) | I(中介) | R(耐药) |
| 多西环素 | 30μg | ≥16 | 13—15 | ≤12 | ≤4 | 8 | ≥16 |
| 米诺环素 | 30μg | ≥19 | 15—18 | ≤14 | ≤4 | 8 | ≥16 |
| 四环素 | 30μg | ≥15 | 12—14 | ≤11 | ≤4 | 8 | ≥16 |
| 环丙沙星 | 5μg | ≥21 | 16—20 | ≤15 | ≤1 | 2 | ≥4 |
| 左氧氟沙星 | 5μg | ≥17 | 14—16 | ≤13 | ≤2 | 4 | ≥8 |
| 诺氟沙星 | 5μg | ≥17 | 13—16 | ≤12 | ≤4 | 8 | ≥16 |
| 氧氟沙星 | 10μg | ≥16 | 13—15 | ≤12 | ≤2 | 4 | ≥8 |
| 氟罗沙星 | 5μg | ≥19 | 16—18 | ≤15 | ≤2 | 4 | ≥8 |
| 萘啶酸 | 30μg | ≥19 | 14—18 | ≤13 | ≤16 | — | ≥32 |
| 格帕沙星 | 5μg | ≥18 | 15—17 | ≤14 | ≤1 | 2 | ≥4 |
| 磺胺甲恶唑 | 1.25/23.75μg | ≥16 | 11—15 | ≤10 | ≤2/38 | — | ≥8/152 |
| 呋喃妥因 | 300μg | ≥17 | 15—16 | ≤14 | ≤32 | 64 | ≥128 |

## 五、结果

(1)分别测量各种抗生素纸片抑菌圈的直径(以 mm 表示)。根据药物纸片周围有无抑菌圈及其直径大小,来判断该菌对各种药物的敏感程度。一般情况下,抑菌圈越大,表示该药物抑菌作用越强,即此菌对该药敏感程度越高。细菌对不同抗生素的敏感度标准,参阅表4-12-2。

(2)以药物最高稀释管中无细菌生长者,该管的浓度即为该菌对此药物的敏感度,即 MIC。

## 六、思考题

(1)纸片周围为什么要有一定的空间?

(2)如果培养基因药物加入后出现混浊影响判断该怎么处理?

(3)试述药敏试验的意义。

## 七、操作要点

(1)接种菌时要涂抹均匀,并放室温干燥。

(2)注意药敏试纸有效期,纸片周围要有一定的空间。

(3)逐管倍量稀释时应注意混匀。

(徐志文、王印、朱玲)

## 八、食品动物禁用的兽药

食品动物是指各种供人食用或其产品供人食用的动物。为了保证动物源性食品安全,

维护人民身体健康,根据《中华人民共和国兽药管理条例》的规定,农业部于 2002 年以第 193
号公告公布了《食品动物禁用的兽药及其他化合物清单》(以下简称《禁用清单》)。《禁用清
单》序号 1 至 18 所列品种的原料药及其单方、复方制剂产品立即停止生产、经营和使用,《禁
用清单》序号 19 至 21 所列品种的原料药及其单方、复方制剂产品不准以抗应激、提高饲料
报酬、促进动物生长为目的在食品动物饲养过程中使用。严禁对食品动物使用国务院畜牧
兽医行政管理部门已明令禁止或未经批准的兽药。

表 4-12-3　食品动物禁用的兽药及其他化合物清单

| 序号 | 兽药及其他化合物名称 | 禁止用途 | 禁用动物 |
|---|---|---|---|
| 1 | β-兴奋剂类:克仑特罗 Clenbuterol、沙丁胺醇 Salbutamol、西马特罗 Cimaterol 及其盐、酯及制剂 | 所有用途 | 所有食品动物 |
| 2 | 性激素类:己烯雌酚 Diethylstilbestrol 及其盐、酯及制剂 | 所有用途 | 所有食品动物 |
| 3 | 具有雌激素样作用的物质:玉米赤霉醇 Zeranol、去甲雄三烯醇酮 Trenbolone、醋酸甲孕酮 Mengestrol Acetate 及制剂 | 所有用途 | 所有食品动物 |
| 4 | 氯霉素 ChlorampHenicol 及其盐、酯(包括:琥珀氯霉素 ChlorampHenicol Succinate)及制剂 | 所有用途 | 所有食品动物 |
| 5 | 氨苯砜 Dapsone 及制剂 | 所有用途 | 所有食品动物 |
| 6 | 硝基呋喃类:呋喃唑酮 Furazolidone、呋喃它酮 Furaltadone、呋喃苯烯酸钠 Nifurstyrenate sodium 及制剂 | 所有用途 | 所有食品动物 |
| 7 | 硝基化合物:硝基酚钠 Sodium nitropHenolate、硝呋烯腙 Nitrovin 及制剂 | 所有用途 | 所有食品动物 |
| 8 | 催眠、镇静类:安眠酮 Methaqualone 及制剂 | 所有用途 | 所有食品动物 |
| 9 | 林丹(丙体六六六)Lindane | 杀虫剂 | 水生食品动物 |
| 10 | 毒杀芬(氯化烯)Camahechlor | 杀虫剂、清塘剂 | 水生食品动物 |
| 11 | 呋喃丹(克百威)Carbofuran | 杀虫剂 | 水生食品动物 |
| 12 | 杀虫脒(克死螨)Chlordimeform | 杀虫剂 | 水生食品动物 |
| 13 | 双甲脒 Amitraz | 杀虫剂 | 水生食品动物 |
| 14 | 酒石酸锑钾 Antimony potassium tartrate | 杀虫剂 | 水生食品动物 |
| 15 | 锥虫胂胺 Tryparsamide | 杀虫剂 | 水生食品动物 |
| 16 | 孔雀石绿 Malachite green | 抗菌、杀虫剂 | 水生食品动物 |
| 17 | 五氯酚酸钠 PentachloropHenol sodium | 杀螺剂 | 水生食品动物 |
| 18 | 各种汞制剂包括:氯化亚汞(甘汞)Calomel、硝酸亚汞 Mercurous nitrate、醋酸汞 Mercurous acetate、吡啶基醋酸汞 Pyridyl mercurous acetate | 杀虫剂 | 所有食品动物 |
| 19 | 性激素类:甲基睾丸酮 Methyltestosterone、丙酸睾酮 Testosterone Propionate、苯丙酸诺龙 Nandrolone PHenylpropionate、苯甲酸雌二醇 Estradiol Benzoate 及其盐、酯及制剂 | 促生长 | 所有食品动物 |
| 20 | 催眠、镇静类:氯丙嗪 Chlorpromazine、地西泮(安定)Diazepam 及其盐、酯及制剂 | 促生长 | 所有食品动物 |
| 21 | 硝基咪唑类:甲硝唑 Metronidazole、地美硝唑 Dimetronidazole 及其盐、酯及制剂 | 促生长 | 所有食品动物 |

(孙裕光)

# 第五章 动物试验技术

在动物医学实践和科研工作中,不论从事基础动物医学、临床动物医学还是预防动物医学,都需要用实验动物来验证有关结论或结果。通过对动物试验的观察和分析,来研究和解决动物医学上存在的许多问题,动物试验方法已成为动物医学科学研究和教学工作中必不可少的重要手段。动物试验方法是多种多样的,在动物医学的各个领域内都有其不同的应用,其中一些基本方法都是具有共同性的,如动物的选择、抓取、固定、麻醉、脱毛、给药、采血、采尿、处死、解剖等,不管是从事何种课题的动物医学研究都要用这套基本方法,因此,动物试验基本方法,已成为动物医学科技工作者必须掌握的一项基本功。动物试验是根据研究目的,恰当地选用标准的符合实验要求的实验动物,在设计的条件下,进行各种科学实验、观察、记录动物的反应过程或反应结果,以探讨或检验生命科学中未知因素的专门活动。动物试验方法是进行动物试验时各种实验手段、技术、方法和标准化的操作程序,同时也探讨实验动物科学中的减少、替代、优化问题。

动物试验在微生物学中的应用有两个方面:(1)分离和鉴定病原菌:有些微生物必须通过动物试验进行分离,如立克次氏体及某些病毒等,结核分枝杆菌的致病性也只有动物试验才能最终确定。(2)细菌毒素检测:用动物试验检测细菌毒素是了解病原微生物毒力和致病力的一个重要方面,常用方法有白喉棒状杆菌毒力试验、破伤风梭菌毒力保护试验、大肠埃希氏菌肠毒素检测。

## 实验十三 实验动物试验法

### 一、目的

(1)掌握实验动物常用的操作方法。

(2)了解各种实验动物的生理指标以及用途。

(3)通过动物试验来认识受试物作用的特点和规律,为评价受试物可能产生的临床和预防作用提供科学依据。

### 二、基本原理

在动物微生物实验室研究工作中,动物试验也是常用的技术方法之一。主要用在如下几方面:①有些直接分离培养有困难的病料或需鉴定的细菌,通过易感动物体就可达到分离与鉴定病原体的目的;②有些细菌的形态、生物学等方面性状相似,仅在致病条件上不同,可利用用动物试验鉴别其致病力;③多数致病菌长期通过人工保存后,其毒力减弱,需通过接种易感动物以恢复或增强细菌的毒力;④测定某些细菌的外毒素,如魏氏梭菌的毒素测定;⑤

制备疫苗或诊断用抗原;⑥制备作诊断或治疗用的免疫血清;⑦用于检验药物的治疗效果及毒性等。

在动物试验过程中,应根据实验目的、动物种类、不同的病原体培养物类别选择恰当的接种途径,接种后需对动物进行饲养、观察和记录其临床三大指标及精神状况,再根据需要进行采血检测其体内相应抗原抗体等,对死亡和临近死亡的实验动物及时解剖,观察其病理变化和病原菌的分离鉴定,得出科学的实验结果。

### 三、材料和实验动物

**1.实验材料**

酒精棉球、注射器、刀(剥皮刀、解剖刀、外科手术刀)、剪(外科剪、肠剪、骨剪)、镊子、骨锯、斧子、磨石和贮存病理组织的容器等;病原菌培养物(肉汤培养物或细菌悬液)、尿液、脑脊液、血液、分泌物、脏器组织悬液等。

**2.实验动物**

健康无病或 SPF 的家兔、豚鼠(也称荷兰猪、天竺鼠)、大白鼠(简称大鼠)、小白鼠(简称小鼠)、绵羊和鸡等。

### 四、操作步骤

**(一)实验动物常用的接种方法**

**1.划痕法**

实验动物多用家兔,用剪毛剪剪去肋腹部长毛,再用剃刀或脱毛剂脱去被毛。以 75% 酒精消毒待干,用无菌小刀在皮肤上划几条平行线,划痕口可略见出血,然后用刀将接种材料涂在划口上。

**2.皮下接种(注射)**

(1)家兔皮下接种:由助手将家兔伏卧或仰卧保定,在其背侧或腹侧皮下结缔组织疏松部分剪毛消毒,术后右手持注射器,以左手拇指、食指和中指提起皮肤使成一个三角形皱褶,或用镊子夹起皮肤,于其底部进针。感到针头可随意拨动即表示已插入皮下,当推入注射物时感到流利畅通也表示在皮下。拔出注射针头时用消毒棉球按住针孔并稍加按摩。

(2)豚鼠皮下接种:保定和术式同家兔。

(3)小鼠皮下注射:无须助手帮助保定,术者在做好接种准备后,先用右手抓住鼠尾,令其前爪抓住饲料罐的铁丝盖,然后用左手的拇指及食指捏住头颈部皮肤,并翻转左手使小鼠腹部朝上,将其尾巴夹在左手掌和小指之间,右手消毒术部,把持注射器,以针头稍微挑起皮肤插入皮下,注入时见有水泡微微鼓起即表示注入皮下。拔出针头后,同家兔皮下注射时一样处理。

**3.皮内接种**

做家兔、豚鼠及小鼠皮内接种时,均需助手保定动物,其保定方法同皮下接种。接种时术者以左手拇指及食指突起皮肤,右手持注射器,用细针头插入拇指及食指之间的皮肤内,针头插入不宜过深,同时插入角度要小,注入时感到有阻力且注射完毕后皮肤上有硬泡即为注入皮内。皮内接种要慢,以防使皮肤胀裂或针孔流出注射物而散播传染。

**4.肌肉接种**

肌肉注射部位在禽类为胸肌,其他动物为后肢股部,术部消毒后,将针头刺入肌肉内注射感染材料。

**5.腹腔内接种**

在家兔、豚鼠、小鼠作腹腔内接种,宜采用仰卧保定。接种时稍抬高后躯,使其内脏倾向前腔,在股后侧面插入针头,先刺入皮下、后进入腹腔,注射时应无阻力,皮肤也无泡隆起。

**6.静脉接种**

(1)家兔的静脉接种:将家兔纳入保定器内或由助手把握住它的前、后躯保定,选一侧耳边缘静脉,先用75%酒精涂搽兔耳或以手指轻弹耳朵,使静脉努张。注射时,用左手拇指和食指拉紧兔耳,右手持注射器,使针头与静脉平行,向心脏方向刺入静脉内,注射时无阻力且有血向前流动即表示注入静脉,缓缓注射感染材料,注射完毕用消毒棉球紧压针孔,以免流血和注射物溢出。

(2)豚鼠静脉内接种:将豚鼠伏卧保定,腹面向下,将其后肢剃毛,用75%酒精消毒皮肤,施以全身麻醉,用锐利刀片向后肢内上侧向外下方切一长约1cm的切口,使露出尾部,用最小号针头(4号)刺入尾侧静脉,缓缓注入感染材料。接种完毕,将切口缝合一两针。

(3)小鼠静脉接种:其注射部位为尾侧静脉。选15~20g体重的小鼠,注射前将尾部浸于约50℃温水内1~2min,使尾部血管扩张易于注射。用一烧杯扣住小鼠,露出尾部,用最小号针头(4号)刺入尾侧静脉,缓缓注入接种物,注射时无阻力,皮肤不变白、不起隆,表示注入到静脉内。

**7.脑内接种法**

作病毒学实验研究时,有时用脑内接种法,通常多用小鼠,特别是乳鼠(1~3日龄),注射部位是耳根连接线中点略偏左(或右)处。接种时用乙醚使小鼠轻度麻醉,术部用碘酒、75%酒精棉球消毒。在注射部位用最小号针头经皮肤和颅骨稍向后下刺入脑内进行注射,注射完后用棉球压住针孔片刻。接种乳鼠时一般不麻醉,用碘酒消毒。

家兔和豚鼠脑内接种法基本同小鼠,唯其颅骨稍硬厚,最好事先用短锥钻孔,然后再注射,深度宜浅,以免伤及脑组织。

注射量家兔0.2mL,豚鼠0.15mL,小鼠0.03mL。凡作脑内注射后1h内出现神经症状的动物作废,认为是接种创伤所致。

### (二)实验动物的观察

动物经接种后,须按照实验要求进行观察和护理。

(1)外表检查:注射部位皮肤有无发红、肿胀及水肿、脓肿、坏死等。检查眼结膜有无肿胀发炎和分泌物。注意体表淋巴结有无肿胀、发硬或软化等。

(2)体温检查:注射后注意有无体温升高反应和体温稽留、回升、下降等表现。

(3)呼吸检查:检查呼吸次数、呼吸式、呼吸状态(节律、强度等),观察鼻分泌物的数量、色泽和黏稠性等。

(4)循环器官检查:检查心脏搏动情况,有无心动衰弱、紊乱和加速,并检查脉搏的频度节律等。

**表 5-13-1　常用实验动物的体温、脉搏和呼吸**

| 动物 | 体温（肛表℃） | 脉搏（次/min） | 呼吸（次/min） |
|---|---|---|---|
| 猪 | 38.5～40.0 | 60～80 | 10～20 |
| 绵羊或山羊 | 38.5～40.0 | 70～80 | 12～20 |
| 犬 | 37.5～39.0 | 70～120 | 10～30 |
| 猫 | 38.0～39.0 | 110～120 | 20～30 |
| 豚鼠 | 38.5～40.0 | 150 | 100～150 |
| 大白鼠 | 37.0～38.5 | / | 210 |
| 小鼠 | 37.4～38.0 | / | / |
| 鸡 | 41.0～42.5 | 140 | 15～30 |
| 鸭 | 41.0～42.5 | 140～200 | 16～28 |
| 鸽 | 41.0～42.5 | 140～200 | 16～28 |

### （三）实验动物采血法

如欲取得清晰透明的血清，宜于早晨饲喂之前抽取血液。如采血量较多，则应在采血后，以生理盐水作静脉（或腹腔内）注射或饮用盐水以补充水分。

1.家兔采血法

家兔采血法可采其耳静脉血或心脏血。耳边缘静脉采血方法基本与静脉接种相同，不同之处是以针尖向耳尖反向抽吸其血，一般可采血 1～2mL。

如需采大量血液，则用心脏采血法。动物左仰卧由助手保定，或以绳索将四肢固定，术者在动物左前肢腋下处局部剪毛消毒，在胸部心脏跳动最明显处下针。用 12 或 16 号针头直刺心脏，感到针头跳动或有血液向针管内流动时即可抽血，一次可采血 15～50mL。

如采其全血，可自颈动脉放血。将动物保定，在其颈部剃毛消毒，动物稍加麻醉，用刀片在颈静脉沟内切一长口，露出颈动脉并结扎，于近心端插入一玻璃导管，使血液自行流至无菌容器内，凝后析出血清；如利用全血，可直接流入含抗凝剂的瓶内，或含有玻璃珠的三角瓶内振荡脱纤防凝。放血可达 50mL 以上。

2.豚鼠采血法

豚鼠一般从心脏采血。助手使动物仰卧保定，术者在动物腹部心跳最明显处剪毛消毒，用针头插入胸壁稍向右下方刺入。刺入心脏则血液可自行流入针管，一次未刺中心脏或稍偏时，可将针头稍提起向另一方向再刺，如多次没有刺中，应换另一动物，否则有心脏出血致死亡的可能。

3.小鼠采血法

可分为剪尾采血法和摘眼球法采血。

（1）剪尾采血法：将小鼠固定后将其尾巴置于 50℃ 热水中浸泡数分钟，使尾部血管充盈。擦干尾部，再用剪刀或刀片剪去尾尖 1～2mm，用试管接流出的血液，同时自尾根部向尾尖按摩。取血后用棉球压迫止血并用 6% 液体火棉胶涂在伤口处止血或用烧烙法止血。每次采血量 0.1mL。

（2）摘眼球采血法：用左手抓住小鼠颈部皮肤，轻压在实验台上，取侧卧位，左手食指尽量将小鼠眼周皮肤往颈后压,使眼球突出,用眼科弯镊迅速夹去眼球,将鼠倒立,用器皿接住流出的血液。采血完毕立即用纱布压迫止血。每次采血量 0.6~1.0mL。

4.绵羊采血法

在微生物实验室中绵羊血最常用。采血时由一名助手半坐骑在羊背上,两手各持其 1 只耳(或角)或下颌,因为羊习惯性的后退,令尾部靠住墙根。术者在其颈部上 1/3 处剪毛消毒,左手压在静脉沟下部使静脉努张,右手持针头猛力刺入皮肤,此时血液流入注射器内,一切无菌操作,以获得无菌血液。

5.鸡采血法

剪破鸡冠可采血数滴供作血片用。

少量采血可从翅下静脉采取,将翅下静脉刺破装入试管或用注射器采血。

需大量采血时可由心脏采取,固定家鸡使其右侧卧于台面上,左胸腹朝上,以胸骨脊前端至背部下凹处连线的中点垂直刺入,3~4cm 深即可采得心血,1 次可采 10~20mL 血液。

**(四)实验动物尸体剖检法**

实验动物经接种后死亡或予以扑杀后,应对其尸体进行解剖,以观察其病变情况,并取材保存或进一步作微生物学、病理学、寄生虫学、毒物学等检查。

(1)先用肉眼观察动物体表的情况。

(2)将动物尸体仰卧固定于解剖板上,充分露出胸腹部,用 3% 来苏儿或其他消毒液浸擦尸体的颈、胸、腹部的皮毛。

(3)以无菌剪刀自其颈部至耻骨部切开皮肤,并将四肢腋窝处皮肤剪开,剥离胸腹部皮肤使其尽量翻向外侧,注意皮下组织有无出血、水肿等病变,观察腋下、腹股沟淋巴结有无病变。

(4)用毛细管或注射器穿过腹壁吸取腹腔渗出物供直接培养或涂片检查。

(5)另换一套灭菌剪刀剪开腹膜,观察肝、脾及肠系膜等有无变化,采取肝、脾、肾等实质脏器各一小块放在灭菌平皿内,以备培养及直接涂片检查。然后剪开胸腔,观察心、肺有无病变,可用无菌注射器或吸管吸取心脏血液进行直接培养或涂片。

(6)必要时破颅取脑组织作检查,如欲作组织切片检查,将各种组织小块置于 10% 甲醛中使其固定。

(7)剖检完毕应妥善处理动物尸体,以免散播传染,最好火化或高压灭菌,或者深埋。若是小鼠尸体可浸泡于 3% 来苏儿中杀菌,而后倒入深坑中,令其自然腐败。解剖器械也需煮沸消毒,其他用具可用 3% 来苏儿浸泡消毒。

## 五、结果

(1)对接种实验动物进行分组、标记,记清接种途径;

(2)对实验动物观察到的临床症状及剖检病理变化做好记录并予以分析和总结;

(3)记清采血剂量和采血途径等。

## 六、思考题

(1)微生物实验中,实验动物接种方法有哪些,如何操作?

（2）请分别具体描述实验动物小白鼠、家兔、鸡的主要采血途径？

（3）请详细描述小白鼠的剖检过程。

## 七、操作要点

（1）实验动物接种菌液和毒液时，务必按照计量和具体操作步骤将接种材料完全注入实验动物体内，不得漏针，同时禁止对动物粗鲁操作。

（2）接种实验动物后，要加强饲养管理，随时观察实验动物的精神状态和排泄物是否正常，有何变化，并做好详细记录。

（3）实验动物采血，必须严格按照正规的操作步骤进行采血，保定结实，心脏采血尽可能地扎准心脏部位，避免多次穿刺心脏引起心脏出血、凝固，引起血管阻塞，动物死亡。多次穿刺易使动物血液污染，影响后续实验。

（4）实验动物处死或解剖时，小鼠、大鼠、豚鼠等多采用颈椎脱臼处死，豚鼠也可采用击打头盖骨处死。兔子多采用空气栓塞处死，即用注射器向耳缘静脉注入空气处死，剖检采样时必须立即采集病理组织样，做相应的处理，不能随意置于空气中，处死的动物必须无害化处理，不得随意丢弃。

（徐志文、王印、朱玲）

# 实验十四　病料的采集、包装和运送

## 一、目的

（1）认识病料采集、包装和运送的意义。

（2）掌握病料采集、包装和运送的基本原则和操作技术。

## 二、基本原理

随着养殖业的快速发展，畜禽疾病的种类增多，有的是常见病和多发病，但在更多的情况下是缺乏特征性病变的疾病，甚至肉眼看不到明显的病变，有的出现两种以上不同疾病的复杂病变，为了弄清病因，正确诊断，需要采集病料，送至有关单位或诊断室作进一步检验。

从所取病料中准确地分离出病原是诊断疫病最可靠的依据之一，这在很大程度上取决于病料的正确采集、包装和运送。为了能分离出病原，首先要采取含病原最多的病料，这就要求我们了解各种病原在患病畜禽体内及其分泌物和排泄物中的分布情况。不同的病原在病畜体内的分布情况是不相同的，即使是同种病原，但在疫病的不同时期和不同型中分布也不完全相同。所以在病料采取前，必须根据疫病的流行特点、临床表现，对被检动物可能感染什么样的疫病作出初步判断，然后针对病原可能存在的部位采取最合适的病料进行检验，这将可能得到预期的效果。

## 三、材料

（1）待检畜禽。

（2）剖检常用的器械与工具：刀（剥皮刀、解剖刀、外科手术刀）、剪（外科剪、肠剪、骨剪）、镊子、骨锯、斧子、磨石和贮存病理组织的容器等。

（3）剖检常用的药品：消毒药、固定液等。

## 四、操作步骤

### （一）病料的采集

采病料要有目的地进行，首先怀疑是什么病，就采什么病料，如果不能确定是什么病时，则尽可能地全面采集病料。取料的方法如下：

（1）实质器官（肝、脾、肾、淋巴结）

因各种病原不同，所采取的病料不同，这样根据疾病的性质，采取病原可能居留最多的脏器或淋巴结。先用废旧刀（新刀火烧后易损坏）在酒精灯上烧红后，烧烙即将取材的器官表面，再用灭菌的刀、剪、镊从组织深部取病料（$1\sim2cm^3$ 大小），放在灭菌的容器内。

（2）血液

心血：以毛细吸管或 20mL 的注射器穿过心房，刺入心脏内，或用普通吸管，但应将其钝端连一橡皮管及一短玻璃管，以免吸血时把血吸入口内。普通注射器也可用来采血，但针头要粗些。心血抽取困难时可以挤压肝脏（毛细吸管之制法：将玻璃管加热拉长，从中折断即可）。

全血：用 20mL 无菌注射器，吸 5％柠檬酸钠溶液 1mL，然后，从静脉采血 10mL，混匀后注入灭菌试管或小瓶内。

血清：以无菌操作从静脉吸取血液，血液置室温中凝固 $1\sim2h$，然后置 4℃过夜，使血块收缩，将血块自容器壁分离，可获取上清液即血清部分，或者将采取的血液置离心管中，待完全凝固后，以 3000r/min 的速度离心 $10\sim20min$，也可获取大量血清。将血清分装保存。若很快即用于检测，则保存于 4℃冰箱中。若待以后检测，则保存于－20℃或－70℃低温冰柜中。

（3）胆汁、渗出液、脓汁等流汁病料

先烧烙心、胆囊或病变处的表面，然后用灭菌注射器插入器官或病变内抽取，再注入灭菌的试管或小瓶内。

（4）乳汁

乳房和乳房附近的毛以及术者的手，均需用消毒液洗净消毒。将最初的几股乳汁弃去，然后采取乳汁 $10\sim20mL$ 于灭菌容器中。

（5）肠内容物及肠道

用吸管插穿肠壁，从肠腔内吸取内容物，置入试管内；也可将肠管两端结扎后取出送检。

（6）皮肤、结痂、皮毛

用刀、剪割取所需的样品，主要用于真菌、疥螨、痘疮的检查。

（7）脑、脊髓

无菌操作法采集病死畜禽的脑或脊髓，放于 50％的甘油缓冲溶液中或 50％磷酸盐缓冲液中保存和冰冻保存。

### （二）病料的保存包装

进行微生物学检验的病料，必须保持新鲜，避免污染、变质。若病料不能立即送检，应加以保存,无论细菌性或病毒性检验材料,最佳的保存方法均为冷藏。

(1)组织块:一般用灭菌的液体石蜡、30％甘油缓冲盐水或饱和氯化钠溶液。

(2)液体材料:保存于灭菌的密封性好的试管内,可用石蜡或密封胶封口。

(3)各种涂片、触片、抹片:自然干燥后装盒冷藏。

### (三)病料的运送

(1)送检病料应在容器或玻片上编号,并将送检单复写三份,一份存查,一份随病料送往检验单位。

(2)装送病理材料的玻璃瓶须用橡皮塞塞紧,用蜡封固,置于装有冰块的冰瓶中迅速送检;没有冰块时,可在冰瓶中加冷水,并加入等量硫酸铵,可使水温冷至零下,将装病料的小瓶浸入此液中送检;夏天途中时间长时,要换液;途中要避免振动、冲撞,以免碰破冰瓶。

(3)危险病料,例如疑为炭疽、口蹄疫、牛瘟等病的病理材料,应将盛病料的器皿如上法装入一金属容器内,焊封加印后再装箱。

(4)病料送检时,最好派专人送检,并附带详细说明,内容包括送检单位名称、地址、动物种类、何种病料、检验目的、保存方法、死亡时间、剖检取材时间、送检日期、送检者姓名及电话号码,并附上临床病例摘要。

## 五、结果

作好采集病料的编号,并记录动物种类、病例流行病学特征、病理变化、何种病料、检验目的、保存方法、死亡时间、剖检取材时间等情况。

## 六、思考题

(1)如何有目的地对病料进行采集?

(2)在病料的采集、包装、运输途中有哪些注意事项?

## 七、操作要点

(1)取料时间要求在患病畜禽死后及早采取,病尸取料最好不超过 6h,如发现病畜突然死亡,疑似炭疽时,严禁剖检,先采耳尖血,镜检有无炭疽杆菌,当确定不是炭疽时,方可剖检。疑为气肿疽时也不应剖检。剖开腹腔后,首先取材料,再作检查,因时间拖长后肠道和空气中的微生物都可能污染病料,就难以得到正确的检查结果。

(2)采集病料时应无菌操作,所用的容器和器械都要经过消毒。刀、剪、镊子用火焰消毒或煮沸消毒(100℃,15～20min);玻璃器皿(如试管、吸管、注射器及针头等)要洗干净,用纸包好,高压灭菌(121℃,20～30min)或干热灭菌(160℃,2h)。

(3)在整个病料采集、包装以及运送的过程中,要严格遵守有关技术操作规范,加强病料采集和使用安全监管,做好人员卫生安全防护,防止人员感染和病原扩散。同时,要妥善保存病料,防止丢失;动物疫病诊断所用剩余病料,必须及时销毁。采取病料完成后,器械应先消毒再清洗,采取病料场地应彻底消毒,避免散播病原微生物,采集者用肥皂水洗涤再用消毒液洗手。要建立病料档案管理制度,详细记录病料采集、使用、保存和销毁的情况。

(徐志文、王印、朱玲)

# 实验十五　鱼实验方法

## 一、目的

(1)学习对鱼或水生动物的实验方法。

(2)掌握鱼接种、采血、剖检方法。

## 二、基本原理

随着生命科学和环境科学的迅猛发展,有关鱼类实验动物的研究日渐活跃,并正为国内外研究工作者广泛关注;鱼作为低等脊椎动物的代表,在各个领域已得到广泛应用。鱼类生产中在对鱼病的研究和对致病微生物检疫时常会用到鱼进行各项实验。用鱼做实验动物在鱼类传染性和侵袭性疾病的研究中十分重要,研究者通常以病原分离的鱼种或同属种的小型鱼作为实验动物。

鱼类具有终生生活在水中、材料易得,且绝大部分体外受精、体外发育等特点,是毒性试验、环境监测、发育生物学、生理学、生态学、遗传学、鱼类病原微生物学、鱼类免疫等研究常用的实验材料。因此,背景清楚、饲养过程规范的鱼类实验动物可用于研究,其结果也具有说服力。国内外已有具有实验动物功能的实验鱼培育成功,如剑尾鱼、稀有鮈鲫、斑马鱼、红鲫等。稀有鮈鲫是我国特有的一种小型鲤科鱼类,稀有鮈鲫对草鱼出血病病毒异常敏感,可以将稀有鮈鲫作为草鱼抗出血病病毒育种研究的模型。

在进行鱼类病原微生物研究或免疫学研究时,对实验鱼的实验方法也应规范进行。其实验方法与陆生动物既有区别又有相同。本实验将从鱼体检查、鱼体接种、鱼体采血、鱼体解剖几个方面介绍。

## 三、材料和实验动物

### 1.实验材料

酒精棉球、注射器、手术剪或骨剪、镊子、小毛巾或纱布、酒精灯、方盘、消毒液、病原菌培养物(肉汤培养物或细菌悬液)、无菌容器(盛装血液、脏器组织)、接种环、载玻片、玻璃匀浆器、乳钵、铜纱布、无菌水等。

### 2.实验动物

鲤鱼或草鱼(体长 20cm,体宽 6cm 左右)。

## 四、操作步骤

### (一)鱼体情况(观察)调查

在进行试验或鱼病实验室诊断之前应注意观察鱼的状态和对鱼的情况进行调查。调查内容包括有关饲养管理及鱼类生存环境情况。如鱼的活动情况、鱼体体色、摄食情况等;鱼的活动情况指鱼的活动能力、活动方式、有无异常的游动姿势等;鱼体体征指鱼体健康程度;鱼体体色(固有)和光泽,体态是否匀称,有无畸形,鳞片是否紧密;摄食情况指鱼是否出现不吃食或吃食很少等体征；还有季节变化，使用工具的消毒情况，放养鱼的种类、密度，投饵的种类、数量和质量，鱼病史；饲养缸中的水温、水质、敌害、摆放的场所等。

### (二)鱼体接种方法

#### 1.注射免疫接种法

为了分离培养细菌、病毒和疫苗接种需接种鱼，常用的接种方法有肌肉注射法和腹腔注射法。这两种注射法具有用药量准确，吸收快，疗效高（药物注射），预防（疫苗、菌苗注射）效果好等不可比拟的优越性，但操作麻烦，容易损伤鱼体。用抗生素类药物治疗细菌性疾病，用疫苗预防病毒病或细菌感染等常采用此法给药。为了减少刺激、提高效率，国外往往使用碘化甲烷三卡因（MS—222）麻醉剂稀释后浸泡需接种的鱼，国内则用低浓度的敌百虫，认为既可减弱鱼体活动，又有杀虫效果。

(1)肌肉接种：注射时应用湿布包住实验鱼鱼体，助手用手握住鱼身或轻轻抚压在试验台上，露出背侧部肌肉，施术者用酒精棉球消毒注射部位，在肌肉丰厚处，蛙、龟、鳖在后腿基部肌肉注射。另可在鱼胸鳍根部肌肉进行注射。

(2)腹腔接种：用湿布包住鱼体，助手用双手抓住鱼身体，背脊侧在手掌里，露出腹部，施术者在腹鳍基部后方，鱼鳞边缘进针。针插入腹腔后应朝向腹壁与内脏间隙方向推进后接种，进针不可太深，以免伤及内脏。也有在腹部后上方进针。此外也有应用皮下注射的，鱼类的注射部位与肌肉注射相同，只是药液注射在皮下与肌肉之间。

#### 2.浸泡接种法

浸泡是鱼类免疫或感染最常用的接种途径。浸泡接种途径具有处理时间短、使用方便、能同时处理大量鱼体、对鱼体造成的应激性刺激较小等优点，通常的方法是将病原菌培养物或疫苗按要求进行稀释。菌液一般可使用 $10^6$/CFU/1mL。然后把接种鱼放入稀释的菌液或疫苗溶液中浸浴一定时间进行感染或获得免疫。由于菌液或疫苗浓度和浸浴时间不同，可根据实验数据而定，如疫苗可分为高浓度浸浴和低浓度浸浴两种方法。前者是将疫苗作 10～50 倍稀释，动物应完全处于疫苗稀释液体中 5～30s；后者是将疫苗作 500～5000 倍稀释，动物在此液体中浸浴 1h 以上，这样可能导致鱼类缺氧死亡，往往需有增氧设施。

#### 3.喷雾接种法

喷雾接种用于疫苗免疫，活病原体使用该法存在生物安全隐患。喷雾接种疫苗途径具有能同时处理大量鱼体和受免鱼的应激性反应较小等优点，但是，疫苗用量大，需要一定的设备才能进行，还存在对每尾鱼体的接种剂量不易控制等问题。喷雾接种疫苗是应用压力为 0～1kg/cm$^2$ 的液体喷雾装置，与鱼体相距 20～25cm 的距离，对鱼体均匀喷雾抗原 5～10s。国外有人将鱼体打捞至传送带上进行鱼体喷雾免疫，不仅可提高效率，洒下来的疫苗还可重复利用，节省了疫苗。实际上喷雾免疫和浸泡免疫接种均作用于受免鱼体体表，能导致相同的免疫应答，因此，两法基本属于同一种类型。

#### 4.口服免疫接种法

本法是将疫苗拌在饵料中喂鱼的接种方法。疫苗与饵料混合时间应在喂食时才进行，每次用量和应用次数均应严格按疫苗说明书进行。

这种接种途径具有无须捕捞鱼体，对受免鱼体不会造成应激性刺激，操作简单，实施方便，不受时间、地点和鱼体规格的限制等特点，而且不会损伤鱼体，近来引起了人们的高度重视。现在已有了关于弧菌病疫苗、疖疮病疫苗、类结节症疫苗、细菌性烂鳃病疫苗等口服免疫接种成功的报道。但存在着疫苗消耗量大、免疫效果较差、对每尾鱼体的接种剂量不易控制等问题。口服免疫接种效果较差的重要原因之一可能是由于鱼体消化道分泌物对抗原的破坏，有人通过肛门插入法用灭活的弧菌菌苗接种红大马哈鱼（*Oncorhynchus nerka*），获得了较好的免疫效果。免疫5～9d后的攻毒结果表明，对照组死亡率为59％，免疫组为0，这一发现为口服免疫接种开拓了广阔的前景。现在已有人将疫苗作成微胶囊疫苗，使其避免鱼类胃液或胆汁的破坏，获得了较好的免疫效果。有人认为在口服疫苗中加入钾铝佐剂有免疫增效作用。各种免疫接种方法的特点见表5-15-1。

5-15-1 **各种免疫接种方法的主要特点比较**

| 比较项目 | 注射免疫 | 浸浴免疫 | | 喷雾免疫 | 口服免疫 |
|---|---|---|---|---|---|
| | | 高浓度浸浴 | 低浓度浸浴 | | |
| 稀释倍数 | 10～100 | 10～50 | 500～5000 | 500～5000 | 按说明量拌食 |
| 接种时间 | 直接注入 | 5～30s | 1h或更长 | 5～10s | 1周或更长 |
| 应激反应 | 有 | 小 | 小 | 小 | 无 |
| 是否可用 | 较难 | 可用 | 可用 | 可用 | 可用 |
| 疫苗用量 | 小 | 大 | 大 | 大 | 大 |
| 劳动强度 | 大 | 较小 | 较小 | 较小 | 小 |
| 大池是否可用 | 难 | 难 | 难 | 难 | 可 |
| 免疫效果 | 最好 | 比注射差 | 比注射差 | 比注射差 | 比注射差 |

（表来源于《水产动物免疫与应用》，肖克宇编）

### （三）鱼体采血

#### 1.注射器采血法

用湿布（毛巾）包住实验鱼鱼体，助手用手握住鱼腹鳍以上的鱼体并轻轻抚压在试验台上，露出鱼体侧线，一般在尾部侧线上最后一片鳞往上数至9～11片鳞的位置，施术者用酒精棉球消毒采血部位或取下两片鳞再消毒，右手握注射器，针头在侧线正中用45°角进针，刺中鱼骨后沿鱼骨往腹侧或背侧偏移直至尾动脉，直至抽出鲜血。

#### 2.断尾采血法

用湿布（毛巾）包住实验鱼鱼体，助手用手握住鱼体，用酒精棉擦拭臀鳍部的鱼体一周，进行消毒，用手术剪在臀鳍根部剪断鱼尾，血液会从大动脉流出，用无菌容器接住流出的血液。

### （四）鱼体解剖

水产微生物学或免疫学实验用鱼的解剖往往是研究过程需要获得某一数据结果或实验需要时进行。渔业生产中或临床发生的鱼病并需要实验室诊断时需要解剖鱼。实验室解剖与临床解剖有一定的区别，实验室解剖主要是分离病原体并作出准确的诊断。

#### 1.体表检查

观察实验鱼体表组织（如口、眼、鳃、鳍、鳞）。饲养的实验鱼可人工致死再解剖，致死方法可用脑敲击法。临床上疑似传染性鱼病的病鱼需刚死不久的未腐败的鱼。

**2.体表消毒**

用消毒液浸泡消毒,用百毒杀或新洁尔灭等消毒液浸泡致死的实验鱼或病死的鱼5～10min。取出放在干净的方盘中,解剖前用酒精棉擦拭消毒。

**3.解剖**

实验鱼或病死鱼解剖需由外向内。

(1)鱼体表面:根据微生物实验技术的特点,需先剪开鳃盖,观察腮组织病变并将其接种于适宜的培养基进行病原菌的分离。再剪取腮病变组织放于无菌容器中。

若皮肤表面呈现病灶,则取皮肤患部病灶一小片,接种于适合的培养基中进行病原菌的分离培养。亦可采取皮肤局部病灶组织于容器中采取病料样品。

(2)解剖体腔:用镊子夹酒精棉擦拭鱼体腹部至鱼体侧面,用无菌手术剪在鱼体泄殖孔前方约1cm处剪一小横切口,再将手术剪尖插入切口并沿腹壁向鱼体背鳍方向剪开腹部,注意勿触伤肠道,至侧线下,再沿侧线向鱼体头部方向剪开体腔至匙骨下方,在围心腔以下剖开,此时腹壁向下展开,可见心脏及鱼体腔内各器官组织。

另一解剖方法是用镊子夹酒精棉擦拭鱼体腹部至鱼体侧面,用无菌手术剪在鱼体泄殖孔前方约1cm处剪一小横切口,再将手术剪尖插入切口并沿腹壁向鱼体两胸鳍正中方向剖开至匙骨下,手术剪再从原来的切口处再向鱼体背鳍方向剖开并沿侧线剖开鱼体直至围心腔以下,剪下鱼体侧腹壁。暴露鱼体内各脏器组织。此过程中注意勿伤及肠道。以免造成污染。

两栖类水生动物解剖前需消毒液浸泡,然后可用解剖板固定前后肢,用酒精棉消毒腹部,最好先剖开腹部皮肤并剥离腹部皮肤,再剖开体腔。之后可进行各个脏器的分离接种培养和病理组织的采样。

(3)接种:分离病原微生物首要的是减少杂菌污染,所以剪开体腔后先行接种分离培养。其顺序为心脏→肝→脾→胆囊→膀胱→脂肪组织→眼→脑→脊髓→肌肉→性腺→鳔→肠膜→胃肠。

1)划线分离接种:划线分离接种的方法是将无菌手术剪在心脏上剪开一个小切口,手执接种环,在火焰上灭菌后,稍事冷却,将接种环深入切口,蘸取一环血液在适宜的培养基平板上划线。其他脏器亦可按上法进行。

2)组织匀浆接种:将无菌采取的病变组织放于无菌的玻璃组织匀浆器中,加入少量无菌水,用力反复匀浆;将匀浆液做适当的稀释,再将稀释的匀浆液加于适合的培养基平板中,再用涂布棒均匀涂布开,置于适宜温度的恒温箱中进行分离培养。

若用乳钵亦可,即在乳钵底部加一张灭菌铜纱布,将少量病理组织样本放在铜纱布上,再加入适量的无菌水,进行研磨。研磨完毕后,平提起纱布,此时纱布表面是滤出的组织粗颗粒。纱布下的滤液均匀细致,可用注射器抽出。接种分离方法同上。同时该滤液可注射接种健康实验鱼,以检验病料的病原性。

(4)采样鱼体解剖过程中观察有病理变化的组织除分离培养外需做以下操作:

1)用无菌手术器械剪取病理组织放于无菌容器中,及时冷藏或加入保护剂后冷冻保存。

2)遇有腹水时可用无菌注射器吸取腹水,装于无菌容器中。

3)若做组织切片检查,将各种组织小块置于10％甲醛中固定。

4)采集样品的同时可做组织涂片、染色和镜检。

（5）处理鱼体

对解剖后的实验鱼或病死鱼要妥善处理,高压灭菌或火化或消毒液浸泡后掩埋。以防止病原传播。解剖用器具要用消毒液浸泡后再煮沸消毒。

（6）最后对病死鱼的实验室诊断包括:菌株分离、病毒分离、菌株培养、病毒培养、样品接种、结果观察、菌株鉴定、病毒鉴定、病理组织切片等。

## 五、实验结果

（1）用湿布保定鱼体不会导致鱼短期内死亡。

（2）采出的鲜血杂菌检验后可以用于微生物培养。

（3）实验过程是解剖鱼体和微生物实验诊断的规范流程。

## 六、思考题

（1）用活的鱼做实验时应注意些什么?

（2）给鱼注射接种病原菌多用什么部位? 注意什么?

## 七、操作要点

（1）实验研究的活鱼体,操作时保定要用湿布,防止鱼快速死亡。

（2）病死鱼体解剖前用消毒液浸泡,剖开腹壁时不可伤及肠道等消化道。

（沙莎）

# 第六章　动物性食品微生物检测

动物性食品微生物检验就是应用微生物学的理论方法,研究食品中微生物的种类、数量、性质、活动规律及其对人和动物健康的影响。动物性食品微生物检验方法为动物性食品监测必不可少的重要组成部分,它是衡量动物性食品卫生质量的重要指标之一,也是判定被检动物性食品能否食用的科学依据之一。通过动物性食品微生物检验,可以判断食品加工环境及食品卫生情况,能够对食品被细菌污染的程度作出正确评价。

食品在加工前后,均可能遭受微生物的污染。污染的机会和原因很多,一般有食品生产环境的污染、食品原料的污染、食品加工过程的污染等。动物性食品微生物检验的指标就是根据食品卫生的要求,从微生物学的角度出发,对不同动物性食品所提出的与其有关的微生物指标要求。我国卫生部颁布的食品微生物指标有菌落总数、大肠杆菌数和致病菌三项。

## 实验十六　细菌总数测定

### 一、目的

(1)了解和学习食品中菌落总数检测的意义。

(2)学习和掌握食品中菌落总数的检测方法。

### 二、基本原理

动物性食品中污染细菌的数量通常以每克中、或每毫升中、或每平方厘米面积上食品的细菌数目计算。由于所用检测计数方法不同而有两种表示方法,一种是在严格规定的条件下(样品处理、培养基及其 pH、培养温度与时间、计数方法等),使适应这些条件的每一个活菌细胞必须而且只能生成一个肉眼可见的菌落,这种结果称为该食品的菌落总数。另一种方法是将食品经过适当处理(溶解和稀释),在显微镜下对细菌细胞数进行直接计数,其中包括各种活菌,也包括尚未消失的死菌,这种结果称为细菌总数。我们食品卫生标准中采用前者。

菌落总数测定是用来判定食品被细菌污染的程度及卫生质量,它反映食品在生产过程中是否符合卫生要求,以便对被检样品作出适当的卫生学评价。菌落总数的多少在一定程度上标志着食品卫生质量的优劣,如菌数为 $10^5/cm^2$ 的牛肉在 0℃时可保存 7d,而菌数为 $10^3/cm^2$ 时,在同样条件下,却可保存 18d;菌数为 $10^5/cm^2$ 在 0℃下的鱼可保存 6d,而菌数为 $10^3/cm^2$ 时,即可延长至 12d。有的食品当细菌数达到 $10^6 \sim 10^7$ 个/g 时,即能从感官上发现变质。可见食品中细菌数量越多,腐败变质的速度越快。

## 三、材料

(1)肉汤蛋白胨固体培养基、无菌生理盐水或其他稀释液。

(2)1mL 和 10mL 无菌吸管、无菌空试管、无菌培养皿、500mL 三角瓶、500mL 广口瓶。

(3)恒温水浴锅、玻璃珠、无菌刀、无菌镊子等。

## 四、操作步骤

(1)以无菌操作,将检样食品 25g(或 25mL)剪碎放入含有 225mL 无菌生理盐水和玻璃珠的三角瓶内,充分振荡,制成 1∶10 的均匀稀释液。

固体检样在加入稀释液后,最好置灭菌容器中以 8000～10000r/min 的速度离心 1min,做成 1∶10 的均匀稀释液。

(2)用 1mL 无菌吸管吸取 1∶10 稀释液 1mL,沿管壁缓缓加入到含有 9mL 的无菌生理盐水试管内(注意吸管尖端不要触及管内稀释液),振荡均匀,制成 1∶100 的稀释液。

(3)另取 1 支 1mL 无菌吸管,按上项操作顺序,作 10 倍递增稀释液。注意每递增稀释一次,换用 1 支 1mL 无菌吸管。

(4)根据食品卫生标准要求或对标本污染情况的估计,选择 2～3 个适宜稀释度,分别在做 10 倍递增稀释的同时,用吸取该稀释度的吸管吸取 1mL 稀释液于无菌培养皿内。每个稀释度做两个培养皿。

(5)稀释液移入无菌培养皿后,应及时将凉至 45℃左右的肉汤蛋白胨培养基(可放置于 50℃恒温水浴锅中保温)倒入培养皿内,约 15mL。迅速转动培养皿,使其混合均匀。同时将肉汤的蛋白胨培养基倒入加有 1mL 无菌生理盐水的培养皿内作空白对照。

(6)待琼脂凝固后,倒置放入 37℃恒温箱中培养,48h±2h 后取出。计算平板内菌落数目,乘以稀释倍数,即得 1g(或 1mL)检测食品中所含菌落总数。

## 五、结果

1.菌落计数方法

做平板菌落计数时,可用肉眼观察。必要时可用放大镜检查,以防遗漏。在记下各平板的菌落数后,求出同稀释度的各平板平均菌落数。

2.菌落计数报告

(1)平板菌落数的选择:选取菌落数在 30～300 之间的平板作为菌落总数测定标准。一个稀释度做两个平板,应采用两个平板的平均数;其中一个平板有较大片状菌落生长时,则不宜采用,而应以无片状菌落生长的平板作为该稀释度的菌落数;若片状菌落不到平板的一半,而其余一半中菌落分布又很均匀,即可计算半个平板后乘以 2,以代表整个平板菌落数。平板内如有链状菌落生长时(菌落之间无明显界限),若仅有一条链,可视为一个菌落;如果有不同来源的几条链,则应将每条链作为一个菌落计。

(2)稀释度的选择:应选择平均菌落数在 30～300 之间的稀释度,乘以稀释倍数进行报告(见表 6-16-1 例 1)。

若有两个稀释度,其生长菌落数均在 30～300 之间,则视二者之比如何决定。若其比值小于 2,应报告其平均数;若其比值大于 2,则报告其中较小的数值(见表 6-16-1 例 2、例 3)。

若所有稀释度的平均菌落数均大于 300,则应按稀释度最高的平均菌落乘以稀释倍数进行报告(见表 6-16-1 例 4)。

若所有稀释度的平均菌落数均小于 30,则应按稀释度最低的平均菌落数乘以稀释倍数进行报告(见表 6-16-1 例 5)。

若所有稀释度的平均菌落数均不在 30～300 之间,其中一部分大于 300 或小于 30 时,则以最接近 30 或 300 的平均菌落乘以稀释倍数进行报告(见表 6-16-1 例 6)。

若所有稀释度均无菌落生长,则以小于 1(<1)乘以最低稀释倍数进行报告(见下表例 7)。

(3)菌落数的报告:菌落数在 100 以内时,按其实有数报告;大于 100 时,采用 2 位有效数字,在 2 位有效数字后面的数值,以四舍五入方法计数。为了缩短数字后面零的数量,也可用 10 的指数来表示(见表 6-16-1 中"报告方式"栏)。

表 6-16-1　稀释度选择及菌落数报告方式

| 例次 | 稀释液及菌落数 | | | 两稀释液之比 | 菌落总数<br>(个/g 或个/mL) | 报告方式<br>(个/g 或个/mL) |
| --- | --- | --- | --- | --- | --- | --- |
| | $10^{-1}$ | $10^{-2}$ | $10^{-3}$ | | | |
| 1 | 多不可计 | 164 | 20 | — | 16400 | 16000 或 $1.6×10^4$ |
| 2 | 多不可计 | 295 | 46 | 1.6 | 37750 | 38000 或 $3.8×10^4$ |
| 3 | 多不可计 | 271 | 60 | 2.2 | 27100 | 27000 或 $2.7×10^4$ |
| 4 | 多不可计 | 多不可计 | 313 | — | 313000 | 313000 或 $3.1×10^5$ |
| 5 | 27 | 11 | 5 | — | 270 | 270 或 $2.7×10^2$ |
| 6 | 多不可计 | 305 | 12 | — | 30500 | 31000 或 $3.1×10^4$ |
| 7 | 0 | 0 | 0 | | $<1×10$ | $<10$ |

3.实验结果记录

| 菌落数　稀释度<br>平板号 | $10^{-1}$ | $10^{-2}$ | $10^{-3}$ | $10^{-4}$ | $10^{-5}$ | $10^{-6}$ | 备注 |
| --- | --- | --- | --- | --- | --- | --- | --- |
| 1 | | | | | | | |
| 2 | | | | | | | |
| 平均数 | | | | | | | |

所选两个稀释度之比为:

结果报告:

# 六、思考题

(1)食品中细菌菌落总数是怎样进行检测的?

(2)怎样正确报告菌落计数的结果?

(3)食品中检出的菌落总数是否代表食品上的所有细菌数?为什么?

## 七、操作要点

(1)无菌操作进行细菌接种和培养。

(2)稀释倍数和菌落计数要准确。

(宋振辉、张鹦俊)

# 实验十七　大肠杆菌检测

## 一、目的

(1)学习并掌握大肠杆菌测定的基本方法和基本原理。

(2)熟悉大肠杆菌的主要培养特性。

(3)了解大肠杆菌的形态和染色特性。

## 二、基本原理

食品中细菌的数量对评定食品的新鲜度和卫生质量起着一定的指标作用,但要作出比较正确的判断,还必须配合大肠菌群最近似数的测定和其他项目的检验。大肠菌群是指一大群能在 37℃ 发酵乳糖产酸产气的无芽孢、革兰氏染色阴性的杆菌。它包括肠杆菌科中的四个属,即大肠埃希氏菌属、枸橼酸杆菌属、克雷伯氏菌属和肠杆菌属。

最初大肠菌群仅作为水源受粪便污染的指示菌。后来在食品卫生中引入了大肠菌群的概念,现已广泛应用于世界上许多国家,其中也包括我国在内,以大肠菌群作为食品被粪便污染的指示细菌。根据所含大肠菌群数的多少来判定食品的卫生质量,如大肠菌群越多,表示受粪便污染的程度越大,受肠道中病原菌污染的可能性也越大。因此,为确保肉食品的卫生质量,就必须要求尽可能地使大肠菌群的数量降低到最小。

要求肉食品中完全不存在大肠菌群,实际上是不可能的,重要的是它的污染程度。我国和许多国家均采用 100g 或 100mL 食品中的最近似数来表示食品中大肠菌群的数量,亦可简称为大肠菌群 MPN。在我国规定的食品卫生标准中,对一些动物性食品的大肠菌群MPN 都作了明确的规定。

## 三、材料

### 1.设备和材料

温箱:36℃±1℃、恒温水浴箱:46℃±1℃、天平:感量 0.1g、均质器、振荡器、温度计、显微镜、无菌培养皿:直径 90mm、试管、无菌吸管:1mL(具 0.01mL 刻度)、10mL(具 0.1mL 刻度)或微量移液器及吸头、无菌锥形瓶:容量 500mL、pH 计或 pH 比色管或精密 pH 试纸。

### 2.培养基及试剂

单料乳糖胆盐发酵管、双料乳糖胆盐发酵管、乳糖发酵管、伊红美蓝(EMB)琼脂培养基、磷酸盐缓冲液、无菌生理盐水、无菌 1mol/LNaOH 溶液、无菌 1mol/LHCl 溶液。

### 3.采样

(1)肉及肉制品

①生肉及脏器如系屠宰后的畜肉,可于开腔后,用无菌刀割取两腿内侧肌肉 50g;如系冷藏或市售肉,可用无菌刀割取腿肉或其他部位肉 50g;如取内脏,可用灭菌刀,根据需要割取适于检验的脏器。所采样品,及时放入灭菌容器内。

②熟肉及灌肠类肉制品用无菌刀割取不同部位的样品,放入灭菌容器内。

(2)乳和乳制品

如是散装或大型包装,用无菌刀、勺取样,采取不同部位具有代表性的样品;如是小包装,取原包装产品。

(3)蛋制品

①鲜蛋用无菌方法取完整的鲜蛋。

②鸡全蛋粉、巴氏消毒鸡全蛋粉、鸡蛋黄粉、鸡蛋白片在包装铁箱开口处用 75% 酒精消毒,然后用灭菌的取样探子斜角插入箱底,使样品填满取样器后提出箱外,再用灭菌小匙自上、中、下部位采样 100～200g,装入灭菌广口瓶中。

③冰鸡全蛋、巴氏消毒的冰鸡全蛋、冰蛋黄、冰蛋白先将铁箱开口处的外部用 75% 酒精消毒,而后将盖开启,用灭菌的电钻由顶到底斜角插入。取出电钻,从电钻中取样,放入灭菌瓶中。

## 四、操作步骤

### 1.检样稀释

(1)以无菌操作将检样 25mL(或 25g)加入含有 225mL 磷酸盐缓冲液或灭菌生理盐水灭菌玻璃瓶内(瓶内预置适当数量的玻璃珠)或灭菌研钵内,经充分摇匀或研磨做成 1:10 的样品均液。固体检样最好用均质器,以 8000～10000r/min 均质 1～2min,或放入盛有 225mL 磷酸盐缓冲液或生理盐水的无菌均质袋中,用拍击式均质器拍打 1～2min,做成 1:10 的样品均液。

样品匀液的 pH 值应在 6.5～7.5 之间,必要时分别用 1mol/L NaOH 溶液或 1mol/L HCl 溶液调节。

用 1mL 灭菌移液管取 1:10 稀释液 1mL,沿管壁缓缓注入 9mL 磷酸盐缓冲液或灭菌生理盐水试管内,充分摇匀做成 1:100 样品均液。

根据对样品污染状况的估计,按上述操作,依次制成十倍递增系列稀释样品匀液。每递增稀释 1 次,换用 1 支 1mL 无菌吸管或吸头。从制备样品匀液至样品接种完毕,全过程不得超过 15min。

(2)根据食品卫生标准要求或对检样污染情况的估计,选择三个稀释度,每个稀释度各接种 3 管。

### 2.发酵试验

将待检样品接种于乳糖胆盐发酵管内。接种量在 1mL 以上者,用双料乳糖胆盐发酵管;1mL 及 1mL 以下者,用单料乳糖胆盐发酵管。每一稀释度接种 3 管,放置 36℃±1℃恒温培养箱内,培养 24h±2h。如所有乳糖胆盐发酵管都不产气,则可报告为大肠菌群阴性。如有产气者,则按下列程序进行。

### 3.分离培养

将产气的发酵管分别转种到伊红美蓝琼脂平板上,放置 36℃±1℃恒温培养箱内,培养

18～24h,然后取出。观察菌落形态,并做革兰氏染色、镜检和乳糖复发酵试验。

4.证实试验(复发酵试验)

在上述平板上,挑取可疑大肠菌群菌落 1～2 个,进行革兰氏染色,同时接种乳糖发酵管,放置 36℃±1℃恒温培养箱内,培养 24h±2h,观察产气情况。凡乳糖管产气、革兰氏染色阴性的无芽孢杆菌,即可报告为大肠菌群阳性。

大肠菌群检测程序见图 6-17-1。

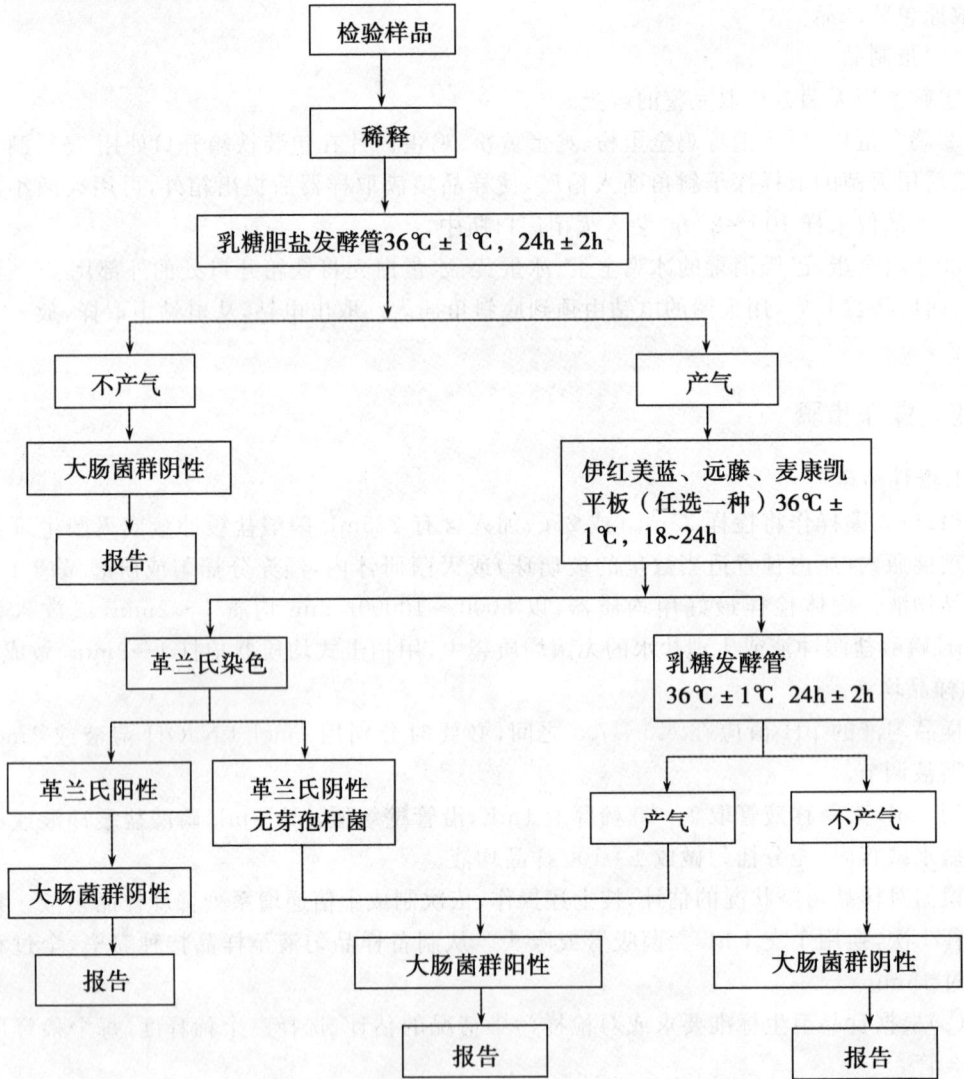

图 6-17-1 大肠菌群检测程序

## 五、结果

根据证实为大肠菌群阳性的管数,查 MPN 表,报告每 100mL(g)大肠菌群的最可能数。

## 六、思考题

(1)微生物污染食品的主要途径有哪些？

(2)大肠杆菌检验为什么要进行乳糖发酵试验？

(3)试述大肠菌群和大肠杆菌的检测方法。

## 七、操作要点

(1)采样的器械和容器须灭菌后才可使用。采样时,严格进行无菌操作。

(2)液体样品需搅拌均匀后采取,固体样品要在不同部位采取,使样品尽量具有代表性。

(3)乙醇脱色是革兰氏染色操作的关键环节,严格掌握脱色时间。

(4)乳糖发酵试验应将生化反应管倒置培养,以便观察产气情况。

(宋振辉、张鹦俊)

# 实验十八　沙门氏菌检测

## 一、目的

(1)掌握食品中常见的致病沙门菌的国家标准检验方法。

(2)熟悉沙门菌的主要培养特性。

(3)了解沙门菌的形态和染色特性。

## 二、基本原理

沙门菌属($Salmonella$)的细菌广泛地存在于猪、牛、羊和家禽以及鸟、鼠类等各种动物的肠道和内脏中。被沙门菌污染的食品,在适宜的环境条件下,大量增殖,当人们食入了一定数量的活的沙门菌,有人报导其菌量在 $2×10^5$ 个时,即可导致食物中毒。沙门菌食物中毒全年皆可发生,但主要发生于夏秋炎热季节,特别是在 6～9 月份,气温高,细菌易于繁殖,所以发生率是很高的。

沙门菌属是肠杆菌科中的一个大属,它们是在形态结构、培养特性、生化特性和抗原构造等方面极相似的一群革兰氏阴性杆菌。本菌为无芽孢及荚膜、两端钝圆的短杆菌。除少数菌株外,均具有周身鞭毛,能运动。为兼性厌氧菌,生长最适温度为 37℃。在普通培养基上均可生长良好。在含胆盐培养基上能促进生长。本菌的生化特性一般是:发酵葡萄糖产酸产气;不发酵乳糖、蔗糖和水杨苷;还原硝酸盐;产生硫化氢;不形成靛基质;不分解尿素;不液化明胶。但也有少数菌株的生化反应出现异常。由于沙门菌属的生化特征,借助于三糖铁、靛基质、尿素、KCN、赖氨酸等试验主要可与肠道其他菌属相鉴别。本菌的抗原构造极为复杂,它包括:O 抗原、H 抗原和 Vi 抗原三种。所有菌种均有特殊的抗原结构,借此可以把它们分辨出来。

引起沙门菌食物中毒最常见的是鼠伤寒沙门菌($S.typhimurium$)、猪霍乱沙门菌($S.cholera suis$)、肠炎沙门菌($S.enteritidis$)。同时也可见于都柏林沙门菌($S.dublin$)、汤卜逊沙门菌（*S.thompson*）、纽因特沙门菌（*S.newport*）、新港沙门菌（*S.newington*）、病牛沙门菌（*S.bovis morbificans*）、山夫顿堡沙门菌（*S.senftenberg*）、凯桑盖尼沙门菌（*S.kisangeni*）、德尔卑沙门菌（*S.derby*）、乙型副伤寒沙门菌（*S.paratyphi B*）、丙型副伤寒沙门菌（*S.paratyphi C*）、鸭沙门菌（*S.anatis*）和火鸡沙门菌（*S.meleagridis*）等。据国内外的调查资料指出，这些血清型的沙门菌引起的食物中毒占沙门菌食物中毒的78%以上。其中鼠伤寒沙门菌就占33%左右。

沙门菌感染，不仅能使畜禽遭受损失，而且生前感染本病的动物，其肉尸和内脏由于感染程度和保存条件的不同，可带有不同数量的沙门菌，所以极易引起食物中毒的爆发。因此，在屠宰加工、肉品卫生管理中，加强对沙门菌的检验，是预防食物中毒的一项重点工作。

## 三、材料

（1）菌种：沙门菌（*Salmonella* sp.）、大肠埃希氏菌（*E.coli*）。

（2）检样：冻肉、蛋品、乳品等。

（3）培养基和试剂：缓冲蛋白胨水（BPW）、氯化镁孔雀绿（MM）增菌液、四硫酸钠煌绿（TTB）增菌液、亚硒酸盐胱氨酸（SC）增菌液、亚硫酸铋（BS）琼脂、三糖铁（TSI）琼脂、蛋白胨水、靛基质试剂、尿素琼脂（pH7.2）、赖氨酸脱羧酶试验培养基、丙二酸钠培养基、沙门菌属显色培养基、HE琼脂、氰化钾（KCN）培养基、糖发酵管、邻硝基酚-D半乳糖苷（ONPG）培养基、半固体琼脂、沙门菌O和H诊断血清、生化鉴定试剂盒。

（4）设备和材料：冰箱：2℃～5℃、恒温培养箱：36℃±1℃，42℃±1℃、均质器、振荡器、电子天平：感量0.1g、无菌锥形瓶：容量500mL，250mL、无菌吸管：1mL（具0.01mL刻度）、10mL（具0.1mL刻度）或微量移液器及吸头、无菌培养皿：直径90mm、无菌试管：3mm×50mm、10mm×75mm、无菌毛细管、pH计或pH比色管或精密pH试纸、全自动微生物生化鉴定系统。

## 四、检验程序

沙门菌检验程序见图6-18-1。

```
                            检样
                             │
                             ▼
          25g（mL）样品+225mL缓冲蛋白胨水
                             │
      36℃±1℃，8~18h          │
            ┌────────────────┴────────────────┐
            ▼                                  ▼
      1mL+TTB10mL                        1mL+SC10mL
            │                                  │
  42℃±1℃，18~24h                    36℃±1℃，18~24h
            ┌──────────────┬───────────────┐
            ▼              ▼
           BS      XLD（或HE，显示培养基）
            │              │
  36℃±1℃，40~48h    36℃±1℃，18~24h
            └──────┬───────┘
                   ▼
              挑取可疑菌落
                   │
                   ▼
      TSI，赖氨酸，NA，靛基质，尿素（pH7.2），KCN
```

| 生化鉴定试剂盒或全自动微生物生化鉴定系统 | H₂S+ 靛基质- 尿素 KCN | H₂S+ 靛基质+ 尿素 KCN | H₂S- 靛基质- 尿素 KCN | 反应结果与左侧描述不符 |

```
                      甘露醇+、山梨醇-    CNPG-

              沙门菌，血清学试验              非沙门菌

                             报告
```

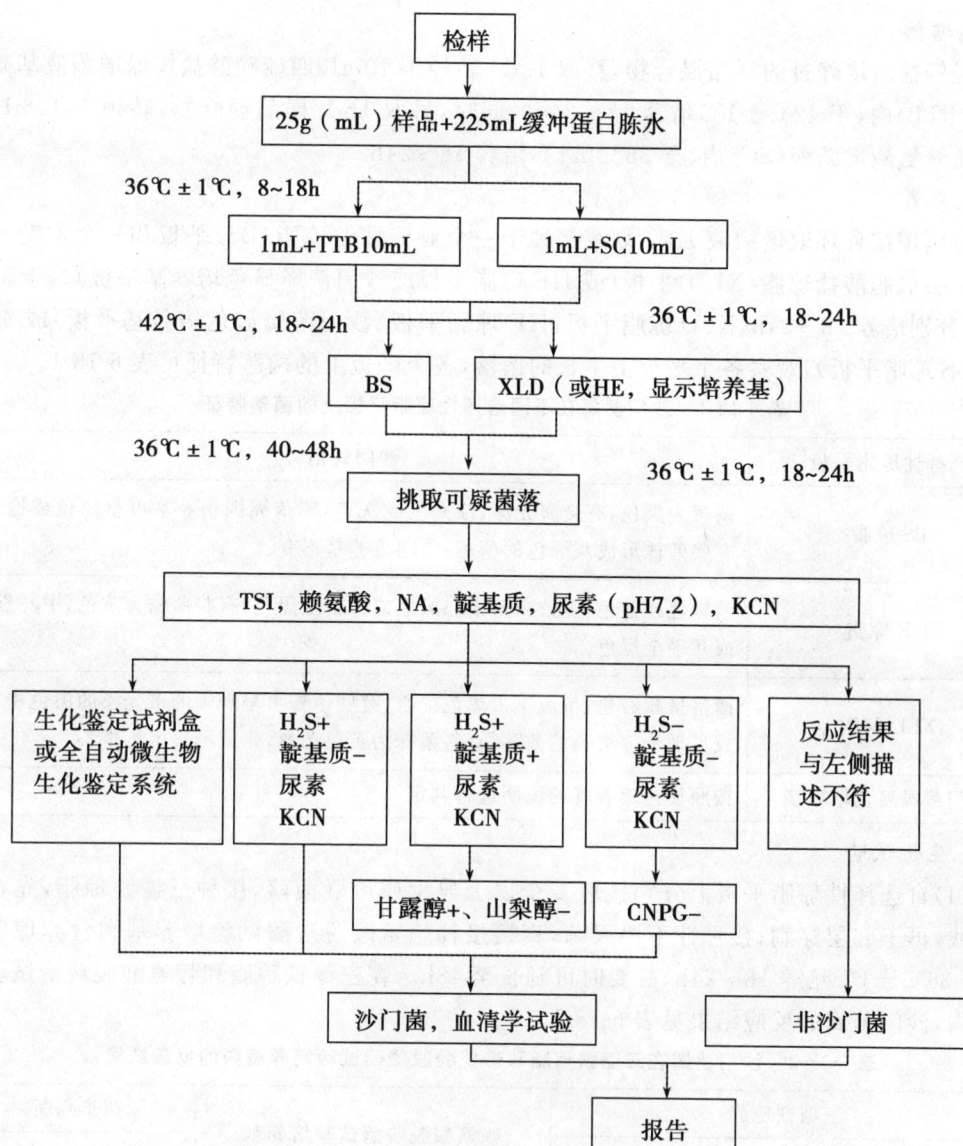

图 6-18-1　沙门菌检验程序

## 五、操作步骤

### 1.前增菌

称取 25g(mL)样品放入盛有 225mL 缓冲蛋白胨水(BPW)的无菌均质杯中,以 8000~10000r/min 均质 1~2min,或置于盛有 225mLBPW 的无菌均质袋中,用拍击式均质器拍打 1~2min。若样品为液态,则不需要均质,振荡混匀。如需测定 pH 值,用 1mol/mL 无菌 NaOH 溶液或 HCl 溶液调 pH 至 6.8±0.2。

无菌操作将样品转至 500mL 锥形瓶中,如使用均质袋,可直接进行培养,于 36℃±1℃ 培养 8~18h。

如为冷冻产品,应在 45℃ 以下不超过 15min,或 2℃~5℃ 不超过 18h 时解冻。

**2.增菌**

轻轻摇动培养过的样品混合物,移取 1mL,转种于 10mL 四硫磺酸盐煌绿增菌液基础培养基(TTB)内,于 42℃±1℃培养 18～24h。同时,另取 1mL 样品混合物,转种于 10mL 亚硒酸盐胱氨酸增菌液(SC)内,于 36℃±1℃培养 18～24h。

**3.分离**

分别用接种环取增菌液 1 环,划线接种于一个亚硫酸铋琼脂(BS)平板和一个木糖－赖氨酸－去氧胆酸盐琼脂(XLD)平板(或 HE 琼脂平板或沙门菌属显色培养基平板)。于 36℃±1℃分别培养 18～24h(XLD 琼脂平板、HE 琼脂平板、沙门菌属显色培养基平板)或 40～48h(BS 琼脂平板),观察各个平板上生长的菌落,各个平板上的菌落特征见表 6-18-1。

表 6-18-1　沙门菌属在不同选择性琼脂平板上的菌落特征

| 选择性琼脂平板 | 沙门氏菌 |
| --- | --- |
| BS 琼脂 | 菌落为黑色,有金属光泽、棕褐色或灰色,菌落周围培养基可呈黑色或棕色;有些菌株形成灰绿色的菌落,周围培养基不变。 |
| HE 琼脂 | 蓝绿色或蓝色,多数菌落中心黑色或几乎全黑色;有些菌株为黄色,中心黑色或几乎全黑色。 |
| XLD 琼脂 | 菌落呈粉红色,带或不带黑色中心,有些菌株可呈现大的带光泽的黑色中心,或呈现全部黑色的菌落;有些菌株为黄色菌落,带或不带黑色中心。 |
| 沙门菌属显色培养基 | 按照显色培养基的说明进行判定。 |

**4.生化试验**

(1)自选择性琼脂平板上分别挑取 2 个以上典型或可疑菌落,接种三糖铁琼脂,先在斜面划线,再于底层穿刺;接种针不要灭菌,直接接种赖氨酸脱羧酶试验培养基和营养琼脂平板,于 36℃±1℃培养 18～24h,必要时可延长至 48h。在三糖铁琼脂和赖氨酸脱羧酶试验培养基内,沙门菌属的反应结果见表 6-18-2。

表 6-18-2　沙门菌属在三糖铁琼脂和赖氨酸脱羧酶试验培养基内的反应结果

| 三糖铁琼脂 | | | | 赖氨酸脱羧酶试验培养基 | 初步判断 |
| --- | --- | --- | --- | --- | --- |
| 斜面 | 底层 | 产气 | 硫化氢 | | |
| K | A | +(−) | +(−) | + | 可疑沙门菌属 |
| K | A | +(−) | +(−) | − | 可疑沙门菌属 |
| A | A | +(−) | +(−) | + | 可疑沙门菌属 |
| A | A | +/− | +/− | − | 非沙门菌 |
| K | K | +/− | +/− | +/− | 非沙门菌 |

注:K:产碱,A:产酸;+:阳性,−:阴性;+(−):多数阳性,少数阴性;+/−:阳性或阴性。

(2)接种三糖铁琼脂和赖氨酸脱羧酶试验培养基的同时,可直接接种蛋白胨水(供做靛基质试验)、尿素琼脂(pH7.2)、氰化钾(KCN)培养基,也可在初步判断结果后从营养琼脂平板上挑取可疑菌落接种。于 36℃±1℃培养 18～24h,必要时可延长至 48h,按表 6-18-3 判定结果。将已挑菌落的平板储存于 2℃～5℃或室温至少保留 24h,以备必要时复查。

表 6-18-3 沙门菌属生化反应初步鉴别表

| 反应序号 | 硫化氢（H₂S） | 靛基质 | pH7.2 尿素 | 氰化钾（KCN） | •赖氨酸脱羧酶 |
|---|---|---|---|---|---|
| A1 | ＋ | － | － | － | ＋ |
| A2 | ＋ | ＋ | － | － | ＋ |
| A3 | － | － | － | － | ＋/－ |

注：＋阳性；－阴性；＋/－阳性或阴性。

①反应序号 A1：典型反应判定为沙门菌属。如尿素、KCN 和赖氨酸脱羧酶 3 项中有 1 项异常，按表 6-18-4 可判定为沙门菌。如有 2 项异常则判定为非沙门菌。

表 6-18-4 沙门菌属生化反应初步鉴别表

| pH7.2 尿素 | 氰化钾（KCN） | 赖氨酸脱羧酶 | 判定结果 |
|---|---|---|---|
| － | － | － | 甲型副伤寒沙门菌（要求血清学鉴定结果） |
| － | ＋ | ＋ | 沙门菌Ⅳ或Ⅴ（要求符合本群生化特性） |
| ＋ | － | ＋ | 沙门菌个别变体（要求血清学鉴定结果） |

注：＋表示阳性；＋表示阴性。

②反应序号 A2：补做甘露醇和山梨醇试验，沙门菌靛基质阳性变体两项试验结果均为阳性，但需要结合血清学鉴定结果进行判定。

③反应序号 A3：补做 ONPG。ONPG 阴性为沙门菌，同时赖氨酸脱羧酶阳性，甲型副伤寒沙门菌为赖氨酸脱羧酶阴性。

④必要时按表 6-18-5 进行沙门菌生化群的鉴别。

表 6-18-5 沙门菌属各生化群的鉴别

| 项目 | Ⅰ | Ⅱ | Ⅲ | Ⅳ | Ⅴ | Ⅵ |
|---|---|---|---|---|---|---|
| 卫矛醇 | ＋ | ＋ | － | － | ＋ | － |
| 山梨醇 | ＋ | ＋ | ＋ | ＋ | ＋ | － |
| 水杨苷 | － | － | － | ＋ | － | － |
| ONPG | － | － | ＋ | － | ＋ | － |
| 丙二酸盐 | － | ＋ | ＋ | － | － | － |
| KCN | － | － | － | ＋ | ＋ | － |

注：＋表示阳性；－表示阴性。

（3）如选择生化鉴定试剂盒或全自动微生物生化鉴定系统，可根据前面的初步判断结果，从营养琼脂平板上挑取可疑菌落，用生理盐水制备成浊度适当的菌悬液，使用生化鉴定试剂盒或全自动微生物生化鉴定系统进行鉴定。

5.血清学鉴定

（1）抗原的准备

一般采用 1.2%～1.5% 琼脂培养物作为玻片凝集试验用的抗原。

O 血清不凝集时，将菌株接种在琼脂量较高的（如 2%～3%）培养基上再检查；如果是由于 Vi 抗原的存在而阻止了 O 凝集反应时，可挑取菌苔于 1mL 生理盐水中做成浓菌液，于酒精灯火焰上煮沸后再检查。H 抗原发育不良时,将菌株接种在 0.55% ～0.65% 半固体琼脂平板的中央,当菌落蔓延生长时,在其边缘部分取菌检查;或将菌株通过装有 0.3% ～0.4% 半固体琼脂的小玻管 1～2 次,自远端取菌培养后再检查。

(2)多价菌体抗原(O)鉴定

在玻片上划出 2 个约 1cm×2cm 的区域,挑取 1 环待测菌,各放 1/2 环于玻片上的每一区域上部,在其中一个区域下部加 1 滴多价菌体(O)抗血清,在另一区域下部加入 1 滴生理盐水,作为对照。再用无菌的接种环或接种针分别将两个区域内的菌落研成乳状液。将玻片倾斜摇动混合 1min,并对着黑暗背景进行观察,任何程度的凝集现象皆为阳性反应。

(3)多价鞭毛抗原(H)鉴定:同(2)

(4)血清学分型(选做项目)

①O 抗原的鉴定

用 A～F 多价 O 血清做玻片凝集试验,同时用生理盐水作对照。在生理盐水中自凝者为粗糙形菌株,不能分型。

被 A～F 多价 O 血清凝集者,依次用 O4;O3、O10;O7;O8;O9;O2 和 O11 因子血清做凝集试验。根据试验结果,判定 O 群。被 O3、O10 血清凝集的菌株,再用 O10、O15、O34、O19 单因子血清做凝集试验,判定 E1、E2、E3、E4 各亚群,每一个 O 抗原成分的最后确定均应根据 O 单因子血清的检查结果,没有 O 单因子血清的要用两个 O 复合因子血清进行核对。

不被 A～F 多价 O 血清凝集者,先用 9 种多价 O 血清检查,如有其中一种血清凝集,则用这种血清所包括的 O 群血清逐一检查,以确定 O 群。每种多价 O 血清所包括的 O 因子如下:

O 多价 1A,B,C,D,E,F 群(并包括 6,14 群);O 多价 213,16,17,18,21 群;O 多价 328,30,35,38,39 群;O 多价 440,41,42,43 群;O 多价 544,45,47,48 群;O 多价 650,51,52,53 群;O 多价 755,56,57,58 群;O 多价 859,60,61,62 群;O 多价 963,65,66,67 群。

②H 抗原的鉴定

属于 A～F 各 O 群的常见菌型,依次用表 6-18-6 所述 H 因子血清检查第 1 相和第 2 相的 H 抗原。

表 6-18-6    A～F 群常见菌型 H 抗原表

| O 群 | 第 1 相 | 第 2 相 |
|---|---|---|
| A | a | 无 |
| B | g,f,s | 无 |
| B | i,b,d | 2 |
| C1 | k,v,r,c | 5,Z15 |
| C2D(不产气的) | b,d,r | 2,5 |
| D(产气的) | d | 无 |
| E1 | g,m,p,q | 无 |
| E4 | h,v | 6,w,x |
| E4 | g,s,t | 无 |
| | i | |

不常见的菌型,先用 8 种多价 H 血清检查,如有其中一种或两种血清凝集,则再用这一

种或两种血清所包括的各种 H 因子血清逐一检查,以第 1 相和第 2 相的 H 抗原。8 种多价 H 血清所包括的 H 因子如下:

H 多价 1:a,b,c,d,i;H 多价 2:eh,enx,enz15,fg,gms,gpu,gp,gq,mt,gz51;H 多价 3:k,r,y,z,z10,lv,lw,lz13,lz28,lz40;H 多价 4:1,2;1,5;1,6;1,7;z6;H 多价 5:z4z23,z4z24,z4z32,z29,z35,z36,z38;H 多价 6:z39,z41,z42,z44;H 多价 7:z52,z53,z54,z55;H 多价 8:z56,z57,z60,z61,z62。

每一个 H 抗原成分的最后确定均应根据 H 单因子血清的检查结果,没有 H 单因子血清的要用两个 H 复合因子血清进行核对。

检出第 1 相 H 抗原而未检出第 2 相 H 抗原的或检出第 2 相 H 抗原而未检出第 1 相 H 抗原的,可在琼脂斜面上移种 1～2 代后再检查。如仍只检出一个相的 H 抗原,要用位相变异的方法检查其另一个相。单相菌不必做位相变异检查。

位相变异试验方法如下:

小玻管法:将半固体管(每管 1～2mL)在酒精灯上融化并冷至 50℃,取已知相的 H 因子血清 0.05～0.1mL,加入融化的半固体内,混匀后,用毛细吸管吸取分装于供位相变异试验的小玻管内,待凝固后,用接种针挑取待检菌,接种于一端。将小玻管平放在平皿内,并在其旁放一团湿棉花,以防琼脂中水分蒸发而干缩,每天检查结果,待另一相细菌解离后,可以从另一端挑取细菌进行检查。培养基内血清的浓度应有适当的比例,过高时细菌不能生长,过低时同一相细菌的动力不能抑制。一般按原血清 1∶200～1∶800 的量加入。

小倒管法:将两端开口的小玻管(下端开口要留一个缺口,不要平齐)放在半固体管内,小玻管的上端应高出于培养基的表面,灭菌后备用。临用时在酒精灯上加热融化,冷至 50℃,挑取因子血清 1 环,加入小套管中的半固体内,略加搅动,使其混匀,待凝固后,将待检菌株接种于小套管中的半固体表层内,每天检查结果,待另一相细菌解离后,可从套管外的半固体表面取菌检查,或转种 1% 软琼脂斜面,于 37℃ 培养后再做凝集试验。

简易平板法:将 0.35%～0.4% 半固体琼脂平板烘干表面水分,挑取因子血清 1 环,滴在半固体平板表面,放置片刻,待血清吸收到琼脂内,在血清部位的中央点种待检菌株,培养后,在形成蔓延生长的菌苔边缘取菌检查。

③Vi 抗原的鉴定

用 Vi 因子血清检查。已知具有 Vi 抗原的菌型有:伤寒沙门菌、丙型副伤寒沙门菌、都柏林沙门菌。

④菌型的判定

根据血清学分型鉴定的结果,按照有关沙门菌属抗原表判定菌型。

## 六、结果

综合以上生化试验和血清学鉴定的结果,报告 25g(mL)样品中检出或未检出沙门菌。

## 七、思考题

(1)如何提高沙门菌的检出率?

(2)沙门菌在三糖铁培养基上的反应结果如何?为什么?

(3)沙门菌检验有哪 5 个基本步骤?

(4)食品中能否允许有个别沙门菌存在?为什么?

## 八、操作要点

(1)应严格按照培养基配方配置培养基。

(2)生化试验应注意细菌培养时间、滴加反应试剂剂量及作用时间。

(宋振辉、张鹦俊)

# 实验十九　发酵乳中微生物的检验

## 一、目的

(1)了解酸奶中乳酸菌分离原理。

(2)学习并掌握酸奶中乳酸菌菌数的检测方法。

## 二、基本原理

发酵乳是指以牛乳或含有同等无脂乳固体的其他乳(羊乳、马乳等)为原料,经乳酸菌发酵而形成的具有特殊风味的糊状或液状产品。世界乳品协会(IDF)明确规定,合格发酵乳其乳固体含量在 8% 以上,乳酸菌数在 1000 万个/mL 以上,大肠菌群属阴性。

发酵乳中普通酸乳、嗜酸菌乳、保加利亚乳、强化酸乳、加热酸乳、果味酸牛奶、酸乳酒、马乳酒等都是营养丰富的饮料,其中含有大量的乳酸菌、活性乳酸及其他营养成分。

由于乳酸菌对营养有复杂的要求,生长需要碳水化合物、氨基酸、肽类、脂肪酸、脂类、核酸衍生物、维生素和矿物质等,一般的肉汤培养基难以满足其要求。测定乳酸菌时必须尽量将试样中所有活的乳酸菌检测出来。要提高检出率,关键是选用特定良好的培养基。采用稀释平板菌落计数法,检测酸奶中的各种乳酸菌可获得满意的结果。

## 三、材料

1.培养基

MRS 培养基、改良的 CHALMERS 培养基、M17 培养基。

2.仪器和器具

无菌移液管(25mL,1mL),无菌水(225mL 带玻璃珠三角瓶,9mL 试管),无菌培养皿,旋涡均匀器,恒温培养箱。

## 四、操作步骤

1.样品稀释

先将酸奶样品搅拌均匀,用无菌移液管吸取样品 25mL 加入盛有 225mL 无菌水的无菌三角瓶中,在旋涡均匀器上充分振摇,务必使样品均匀分散,即为 $10^{-1}$ 的样品稀释液,然后根据对样品含菌量的估计,将样品稀释至适当的稀释度。

2.制平板

选用 2~3 个适合的稀释度,培养皿贴上相应的标签,分别吸取不同稀释度的稀释液 1mL 置于平皿内,每个稀释度做 2 个重复。然后融化冷却至 46℃ 左右的 MRS 或改良

CHALMERS 培养基倒入平皿,迅速转动平皿使之混合均匀,冷却成平板。

3.培养和计数

将平皿倒置于 40℃恒温箱内培养 24～48h,观察长出的细小菌落,计菌落数目,按常规方法选择 30～300 个菌落平皿进行计数。

## 五、结果

1.指示剂显色反应

乳酸菌的菌落很小,1～3mm,圆形隆起,表面光滑或稍粗糙,呈乳白色、灰白色或暗黄色。由于产酸菌落周围能使 $CaCO_3$ 产生溶解圈,酸碱指示剂呈酸性显色反应。

2.镜检形态

挑取不同形态菌落制片,革兰氏染色后镜检确定是乳杆菌或乳链球菌。保加利亚乳杆菌呈杆状,单杆或双杆菌或长丝状。嗜热链球菌,呈球状,成对或短链或长链状。

3.参照比较

改良 CHALMERS 培养基的检出率较 MRS 培养基高,M17 培养基较适合于乳球菌的培养,在检测时可同时使用多个培养基作比较。

## 六、思考题

1.为什么乳酸菌的检测关键是选用特定良好的培养基?
2.培养基中为什么要加 $CaCO_3$?

## 七、操作要点

1.注意全过程防止染菌。
2.镜检时,取乳制品不宜过多,涂片应尽可能均匀。

（宋振辉、张鹦俊）

# 第七章　动物药品检验方法

　　动物药品(即兽药)微生物学检验,是一门应用微生物学技术对动物药品在研制、生产、保藏过程中进行质量检测和安全性评价的专业技术学科。药品微生物学检验技术是以微生物基本技术为手段对动物药品进行检验。目前国内外药典收载的检验方法仍主要包括:①形态学检查法;②生物化学试验;③血清学试验;④动物试验等这些基本方法。灵敏、准确、稳定、便捷及标准化的动物药品检测可从专业技术上为贯彻药品管理法,制定、完善和执行国家药典、药品标准及药品质量提供实验依据。

　　微生物广泛分布于自然界中,绝大多数是对人及动物有益的微生物,在制药工业中,有些药品和制剂,本身就是微生物,如菌苗、疫苗、微生物制剂;有些药品是以微生物的代谢产物作为原料或以其有效作用参与制药过程,如抗生素制剂、葡聚糖、氨基酸、酶类制剂、中药曲剂等。

　　动物药品生产所产生的药品卫生问题是由于微生物对药品原料、生产环境和成品的污染造成的生产失败、成品不合格,并且这些问题是直接或间接对动物乃至人类造成危害的重要因素。能受到微生物污染的动物药品涉及面较广,有化药、中药、微生物制剂、消毒药、输液器敷料等。动物药(兽药)和人药相比,动物一般是群体给药,受到污染的药品会引起动物的感染甚至死亡,动物药中的注入剂、体腔用药和注射剂若污染了微生物将导致局部感染或败血症至死亡;使用污染了的软膏会引起皮肤和黏膜感染;服用污染了沙门菌等致病菌的制剂会导致畜群和其他动物肠道传染病的发生和流行。受到微生物污染的药品还可能因产生化学和物理化学变化而变质,使药品失效或产生毒害作用。

　　动物药品的微生物污染,主要来源有几方面:第一,原料染菌量过高;第二,生产环境和流程;第三,水源;第四,灭菌不当、包装不严密。

　　动物药品中污染的微生物类型有细菌、霉菌、酵母菌、放线菌。据记载检出过的细菌有十几个菌属、酵母菌10个菌属、霉菌19个菌属。其中大量是与致病菌或产毒菌有关的属,如大肠埃希菌、沙门菌、假单胞菌、变形杆菌、葡萄球菌、梭菌、假丝酵母、青霉、曲霉等属。其中如已知具有强烈致癌作用的黄曲霉毒素,其产毒菌种黄曲霉也在中成药中检出过。在灭菌制剂中检出的微生物也有报道,如肠杆菌科细菌、施氏假单胞菌、木霉等。中药常被霉菌和螨污染,污染霉菌产生毒素危害动物健康,污染螨虫会蚀损药品,引起质量问题。

　　动物药品微生物检验内容具体有以下几个方面:

　　(1)药物抗菌作用测定:判断药物有无抗菌作用及其抗菌作用的强弱,有体外和体内两种试验方法。一般先进行体外抗菌试验,若发现药物有抗菌作用,可再进行体内抗菌试验。抑菌试验常选用细菌、酵母菌及霉菌为试验菌,必要时也选用其他类群的微生物。试验菌一般应包括标准菌株及临床分离的菌株。试验用培养基可根据试验菌生长的营养需要进行选择。所用的培养基应能使试验菌生长良好。根据不同目的和抗菌药物种类可将测定细分为：

①药物敏感度试验：系指测定某种微生物对药物抗菌作用的敏感程度，亦即药物抑制或杀死某种微生物的能力。常以最小抑菌浓度（MIC）及最小杀菌浓度（MBC）表示，药物敏感度试验测定的方法很多，常用两倍稀释法、琼脂扩散法、联合药敏法等。

②药物抗菌谱系测定：测定某种药物对各种微生物的抗菌作用，以确定该种药物敏感菌的种类及抗菌强度，应用于新的抗菌药物筛选和研制，其方法类似于药物敏感度试验。药敏试验对动物临床中细菌引起的疾病有着重要的科学实践价值和意义，可以指导临床科学合理地用药。

③抗微生物防腐剂、消毒剂效力测定：为了防止药品由于微生物的污染变质或直接危害人体健康，在药品中常常加入防腐剂，某种药剂中加入防腐剂及用量须有规定，使所加入的品种及量对人体安全，对该种制剂不产生化学变化并对多种微生物具有抑菌作用。测试防腐剂效能的微生物为标准的细菌、霉菌、酵母菌及病毒菌（毒）株，测试方法有酚系数法、活菌对比计数法等。

对于消毒剂的效力测试是一项具有实践意义的技术工作，一个消毒剂是否具有杀菌作用及其杀灭细菌的效力直接关系到养殖环境和疫区有效防控效果。消毒剂的消毒效果评价，是以消毒剂与微生物接触后，测定残留的微生物的数量，以杀灭率表示结果，表示用户对消毒剂杀灭效果的评价。消毒剂效力测定的方法很多，如最小抑菌浓度（MIC）和最小杀菌浓度（MBC）测定，定性、定量悬浮试验，酚系数测定，10min临界杀菌浓度测定，平均单个细菌存活时间测定，细菌灭活时间测定，能量试验。还有针对不同消毒对象设计的各种试验方法，如表面消毒、水、空气、病毒、真菌等的消毒灭活试验方法。用于测试的细菌有金黄色葡萄球菌（ATCC6538）、大肠埃希菌（ATCC 25922 或 8099 株）、伤寒杆菌（Hopkins ATCC 6539）、铜绿假单胞菌（ATCC15442）、枯草杆菌黑色变种芽孢（ATCC 9372）、真菌有白色念球菌（ATCC 10231）。

④抗生素微生物效价测定：抗生素能在很低的浓度下抑制微生物生长。据此可利用标准的微生物菌株，在特定的琼脂平板上观察其生长受到抑制的程度，一定浓度的抗生素液在小管内扩散产生圆形透明的抑菌圈，测量其直径或面积，与已知含量的抗生素标准品所产生的抑菌圈相比较，就得出该抗生素的效价，这是抗生素药品含量测定的基本方法。

（2）微生物制剂的定量测定：在众多的微生物制剂中，有效微生物量（活菌数或总菌数）的测定是该制剂质量的基本依据。测定某种微生物制剂的有效菌量，需根据该菌的培养特性制备培养基，一般采用平板菌落计数法，有的制剂可用计数板直接计数细菌细胞数。

（3）无菌检查及灭菌保证

对灭菌制剂、生物制品、医用敷料及医用塑料容器等必须进行严格的无菌试验，最大限度地保证制剂不带有活菌。通常采用需氧菌、厌氧菌及真菌的液体培养基，接种适量的灭菌制剂（或产品），经培养后，观察有无细菌和真菌生长来判定无菌试验结果。检查时常用金色葡萄球菌等做需氧菌，生孢梭菌等做厌氧菌，白色念珠菌等做真菌的阳性对照菌。

另外，为了保证无菌制剂生产的可靠性，必须对生产设备及生产工艺进行灭菌认证，如对灭菌器械、灭菌方法、生产环境等进行测试。常用生物指示剂或物理、化学指示剂与产品同时灭菌后将生物指示剂（条、带）进行培养或观察物理化学指示剂（小管、带、条）的颜色变化来确定达到确保灭菌温度时的颜色变化。

（4）微生物限度检查

药品微生物的限度检查是依据各国制定的药品微生物限度标准而进行的检查方法。

微生物限度标准是各国根据各自经济发展和生产水平等，依据药品的性质和使用途径，建立的药品生产中要求无菌和非菌的不同规范，包括所用的原料和水。分为强制性的（要求无菌）和非强制性的（允许有一定数量的菌）可达到的限度标准，为药品生产提供了一个标准或指导，以确保药品使用的安全。这些指标正确、有效地规范了药品生产、检定和监督的程序。微生物限度检查包括控制菌及活菌数检查，国内外药典选定的控制菌多为大肠埃希菌属或大肠菌群、沙门菌、铜绿假单胞菌、金黄色葡萄球菌，我国对外用中药增加了破伤风梭菌作为控制菌。英国药典及欧洲药典还收载了肠杆菌科及某些革兰氏阴性菌、梭菌的定量测定法。控制菌的检查需根据待检菌的特性进行增菌培养、分离培养、生化鉴定、血清学鉴定及革兰氏染色镜检来确定。活菌数的测定需按细菌、霉菌及酵母菌适宜生长的培养条件，准备相应的培养基，采用平板菌落计数（或试管稀释法）测得。

（5）生产环境的空气净化度监测

药物制剂的微生物污染主要来自于环境，因此必须按照生产工艺和产品质量的要求控制生产车间的净化级别。随着药品 GMP 认证制度的实施，药典中对注射剂及澄明度和对非灭菌药品的微生物限度均有规定和要求，因此，生产环境的空气净化度，洁净厂房的微生物量和微粒数均成为实施 GMP 中重要监测和监控对象。

空气微生物学指标是空气净化级别的重要内容，其标准是以细菌为代表，选用指标是菌落总数，表示方法为菌落形成单位/m³（CFU/m³）。按空气微生物采集原理不同有多种方法，主要有自然沉降法、撞击式采样法、过滤阻留式采样法等。

在药品生产中，空气净化度的测定是一项经常性的必检项目。

# 实验二十　动物医用一次性输液器的无菌检验

## 一、目的

（1）了解动物药品无菌检查的内容，加深理解动物药品无菌检查的意义。

（2）掌握动物用一次性输液器的无菌检查方法。

## 二、基本原理

动物药品中，用于疾病治疗的药品和器具等均会进入动物机体内，这些产品的无菌检查直接关系到动物机体的健康和生命安全。动物药品无菌检查法是指检查无菌或灭菌制品、敷料、缝合线、无菌器具及适用于药典要求无菌检查的其他物品是否无菌的一种方法。即凡直接进入动物体血液循环系统、肌肉、皮下组织或接触创伤、溃疡等部位而发生作用的制品或要求无菌的材料、灭菌器具等都要进行无菌检查。按无菌检查法规定，上述各类制剂均不得检出需氧菌、厌氧菌及真菌等任何类型的活菌。按微生物种类划分，即不得检出细菌、放线菌、酵母菌及霉菌等活菌。

在动物药品的无菌检查中，其抽样量和抽样方法及抽样标准是反映药品安全性的重要因素。实际操作时力求以最少样本量准确地反映客观情况。

无菌检查方法中包含药典指定的培养基和培养基的灵敏度、标准菌株在培养基上生长的状况及细菌计数方法和培养时间,在此前提下可进行动物药品的无菌检查。将金黄色葡萄球菌[CMCC(B)26003]作为阳性对照菌,该菌具有对抑菌物质较敏感、营养要求不苛刻、生长快的特点,作为抗需氧菌药物的阳性对照菌是适宜的。USP23 版规定培养 7d。

## 三、材料

(1)设备:恒温培养箱(30℃～35℃)、高压蒸汽灭菌器、电热恒温干燥箱(250℃)、显微镜(1500×)。

(2)稀释剂:0.9%无菌氯化钠溶液、无菌蒸馏水。

(3)玻璃器皿:试管、锥形瓶、培养皿(φ90mm)、刻度吸管(1mL、5mL、10mL)、注射器(5mL、10mL、20mL、30mL)、针头(9、11、12、16 号)。手术镊、剪,玻璃器皿洗净、晾干,用牛皮纸包扎严密,121℃高压蒸汽灭菌 30min,备用。手术镊、剪刀 160℃～180℃干烤 2h。

(4)培养基:硫乙醇酸盐液体培养基,用于需氧菌、厌氧菌培养。制备之后按用途分别置于 30℃～35℃48h;改良马丁培养基用于真菌培养,20℃～25℃培养 3d。均应无菌生长,方可使用。试管的分装量为每支 15mL。

(5)阳性对照菌:金黄色葡萄球菌[CMCC(B)26003],生孢菌,白色念珠菌。

## 四、操作步骤

### (一)检测前准备

(1)培养基灵敏度检查:选取相应的阳性对照菌培养物,均用 0.9%无菌氯化钠溶液稀释至含 10～100 个菌/mL,作为对照菌液。接种于相应的培养基中,细菌在 30℃～35℃培养18～24h,真菌在 20℃～25℃培养 24h 后,若细菌、真菌生长良好,则可以视为培养基可用。同时,各取 1mL 加至合适的琼脂培养基内,2 个重复,培养并计数。

(2)0.9%氯化钠注射液或 0.9%无菌氯化钠溶液稀释液 200mL,通过 0.45μm 滤膜过滤后,共 2 次,将一张滤膜置于需氧、厌氧培养基中,一张滤膜加入真菌培养基中,若细菌在 24～48h,真菌在 48～72h 无菌生长则视为可使用。该方法亦称阴性对照。

(3)供试品抑菌作用的检验:用需氧菌、厌氧菌培养基 4 管及真菌培养基 2 管,分别接种金黄色葡萄球菌、生孢梭菌、白色念珠菌均 10～100 个菌各 2 管,其中 1 管加供试品规定量,所有培养基管置规定的温度,培养 3～5d。如培养基各管 24h 内微生物生长良好,则供试品无抑菌作用。如加供试品的培养基管与未加供试品的培养基管对照比较,微生物生长微弱、缓慢或不生长,均判为供试品有抑菌作用。该供试品需用稀释法(相同量的供试品接种入较大量培养基中)或中和法、薄膜过滤法处理,消除供试品的抑菌性后,方可接种至培养基。

(4)供试样品的处理

从抽样或送样中获得无菌检查的供试品。在准备室内,将供试品分成指定的几小批,每一小批供试品放置于有识别标签的筐里。将小筐浸入适宜的消毒剂中适当时间或在隔离器中喷射,如 4%过氧乙酸,然后取出供试品转移至用消毒剂擦拭过的塑料桶内,通过窗口进入无菌检查区。进入无菌检查区的所有物件都应浸入消毒剂中或用消毒剂擦拭。

(5)无菌检查试验人员的着装准备:每个进入无菌检查区的人员,都须着无菌服。其指导原则,应根据各实验室的需要适当采用,以防操作人员着装等不洁净造成的微生物污染。

（6）无菌操作区的暴露环境试验

用于无菌检查的试验用盘、试管架等,在每次无菌检查前,应以消毒剂对控制区清洗擦拭并干燥处理。无菌检查操作区台面每日应监测一次。每次操作在层流空气所及台面左右各置 2 个营养琼脂平板,暴露 30min,菌落数应小于 1CFU/平板,如果连续 2 天菌落数大于 1CFU/平板,应停止使用。

### (二)正式试验

（1）一次性输液器,最低取样量 10 个(按《中国药典》2000 版规定)。

（2）供试液制备及接种:按无菌操作,将 10 支输液(血)器分别通过 10mL 灭菌注射用水,共收集试液 100mL,摇匀作为供试液。或将被测 10 副输液(血)器互相连接后,末端插入一无菌接水瓶,使 100mL 试液缓缓地通过 10 副被测输液管,收集于接水瓶中,作为供试液。

（3）将供试液分别接种到准备好的试管(装需氧菌、厌氧菌培养基)中,各 2 管,每管 0.5 ~1mL,再取金黄色葡萄球菌菌液 lmL,接种一管至需氧菌厌氧菌培养基供作阳性对照,另接种真菌培养基 2 管,每管 0.5～1mL。接种后,需氧菌、厌氧菌培养基在 30℃～35℃培养 5 天,真菌培养基在 20℃～25℃培养 7 天。观察结果,每批供试液应在制备后 2h 内使用。

## 五、结果

不论有无菌生长,均按国家药典标准作出报告。

## 六、思考题

（1）动物药品无菌检查的意义?

（2）动物药品无菌检查应具备哪些条件? 其检查结果是否有效?

## 七、操作要点

（1）判定结果时,当阳性菌对照没生长时,供试品的检验结果应判为无效。

（2）供试液加入培养基后需培养足够的时间,不可提前判定结果,如无菌检查的培养期过短,可增加将不合格品误判为合格品的危险性。

（3）在培养期内必须逐日观察,了解培养过程中的变化,不可在培养期结束时才观察结果。

（沙莎）

# 实验二十一  兽用消毒剂效力测定——悬浮测定法

## 一、目的

（1）了解消毒剂效力测定的意义。

（2）了解消毒剂效力测定的方法,学习和掌握悬浮测定法。

## 二、基本原理

将定量的细菌悬液加入消毒剂溶液中,作用一定时间。去除残留的消毒剂影响后,将细菌悬液定量接种于营养琼脂平板上。经培养后计算其菌落数。与未经消毒剂作用的对照菌液平板计数相比较,计算出杀菌效果。

定量悬浮试验不仅用于常规消毒效果测定,也可用于消毒剂的杀菌作用及其影响因素的试验。试验中的消毒剂浓度、作用时间、试验菌株以及是否加入有机物等都可根据实验目的而设计。

消毒剂效力评价可按如下公式进行:

(1)杀菌率:一般采用杀菌率表示消毒剂的杀菌作用的水平。杀菌率计算公式为:

杀菌率:[(对照管菌数－消毒管菌数)/对照管菌数]×100%

(2)平均杀菌率及95%可信限:评价一种消毒剂的杀菌效果,不能依据一次试验结果,而需要进行多次试验,求出平均杀菌率及其95%可信限。

## 三、材料

(1)消毒剂:按供试样品采样标准取一种或几种消毒剂。

(2)试验菌种:金黄色葡萄球菌(ATCC 6538)、大肠埃希菌(ATCC 25922或8099株)、伤寒杆菌(Hopkins ATCC 6539)、铜绿假单胞菌(ATCC15442)、枯草杆菌黑色变种芽孢(ATCC 9372)、白色念球菌(ATCC 10231)。

(2)培养基:营养琼脂或改良马丁琼脂。

(3)稀释剂:无菌蒸馏水或磷酸盐缓冲液用于稀释消毒剂和中和剂;用1%的营养蛋白胨的0.03mol/LPBS(磷酸盐缓冲液)液稀释菌液。稀释液均按试验要求分装,灭菌后备用。

(4)中和剂:1%的卵磷脂、1%卵磷脂＋0.1%聚山梨酸80、0.5%的硫代硫酸钠。按消毒剂种类选用适当的中和剂,配制后分装灭菌备用,分装试管4.5mL/支。

## 四、操作步骤

(1)供试品处理:取样必须在净化条件下,无菌操作,处理包装(取2瓶以上),各瓶颠倒混合数次。以碘酊(伏)及75%乙醇消毒瓶盖及瓶口周围,开启瓶盖,取样。

(2)无菌操作:用无菌直吸管从各瓶中吸取样品(一般为10mL),加入含若干粒玻璃珠的灭菌锥形瓶中,加稀释剂90mL,充分振摇,即可作为1:10供试液。将待测消毒剂用无菌蒸馏水稀释至待测浓度(或几个浓度)。分装试管,每个浓度4.5mL,放入20℃水浴中。

(3)用含1%的蛋白胨的0.03mol/LPBS液或磷酸盐缓冲液稀释试验菌,至含菌量为$10^7$CFU/mL的菌悬液,备用。

(4)吸取试验菌液0.5mL,加入4.5mL含某一浓度的消毒剂溶液的管中,混匀,立即计时,此时菌药混合液的含菌浓度应为$10^6$CFU/mL。

(5)作用5min(或设定时间)后,取0.5mL菌药混合液0.5mL,加入4.5mL含有中和剂的肉汤管内,混匀。

(6)中和10min后,取其液接种平板(涂布或倾注),作平板菌落计数,于37℃培养24h

观察结果。用倾注方法时加入 1mL 混合液于平板中,倒置培养。用涂布法时加入 0.2 或 0.5mL于平板中。先正放平板 1h,然后倒置培养。

(7)对照管以稀释剂代替待测消毒剂,同时按以上步骤操作。

## 五、结果

测定该消毒剂 10min 抑杀试验菌 99.9% 以上的最低有效浓度。结果记录:按表 7-21-1 记录。根据表中数据,结合公式计算消毒剂杀菌效力和 95% 可信限。

表 7-21-1  定量悬浮实验结果

| | 对照管 | 试验管 |
|---|---|---|
| 消毒剂 | 生长菌落数 | 生长菌落数 |
| 原液 | TN* | TN |
| $10^{-1}$ | TN | 88 |
| $10^{-2}$ | TN | 6 |
| $10^{-3}$ | 110 | 0 |

\* 菌数太多,无法计数。

(1)杀菌率:一般采用杀菌率表示杀菌作用的水平。杀菌率计算公式为:

杀菌率:[(对照管菌数−消毒管菌数)/对照管菌数]×100%

按表 7-21-1 所列数据,计算结果如下:

杀菌率:[(110000−880)/110000]×100%=99.2%

(2)平均杀菌率及 95% 可信限:评价一种消毒剂的杀菌效果,不能依据一次试验结果,而需要进行多次试验,求出平均杀菌率及其 95% 可信限。其计算方法有几种,以下仅介绍 Poisson 分布均数的标准误法。

例如:某消毒剂消毒前菌数为 400000/mL,消毒后两次试验 $10^{-1}$ 稀释液生长菌落数分别为 38/mL 和 34/mL,求其杀菌率及其 95% 可信限。

$m = [(38+34)/2] \times 10 = 360$

Poisson 分布的均数等于方差,当均数($m$)增加 $K$ 倍时,方差($\sigma^2$)增加 $K^2$ 倍

$$Sm = \sqrt{\frac{m}{n} \cdot K^2}$$

代入公式 $Sm = \sqrt{\frac{m}{n} \times 10^2} = \sqrt{\frac{36}{2} \times 10^2} = 42.4$

杀菌率 $= (400\ 000 - 360)/400\ 000 = 0.9991$

式中 $Sm$ 为标准误,$m$ 为均数,$n$ 为样本数。

消毒后菌数 95% 可信区间 $= 360 \pm 1.96 \times 42.4/mL = 277 \sim 443/mL$

杀菌率的 95% 可信区间 $= [(400\ 000 - 443)/400\ 000]$

$\sim [(400\ 000 - 277)/400\ 000] = 0.9989 \sim 0.9993$

## 六、思考题

(1)消毒剂效力检测的方法有哪些？

(2)定量悬浮法测定消毒剂效力中应用了哪些微生物实验技术？

## 七、操作要点

(1)采集供试消毒剂样品时和稀释样品时计量和浓度要准确。

(2)涂布或倾注培养时不要污染杂菌。

（沙莎）

# 第八章 免疫学技术

免疫学(immunology)是与医学和兽医微生物学同时诞生的,历来都将其作为医学微生物学的一个章节来加以介绍。20世纪60年代以来,免疫学无论在理论上还是实践上都有飞跃发展,其研究范围已渗透到整个生命科学领域,从而形成了一门独立的、富有生命力的新兴学科。兽医免疫学和医学免疫学属于同一研究范畴,但侧重点有所不同。医学免疫学侧重于免疫病理学、肿瘤免疫学、血液免疫学、移植免疫学和临床免疫学,而兽医免疫学主要侧重于免疫血清学和抗感染免疫。目前,在我国兽医界尤其重视免疫预防。

免疫学技术包括免疫检测技术和免疫生物制品技术两大类。这些技术的发展不仅反馈地促进了免疫学的发展,并且渗透到生命科学的所有领域,使得免疫学得以并立于遗传学、生物化学等先导学科,成为生命科学的三大支柱之一。免疫标记技术、单克隆抗体技术和基因工程抗体技术的发展,使得诊断和抗原分型为主要内容的血清学技术,发展成为一种能够在细胞水平或亚细胞水平进行抗原或抗体定位、对含量甚微的各种生物活性物质进行超微量测定的新型免疫检测技术。这类技术由于具有特异性强、敏感性高、重复性好、方法简单快速等优点而愈来愈受到重视。

抗原与相应抗体结合形成复合物,在有电解质存在下,复合物相互凝集形成肉眼可见的凝集小块或沉淀物,因此可根据是否产生凝聚现象来判定相应的抗体或抗原,称为凝聚性试验。根据参与反应的抗原性质不同,可将抗原分为由颗粒性抗原(或载体)参与的凝集试验和由可溶性抗原参与的沉淀试验两大类,它们又根据反应条件分为若干类型。细菌、红细胞等颗粒性抗原,或吸附在乳胶、白陶土、离子交换树脂和红细胞的可溶性抗原,与相应抗体结合,在有适量电解质存在下,经一定时间形成肉眼可见的凝集团块,称为凝集试验(agglutination test)。凝集反应又分为直接凝集反应和间接凝集反应两大类。直接凝集反应中的抗体称为凝集素(agglutinin),抗原称为凝集原(agglutinogen)。参与凝集试验的抗体主要为IgG和IgM。凝集试验可用于检测抗原或抗体。

可溶性抗原(或抗体)吸附于与免疫学反应无关的颗粒(称为载体)表面上,当这些致敏的颗粒与相应的抗体(或抗原)相遇时,就会产生特异性的结合,在电解质参与下,这些颗粒就会发生凝集现象,这种借助于载体的抗原抗体凝集现象就叫做间接凝集反应。载体的存在使反应的敏感性得以大大提高。间接凝集反应的优点表现为:①敏感性强;②快速,一般1~2h即可判定结果,若在玻板上进行,则只需几分钟;③特异性强;④使用方便、简单。具有吸附抗原或抗体的载体很多,如聚苯乙烯乳胶、白陶土、活性炭、人和多种动物的红细胞、某些细菌等。良好载体应具有在生理盐水或缓冲液中无自凝倾向、大小均匀、比重与介质相似、短时间内不能沉淀、无化学或血清学活性,吸附抗原或抗体后不影响其活性等基本要求。

间接凝集反应可按下述方法分类:

(1)根据载体的不同,可分为间接炭凝、间接乳胶凝集和间接血凝等。

（2）根据吸附物不同，可分为间接凝集反应（吸附抗原）和反向间接凝集反应（吸附抗体）。

（3）根据反应目的不同，又可分为间接凝集抑制反应和反向间接凝集抑制反应。

（4）根据用量和器材的不同，又可分为试管法（全量法）、凹窝板法（半微量法）和反应板法（微量法）。

可溶性抗原（如细菌的外毒素、内毒素、菌体裂解液，病毒的可溶性抗原、血清、组织浸出液等）与相应抗体相遇后，在适量电解质存在下，抗原抗体结合形成肉眼可见的白色沉淀，称为沉淀试验（precipitation test）。参与沉淀试验的抗原称为沉淀原，抗体称为沉淀素。沉淀试验的抗原可以是多糖、蛋白质、类脂等，抗原分子较小，由于在单位体积内所含的量多，与抗体结合的总面积大，故在做定量实验时，为了不使其过剩，通常稀释抗原，以防止后带现象的发生，并以抗原稀释度作为沉淀试验效价。

根据沉淀试验反应介质和外加条件的不同，可将其分为液相沉淀试验、琼脂凝胶扩散试验和免疫电泳试验等三大类。

（1）液相沉淀试验：抗原与抗体的反应在液相中进行，并形成沉淀物，根据沉淀物的产生与否判定相应抗体或抗原。液相沉淀试验又分为环状沉淀试验、絮状沉淀试验和浊度沉淀试验等类型。

（2）琼脂凝胶扩散试验：以半固体凝胶为载体，利用可溶性抗原和抗体在半固体凝胶中进行反应，当抗原与相应抗体分子相遇并达到适当的比例时，抗原与抗体就会互相结合、凝聚，从而出现白色的沉淀线，通过肉眼即可观察。常用的凝胶有琼脂、琼脂糖等。根据抗原或抗体扩散的方向又可分为双向双扩散、双向单扩散、单向单扩散、单向双扩散等类型。

（3）免疫电泳试验：免疫电泳技术是凝胶扩散试验与电泳技术相结合的免疫检测技术。在抗原抗体凝胶扩散的同时，加入电泳的电场作用，使抗体或抗原在凝胶中的扩散移动速度加快，缩短了试验时间；同时限制了扩散移动的方向，使集中朝电泳的方向扩散移动，增加了试验的敏感性，因此，此方法比一般的凝胶扩散试验更快速和灵敏。根据试验的用途和操作不同可分为免疫电泳、对流免疫电泳、火箭免疫电泳等技术。

以上这些试验通常凭肉眼观察结果，故灵敏度不高。近年来，根据沉淀反应中抗原抗体结合后反应系统透光度发生改变而建立了测定透光度为特征的多种免疫浊度测定技术。现代免疫技术包括各种免疫标记技术大多是在沉淀反应的基础上建立起来的，因此沉淀反应是免疫学检测技术的核心技术。

在当前的各种免疫诊断技术中免疫标记技术是发展最快、应用最广泛的技术之一。这项技术诞生于 20 世纪中期，其原理是将某种微量或超微量测定的物质（如放射性同位素、荧光素、酶、化学发光剂等）标记于抗体或抗原上制成标记物，再加入到抗原抗体的反应体系中。若有相应的抗原或抗体存在，则形成的抗原抗体复合物可以通过检测标记物来间接显示（包括有无及含量）。因此这项技术综合了抗原、抗体结合的特异性和标记技术的敏感性，弥补了凝集、沉淀等传统免疫学检验技术在敏感性、准确性、重复性、商品化和自动化等方面的不足，极大地提高了免疫检测技术的实用性。

目前，免疫标记技术已广泛应用于抗原、抗体、补体、免疫细胞、细胞因子等免疫相关物质的检测，以及体液中酶、微量元素、激素、药物等多种微量物质的检查。可以说一切具有抗原性或半抗原性的物质原则上均可利用这一现代免疫检验技术进行检测，使免疫学检验渗透到各个领域。根据标记物和检测方法的不同,免疫标记技术可大致分为免疫荧光技术、放射免疫技术、免疫酶技术、免疫电镜技术、免疫胶体金技术和发光免疫技术等。

# 实验二十二　　凝集实验

## 一、目的

(1)掌握直接凝集反应的原理,熟悉玻片(玻板)凝集试验和试管凝集试验的操作方法。

(2)掌握凝集反应中阴性、阳性结果的判定方法。

## 二、基本原理

细菌或其他凝集原(agglutinogen)都带有相同的电荷(负电荷),在悬液中相互排斥而呈均匀的分散状态。抗原与抗体相遇后,由于抗原和抗体分子表面存在着相互对应的化学基团,因而发生特异性结合,形成抗原抗体复合物,降低了抗原分子间的静电排斥力,抗原表面的亲水基团减少,由亲水状态变为疏水状态,此时已有凝集的趋向,在电解质(如生理盐水)参与下,由于离子的作用,中和了抗原抗体复合物外面的大部分电荷,使之失去了彼此间的静电排斥力,分子间相互吸引,凝集成大的絮片或颗粒,出现肉眼可见的凝集反应。参与凝集反应的抗原称为凝集原(agglutinogen),抗体称为凝集素(agglutinin)。直接凝集试验又分为玻片(玻板)凝集试验和试管凝集试验两大类。凝集试验可用于检测抗原或抗体。

## 三、材料

载玻片、0.85%灭菌生理盐水、已知诊断用阳性血清、待检细菌(必须为纯培养物)、试管(1cm×8cm)、试管架、恒温箱、吸管、微量移液器等,布氏杆菌试管凝集抗原及布氏杆菌阳性血清、阴性血清、被检血清、无菌0.5%石碳酸生理盐水。

## 四、操作步骤

### (一)鸡白痢全血玻片凝集实验

(1)取洁净的玻片一块,用玻璃铅笔画成3cm见方的方格,用滴管吸鸡白痢抗原一滴滴于方格中心。抗原用前需充分摇匀。

(2)用清洁针头在鸡的内侧翅下静脉处刺破血管,另取滴管吸血一滴,滴加于抗原液中,随即用牙签或火柴棒充分混匀,并用玻璃铅笔写上鸡号。阴(阳)性对照分别吸取阴(阳)性血清按照相同方法同时操作。

(3)于20℃～35℃环境中,将玻片不停地作回旋倾斜摇动,使抗原与血液经常在玻片上回旋流动;2min内观察反应。注意温度过低会影响反应,室温低时可将玻片放在用热水或灯泡加温的盒上操作。

(4)如在2min以内出现凝集即为阳性反应。此时可见抗原凝集呈片状或较大颗粒状,液体变成透明,整个液滴呈花瓣状。凝集片首先出现在液滴的边缘部分,并较明显。如在2～3min内不出现凝集,则为阴性反应,此时玻片上的混合液仍然保持原来的状态,或变成中心部分较浓、四周较稀薄的混悬液。

(5)观察反应须在 3min 内完成,如用无色抗原,观察时玻片下面可衬以黑色背景;如用染色抗原,则用白色背景。

### (二)布氏杆菌试管凝集实验

(1)被检血清的稀释度:在一般情况下,牛、马和骆驼用 1∶50、1∶100、1∶200 和 1∶400 四个稀释度;猪、山羊、绵羊和狗用 1∶25、1∶50、1∶100 和 1∶200 四个稀释度,大规模检疫时,也可只用前两个稀释度,即牛等为 1∶50 和 1∶100,猪等为 1∶25 和 1∶50。

(2)血清的稀释(以猪为例)和加入抗原的方法:每份血清准备小试管 5 支。第一管加入 2.3mL 石碳酸生理盐水,第二管不加,第三、四、五管各加入 0.5mL。用微量移液器吸取被检血清 0.2mL,加入第一管中,并混合均匀。混合的方法是,将该试管中的混合液吸入吸管内,再沿管壁放入原试管中,如此反复吸三四次。混匀后,用吸管吸取混合液,向第二、三管中各加 0.5mL,再用同一吸管将第三管的混合液混匀(方法同前),并从中吸取 0.5mL 加入第四管混匀,再从第四管吸取 0.5mL 加入第五管,第五管混匀后弃去 0.5mL。这样稀释之后,从第二管到第五管的血清稀释度分别为 1∶12.5、1∶25、1∶50 和 1∶100。

血清稀释后,即可加入布氏杆菌试管凝集抗原。方法是先用含 0.5% 石碳酸的生理盐水,将抗原原液作 20 倍稀释,然后从第二管起每管加入抗原稀释液 0.5mL(第一管不加,作血清蛋白凝集对照),振摇均匀。加入抗原后,第二到第五管混合液的容积均为 1mL,血清稀释度依次变为 1∶25、1∶50、1∶100 和 1∶200。

牛、马、骆驼的血清稀释和加抗原的方法与上述方法基本一致。不同的是第一管加 2.4mL0.5% 石碳酸生理盐水和 0.1mL 被检血清,加抗原后第二管到第五管的血清稀释度依次为 1∶50、1∶100、1∶200 和 1∶400。

(3)对照管的制作:每次实验均须做阴性血清、阳性血清、抗原对照。

(4)判定标准:牛、马和骆驼凝集价 1∶100 以上,猪、山羊、绵羊和狗 1∶50 以上为阳性。牛、马和骆驼 1∶50,猪、羊等 1∶25 为可疑。

(5)结果记录:全部试管于充分振荡后置于 37℃～38℃温箱中 22～24h。然后检查并记录结果。

## 五、结果

(1)鸡白痢全血玻片凝集实验判定标准(表 8-22-1)

表 8-22-1 鸡白痢全血玻片凝集实验判定标准

| 凝集程度 | 100% | 75% | 50% | 25% | 不凝集 |
|---|---|---|---|---|---|
| 底质情况 | 清亮 | 稍浑浊 | 浑浊 | 极浑浊 | |
| 代表符号 | ♯ | +++ | ++ | + | — |

(引自《动物免疫学实验教程》,郭鑫主编)

(2)布氏杆菌试管凝集判定标准

根据各管中、上层液体的透明度、抗原被凝集的程度及凝集块的形状来判定凝集反应的强度:

++++:液体完全透明,菌体完全凝集呈伞状沉于管底,振荡时,沉淀物呈片、块或颗粒状(100％菌体被凝集)。

＋＋＋:液体基本透明(轻微浑浊),75％菌体被凝集,沉于管底,振荡时情况如上。

＋＋:液体不甚透明,管底有明显的凝集沉淀,振荡时有块状或小片絮状物(50％菌体被凝集)。

＋:液体透明度不显著或不透明,有不显著的沉淀或仅有沉淀的痕迹(25％菌体被凝集)。

—:液体不透明,管底无凝集。有时管底中央有小圆点状沉淀,但立即散开呈均匀浑浊。

确定每份血清的效价时,应以出现"＋＋"以上的凝集现象的最高血清稀释度为血清的凝集价。

## 六、思考题

(1)为什么玻片凝集试验可用于细菌性传染病的诊断,而不用于病毒性传染病的诊断?

(2)描述试管凝集试验各对照管设置的意义及各血清稀释度管的凝集现象及结果。

(3)试管凝集反应的原理是什么?

## 七、操作要点

(1)用已知诊断用菌体抗原检测被检血清时,凝集的染色颗粒应在混合的液面上,在液面下的无色颗粒不是反应颗粒。

(2)在阴性对照结果为阴性反应的基础上,实验结果才具有准确性,否则不能判定。

(3)本试验应在室温 20℃左右的条件下进行。如环境温度过低,则可将玻片背面与手背轻轻摩擦或在酒精灯火焰上空拖几次,以提高反应温度,促进结果出现。

(4)在试管凝集反应中,抗原抗体的比例是非常重要的,必须进行摸索,特别是在新建立一项试管凝集反应时,如抗体比例过大,即稀释倍数较小,可出现假阴性现象,即在"＋＋＋＋"的前几管可出现"—"或低于"＋＋＋"的反应强度,这种现象就叫前带现象。

(5)凝集反应用的血清必须新鲜,无明显的蛋白凝固和腐败气味,过度溶血的血清也不好。用 0.5％石碳酸防腐的血清也最好在 15d 内检测完。

(杨晓伟、赵光伟)

# 实验二十三　沉淀实验

## 一、目的

(1)掌握环状沉淀反应和双向扩散试验的原理、操作方法及结果的判定。

(2)了解炭疽环状沉淀反应。

(3)掌握小鹅瘟双向扩散试验方法。

## 二、基本原理

可溶性抗原(如细菌的外毒素、内毒素、菌体裂解液,病毒的可溶性抗原、血清、组织浸出液等)与相应抗体相遇后,在适量电解质存在下,抗原抗体结合形成肉眼可见的白色沉淀,称为沉淀试验(precipitation test)。参与沉淀试验的抗原称为沉淀原,抗体称为沉淀素。

环状沉淀反应是将可溶性抗原置于抗体之上,使二者之间形成比较清晰的界面,如二者相对应,则可在抗原、抗体两液接触界面形成乳白色的沉淀环。环状沉淀反应一般是利用已知抗体(沉淀素)来检测未知抗原(沉淀原),从而达到鉴定抗原、诊断疾病的目的。

琼脂免疫扩散是可溶性抗原与相应抗体在琼脂凝胶中所呈现的一种沉淀反应。琼脂是一种含有硫酸基的多糖体,高温时能溶于水,冷却后凝固,形成凝胶。琼脂凝胶呈多孔结构,孔内充满水分,其孔径大小决定于琼脂浓度。1%琼脂凝胶的孔径约为85nm,因此允许各种抗原、抗体在琼脂凝胶中自由扩散。抗原、抗体在含有电解质的琼脂凝胶中扩散,由近及远形成浓度梯度,当二者在比例适当处相遇时,即发生沉淀反应,形成肉眼可见的白色沉淀线,此种反应称为琼脂免疫扩散,又简称为琼脂扩散或免疫扩散。琼脂扩散所形成的沉淀线是一组抗原抗体的特异性免疫复合物。如果凝胶中有多种不同抗原、抗体存在,则依各自扩散速度的差异,在适当部位形成独立的沉淀线,因此可广泛地用于抗原成分的分析。

### 三、材料

已知炭疽沉淀血清及炭疽标准抗原;待测炭疽沉淀抗原;0.5%石碳酸生理盐水;试管、滴管、移液管及 1mL 注射器;剪刀、乳钵、水浴锅、中性石棉(或滤纸);0.15mol/L pH 7.2PBS;1.2%琼脂(PBS配制,加入 0.01%硫柳汞防腐);载玻片、打孔器、微量加样器、酒精灯、搪瓷盒等。

### 四、操作步骤

#### (一)炭疽环状沉淀反应

(1)被检抗原的制备

1)热浸法:取疑为炭疽死亡动物的实质脏器约 1g,在乳钵内研碎,加入 5～10mL 生理盐水与之混合,或取疑为炭疽病畜的血液、渗出液,加入 5～10 倍生理盐水混合后,用移液管移至试管内,置水浴锅中煮沸 30min,冷却后用中性石棉(或滤纸)过滤,使呈清朗透明的液体,即为被检抗原。如滤液混浊不透明可再次过滤。

2)冷浸法:疑为炭疽死亡动物的被检材料为皮张、兽毛等,先将被检材料高压灭菌 121.3℃30min,将皮张剪为小块,然后称取皮张小块或兽毛数克,加入 5～10 倍的 0.5%石碳酸生理盐水,放室温或普通冰箱中浸泡 18～24h,用中性石棉(或滤纸)过滤,使呈透明液体即为被检抗原。

(2)取试管 3 支,用毛细滴管(或 1mL 注射器接 5 号封闭针头代替)吸取炭疽沉淀素血清,加入反应管底部,每管约 0.1mL(达试管 1/3 高处),勿使血清产生气泡或沾染上部管壁。

(3)取其中 1 支试管,用一毛细滴管吸取被检抗原,将反应管略倾斜,沿管壁缓缓把被检抗原注加(层积)到沉淀素血清上,至反应管 2/3 处,使两液接触处形成一整齐的界面(注意不要产生气泡,不可摇动),轻轻直立放置。

(4)其余 2 支试管,如上法分别滴加炭疽标准抗原和生理盐水,以作对照。

(5)在试管架上静置数分钟,观察结果。

#### (二)小鹅瘟琼脂免疫扩散实验

小鹅瘟琼脂扩散(农业部推广标准),凝胶的溶剂为 8%氯化钠,琼脂 1.2%～1.5%。凝胶中央孔直径 4mm,外周孔直径 4mm,孔间距离 3mm。

(1)琼脂平板制备:用吸管吸取 5mL 加热融化的 1%～1.2%琼脂浇注于一块清洁的载玻片上。厚度 2.5～3.0mm,注意勿产生气泡。

(2)打孔:待琼脂凝固后用打孔器打孔,孔型多为 7 孔,中央 1 孔,周围 6 孔(排列方式如图 8-23-1 所示,称为梅花孔)。用针头挑出孔内琼脂。

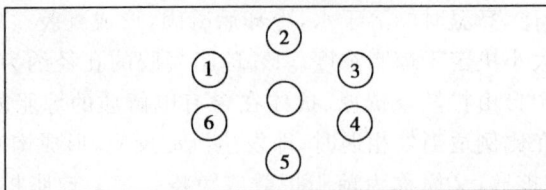

图 8-23-1　双向双扩散打孔示意图

(3)封底:将琼脂板无凝胶面在酒精灯火焰上轻轻灼烧,用手背感觉微烫即可。

(4)加样:用微量加样器于中央孔加入小鹅瘟标准阳性抗原,1、4 孔加标准阳性血清,2、3、5、6 孔分别加被检血清,或 1 孔加标准阳性血清,其他孔分别加入倍增稀释的被检血清。各孔均以加满不溢出为度。将加样后的琼脂板放入填有湿纱布的搪瓷盒内,置于 37℃温箱中,72h 初判,72h 终判。

## 五、结果

(1)炭疽环状沉淀试验结果的判定:抗原加入后,在 5～10min 内判定结果。试管上下重叠的两液界面出现清晰、致密的乳白色沉淀环者为阳性反应,证明被检病料来自炭疽病畜。两对照管,加炭疽标准抗原者应出现乳白色沉淀环,为阳性对照,而加生理盐水者,应无沉淀环出现,为阴性对照。

(2)琼脂免疫扩散试验结果的判定:

①当标准阳性血清与抗原孔之间形成清晰沉淀线时,被检血清孔与抗原孔之间也出现沉淀线,且与标准阳性血清沉淀线末端相吻合,即被检血清判为阳性,见图 8-23-2。

②当标准阳性血清与抗原孔之间形成清晰沉淀线,而被检血清孔与抗原孔之间无沉淀线出现时,即被检血清判为阴性。

③当被检血清最高稀释度孔与抗原孔之间形成清晰沉淀线时,即判为被检血清琼扩效价。

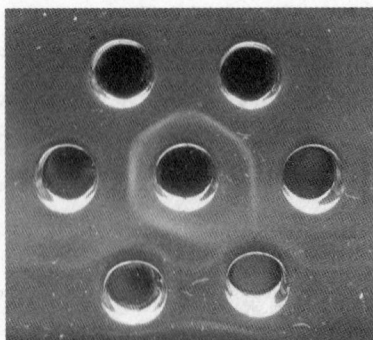

图 8-23-2　琼脂免疫扩散试验阳性反应结果

## 六、思考题

（1）影响环状沉淀试验结果的因素有哪些？

（2）影响双向双扩散试验结果的因素有哪些？

（3）如何根据双向双扩散所出现的沉淀线来判定待测样品的性质？

## 七、操作要点

（1）环状沉淀试验中加抗原时应使沉淀管倾斜，使其缓缓由管壁流下，轻浮于抗体上面，勿使相混，以免破坏界面，产生气泡。观察时将沉淀管平举眼前，如在小管后方衬以黑纸，使光线从斜上方射入两液面交界处，则能更清楚地看到沉淀环。

（2）琼脂免疫扩散试验中温度对沉淀线的形成有影响，在一定范围内，温度越高扩散越快。通常反应在 0℃～37℃下进行。在双向扩散时，为了减少沉淀线变形并保持其清晰度，可在 37℃下形成沉淀线，然后置于室温或冰箱（4℃）中为佳。

（3）琼脂浓度对沉淀线形成速度有影响，一般来说，琼脂浓度越大，沉淀线出现越慢。

（4）参加扩散的抗原与抗体间的距离对沉淀线的形成有影响，抗原、抗体相距越远，沉淀线形成得越慢，孔间距离以等于或稍小于孔径为好，距离远影响反应速度。当然孔距过近，沉淀线的密度过大，容易发生融合，有碍沉淀线数目的确定。

（5）时间对沉淀线有影响，时间过短，沉淀线不能出现；时间过长，会使已形成的沉淀线解离或散开而出现假象。沉淀线形成一般观察 72h，放置过久可出现沉淀线重合消失。

（6）抗原、抗体的比例与沉淀线的位置、清晰度有关。如抗原过多，沉淀线将向抗体孔偏移和增厚，反之亦然。可用不同稀释度的反应液试验后调节。

（7）不规则的沉淀线可能是加样过满溢出、孔形不规则、边缘开裂、孔底渗漏、孵育时没放水平、扩散时琼脂变干燥、温度过高蛋白质变性或未加防腐剂导致细菌污染等所致。试验时必须设立对照并进行对照观察，以免出现假阳性。

（杨晓伟、赵光伟）

# 实验二十四　酶联免疫吸附试验（ELISA）

## 一、目的

掌握酶联免疫吸附试验的原理、操作方法及结果的判定。

## 二、基本原理

酶联免疫吸附试验（enzyme-linked immunosorbent assay，ELISA）的基础是抗原或抗体的固相化及抗原或抗体的酶标记。其原理是将抗原或抗体吸附在固相载体表面，受检标本与固相载体表面的抗原或抗体反应形成复合物，再加入酶标记的抗原或抗体。此时固相载体上的酶量与标本中受检物质的量呈一定比例。加入与酶反应的底物后，底物被酶催化成为有色产物，产物的量与标本中受检物质的量直接相关，根据底物被酶催化产生的颜色及其光密度(OD)值即可进行定性或定量分析。

在实际应用中,ELISA 可以有多种设计、多种操作形式,如用于检测抗体的间接法和用于检测抗原的双抗体夹心法等,反应原理见图 8-24-1。

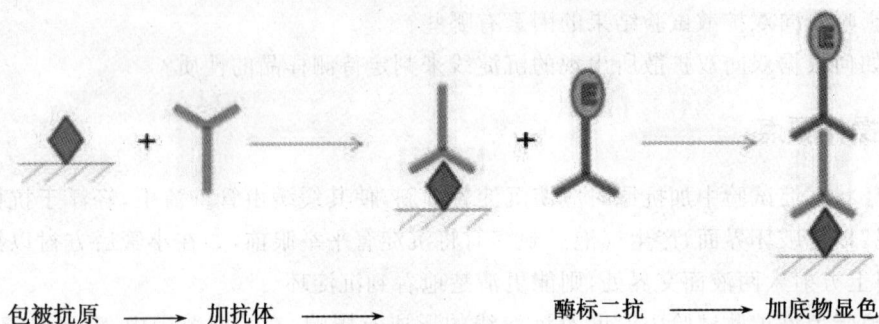

包被抗原 $\longrightarrow$ 加抗体 $\longrightarrow$ 酶标二抗 $\longrightarrow$ 加底物显色

图 8-24-1　ELISA 间接法原理

### 三、材料(以检测猪 O 型口蹄疫病毒抗体为例)

辣根过氧化物酶标记的抗猪 IgG 抗体;灭活猪 O 型口蹄疫病毒抗原、猪 O 型口蹄疫病毒阳性血清和正常猪血清;待检猪血清;包被缓冲液,即 0.05mol/L pH9.6 碳酸盐缓冲液;洗涤缓冲液,即 pH7.4 PBST;稀释液,即 0.1g 牛血清白蛋白(BSA)加洗涤缓冲液(PBST);底物缓冲液,即 pH5.0 磷酸盐—柠檬酸;TMB(四甲基联苯胺)溶液;终止液,即 2mol/L $H_2SO_4$;96 孔酶标反应板、ELISA 检测仪、微量移液器、塑料滴头、吸管和量筒、4℃冰箱、37℃温箱等。

### 四、操作步骤

(1)包被:用包被缓冲液将灭活猪 O 型口蹄疫病毒抗原稀释至蛋白质含量为 $1\sim10\mu g/mL$,在 96 孔酶标反应板中每孔加 $100\mu L$,置 37℃ 2h 后再移至 4℃过夜。

(2)洗涤:甩去酶标反应板内的包被缓冲液,用 PBST 液加满各孔,室温静置 3min,倾去 PBST 液,反复 3 次,拍干。

(3)封闭:每孔加入 $300\mu L$ 稀释液,置 37℃温箱孵育 2h。

(4)洗涤:同步骤(2)。

(5)加样:将待检血清样品编号后分别用稀释液进行 1∶40 倍稀释,加入酶标反应板中,每孔 $100\mu L$。同时设立阳性血清对照和阴性血清对照。置 37℃温箱孵育 1h。

(6)洗涤:同步骤(2)。

(7)加辣根过氧化物酶标记的抗猪 IgG 抗体(其稀释度根据预试结果而定)每孔 $100\mu L$。置 37℃温箱孵育 1h。

(8)洗涤:同步骤(2)。

(9)显色:加新鲜配制的底物溶液,每孔 $100\mu L$。在室温下避光放置 15min。

(10)终止反应:每孔加终止液 $50\mu L$。

(11)在 ELISA 检测仪上,于波长 450nm 处检测各孔 OD 值。

## 五、结果

ELISA 试验结果可用肉眼观察,也可用 ELISA 测定仪测定样本的光密度(OD)值。每次试验都需设阳性和阴性对照,肉眼观察时,如样本颜色反应超过阴性对照,即判为阳性。用 ELISA 测定仪来测定 OD 值,所用波长随底物供氢体不同而异,如以 OPD 为供氢体,测定波长为 492nm,TMB 为 650nm(氰氟酸终止)或 450nm(硫酸终止)。结果可按下列方法表示:

(1)用阳性"+"与阴性"—"表示:若样本的 OD 值超过规定吸收值判为阳性,否则为阴性(规定吸收值=一组阴性样本的吸收值之均值+2 或 3 倍 SD,SD 为标准差)。

(2)以 P/N 比值表示:样本的 OD 值与一组阴性样本 OD 值均值之比即为 P/N 比值,若样本的 P/N 比值大于 1.5、2 或 3,即判为阳性。

(3)以终点滴度(即 ELISA 效价,简称 ET)表示:将样本做倍比稀释,测定各稀释度的 OD 值,高于规定吸收值(或 P/N 比值大于 1.5、2 或 3)的最大稀释度即仍出现阳性反应的最大稀释度,即为样本的 ELISA 滴度或效价。可以作出 OD 值与效价之间的关系,样本只需作一个稀释度即可推算出其效价,目前国外一些公司的 ELISA 试剂盒都配有相应的程序,使测定抗体效价更为简便。

(4)定量测定:对于抗原的定量测定(如酶标抗原竞争法),需事先用标准抗原制备一条吸收值与浓度的相关标准曲线,只要测出样本的吸收值,即可查出其抗原浓度。

## 六、思考题

(1)ELISA 操作的各个环节对检测效果影响较大,试列出试验中常出现问题的原因及解决办法。

(2)免疫酶技术的原理是什么?

## 七、操作要点

(1)ELISA 检测多以血清为标本,采集时应无菌操作,避免溶血,避免细菌污染。

(2)用于包被的抗原或抗体需纯化,纯化抗原和抗体是提高 ELISA 敏感性与特异性的关键。抗体最好用亲和层析和 DEAE 纤维素离子交换层析方法提纯。有些抗原含有多种杂蛋白须用密度梯度离心等方法除去,否则易出现非特异性反应。

(3)操作过程中加样(如加待检血清、酶结合物、底物等),应将所加物加在各孔的底部,避免加在孔壁上部,并注意不可溅出,不可产生气泡。每次加样应更换吸嘴,以免发生交叉污染。

(4)用温箱温育时,酶标板应放在湿盒内,但不要叠放,以保证各板的温度都能迅速平衡。湿盒应预温至规定的温度。

(5)在 ELISA 的整个过程中,需进行多次洗涤,目的是防止重叠反应,避免引起非特异吸附现象,因此洗涤必须充分。通常采用含助溶剂吐温-20(最终浓度为 0.05%)的 PBS 作洗涤液。洗涤时,先将前次加入的溶液倒空,吸干,然后加入洗涤液洗涤 3 次,每次 3min 且保证洗液注满各孔。手工洗涤时要避免孔与孔之间交叉污染,洗涤后最好在干净吸水纸上轻轻拍干。

（6）显色剂要现配现用，避免配制后放置时间过长或使用过期显色剂。在定量测定中，显色温度和时间应按规定力求准确。

（杨晓伟，赵光伟）

# 第九章　病原微生物实验室诊断方法

动物传染病的诊断常分为临床诊断与实验室诊断,前者是根据动物的临床症状,结合流行病学特点对疾病进行诊断,由于疾病的症状趋于复杂化,混合感染严重,非典型病例比例上升等原因,导致临床诊断的准确性受到限制。后者是对疾病的病原进行准确鉴定的方法,特别是 PCR 技术、基因芯片技术等在疾病诊断中的应用,使动物传染病的诊断深入到分子水平。病原微生物的实验室诊断主要包括病原分离、细菌生化鉴定、动物实验、血清学试验、PCR 检测等。

细菌分离:就是把病料中的病原菌或把目的菌从微生物的混合材料中分离培养出来,并获得目的菌的单一生长材料,从而进行诊断及有关研究工作。

细菌生化鉴定:不同细菌所具有的酶系统各不相同,对营养物质的利用能力各异,它们在代谢过程中所产生的代谢产物也不同,通常用化学或生物化学方法检测细菌的代谢产物,有助于细菌属、种的鉴定。这种利用生化方法来鉴别细菌的实验,称之为细菌生化反应,是鉴定细菌的重要方法之一。

动物实验:在微生物实验和研究工作中,动物实验是常用的技术之一,其主要用途有以下几方面:(1)进行病原体的分离和鉴定,有些直接分离培养有困难的病原菌或需鉴定的细菌,通过易感动物体就可达到目的。如从子宫分泌物中分离布鲁氏菌,可用豚鼠接种法。(2)确定病原体的致病力,有些细菌在形态、生物学特性等方面性状相似,仅在致病性上不同,可利用动物试验鉴别。

血清学试验:体外的抗原抗体反应常称为血清学反应或血清学试验。血清学鉴定即采用含有已知特异性抗体的免疫血清(诊断血清)与分离培养出的未知纯种细菌或标本中的抗原进行血清学反应,以确定病原菌的种或型。血清学诊断常用的血清学试验是凝集试验(直接凝集试验和间接凝集试验)、酶联免疫吸附试验、免疫荧光技术和放射免疫测定法。

PCR 检测:近几年兴起的 PCR 方法基本实现了快速、灵敏、准确地诊断细菌(或病毒)的目的,并且该方法正趋于常规化地应用于临床一般实验室。应用 PCR 方法检测细菌(或病毒)的首要条件是设计一对特异性 DNA 引物。该引物所引导的 DNA 扩增序列应是该细菌(或病毒)独有的,且是该检测细菌(或病毒)的保守序列,这样才能保证检测结果的特异性。PCR 方法的另外几个关键因素是:①DNA 提取,即对样品中有限的细菌(或病毒)应尽量地将其 DNA 完整、全部地提取;②TaqDNA 聚合酶的活性;③PCR 产物的检测方法,即将 PCR 产物进行快速、灵敏、安全、准确的检测。

兽医微生物常见病原菌见彩图。

## 实验二十五　巴氏杆菌

巴氏杆菌科(Pasteurellaceae)包括巴氏杆菌属、曼氏杆菌属、里氏杆菌属、放线杆菌属和嗜血杆菌属等。其中常见的病原菌有多杀性巴氏杆菌、鸭疫里默氏杆菌、副猪嗜血杆菌以及猪传染性胸膜肺炎放线杆菌等。

多杀性巴氏杆菌引起多种家畜和家禽巴氏杆菌病,在临床上表现为出血性败血症、传染性肺炎或局部慢性感染等。该菌革兰氏染色为阴性球杆菌,瑞氏染色常能见两极浓染。在鲜血培养基和血清平板上生长良好,多杀性巴氏杆菌无溶血活性,普通培养基上生长不良,对小鼠和家兔有高度致病性,禽源株对鸽有很强致病性。

鸭疫里默氏杆菌原名鸭疫巴氏杆菌,是雏鸭传染性浆膜炎的病原菌。可引起1~8周龄,尤其是2~3周龄雏鸭大批发病、死亡。鸭疫里默氏杆菌呈杆状或椭圆状,偶见个别长丝状,可形成荚膜,无芽孢。瑞氏染色可见两极着色,革兰氏染色为阴性。初次分离培养给予5%~10%的$CO_2$可促其生长。在巧克力或胰蛋白胨大豆琼脂(TSA)平板上生长良好,普通培养基不生长。

副猪嗜血杆菌和猪传染性胸膜肺炎放线杆菌都是酶系统不完全的革兰氏阴性杆菌,对营养要求较高,生长需要血液中的生长因子。副猪嗜血杆菌生长需要血液中的V因子,初次分离时给予5%~10%的$CO_2$可促进该菌生长。巧克力和TSA平板上生长良好,有报道该菌在巧克力平板传代培养效果不佳,添加V因子的TSA平板适合用于副猪嗜血杆菌的传代培养。该菌形态多样,不同地区分离该菌可见球杆菌、杆菌、长丝状等不同形态。该菌分离培养与保存难度较大,甘油保种存活率极低,常用冷冻真空干燥保存。猪传染性胸膜肺炎放线杆菌兼性厌氧,革兰氏染色呈两极染色的球杆菌,最适生长温度37℃,培养需添加V因子才能生长,常用巧克力培养基培养。在绵羊血平板上可产生稳定的β溶血,CAMP试验阳性。猪是猪传染性胸膜肺炎放线杆菌高度专一的宿主,寄生在猪肺坏死灶内或扁桃体。

## 一、目的

(1)掌握多杀性巴氏杆菌两极染色的形态特征。

(2)掌握多杀性巴氏杆菌、鸭疫里默氏杆菌和副猪嗜血杆菌的分离培养方法。

(3)掌握巴氏杆菌、鸭疫里默氏杆菌、副猪嗜血杆菌的实验室诊断程序。

(4)掌握血清学诊断与PCR诊断方法。

## 二、基本原理

实验室诊断是针对疾病的病原体进行的准确诊断,细菌性疾病主要通过病原菌分离,根据不同病原的细胞壁结构不同,可以通过革兰氏染色将细菌分为革兰氏阳性和阴性两类,根据细菌形态可以分为杆菌、球菌、丝菌、弧菌、螺旋菌等。巴氏杆菌科的细菌都属于革兰氏阴性菌,细菌有球形、杆状到丝状等多样形态。

根据病原菌的不同抗原类型可以进行血清学鉴定,对细菌进行血清分型,特别是副猪嗜血杆菌可定型的血清型就有15个。细菌不同血清型在免疫预防中存在着一定差异,部分细菌在不同血清型之间存在交叉免疫,但是例如副猪嗜血杆菌不同血清型之间的交叉免疫较弱,对于不同血清型的免疫需要不同的抗体。根据血清型调查还可以确定不同细菌流行的优势血清型。

动物实验可以区分不同病原体对某种动物致病性的强弱,例如多杀性巴氏杆菌的易感实验动物有小鼠、鸽子、家兔等。根据细菌对不同营养物质的利用差异可以通过生化实验、对不同细菌进行区分鉴定,多杀性巴氏杆菌可以通过葡萄糖、蔗糖等发酵试验等与其他形态特性相近的细菌区分;副猪嗜血杆菌可以通过卫星现象与其他菌进行区分。随着分子生物学的不断发展,聚合酶链式反应(PCR)被用于传染病的诊断,细菌可以通过 PCR 扩增某一特异性保守基因诊断,也可以对于细菌的某一毒力基因进行检测,对病原菌的诊断深入到分子水平。根据病原菌的不同血清型在基因型上的差异已经建立起了许多不同病原菌血清分型的多重 PCR 检测方法。PCR 诊断与细菌分离、生化鉴定等相比较,具有灵敏性高,准确性与特异性好等显著优势。

## 三、材料

(1)染色液:姬姆萨染色液、瑞氏染色液、革兰氏染色液(草酸铵结晶紫、革兰氏碘液、95%酒精、品红溶液)。

(2)用具:搪瓷盘、碘酊棉、75%酒精棉、组织镊、手术刀(带柄)、普通剪刀、塑料洗瓶、纱布、酒精灯、载玻片、吸水纸(载玻片大小)、铂耳、显微镜、擦镜纸、染色废液缸、甲苯、镜油;PCR 仪、电泳仪、凝胶成像仪等。

(3)培养基:血清 LB 琼脂培养基、血液 LB 琼脂培养基、胰蛋白胨大豆琼脂培养基(TSA)、马丁琼脂平板、LB 液体培养基、胰蛋白胨大豆肉汤培养基(TSB)、辅酶因子(NAD)。

多杀性巴氏杆菌、鸭疫里默氏杆菌、副猪嗜血杆菌的新鲜病料或培养物;试验用 20g 左右 KM 小鼠,多杀性巴氏杆菌、鸭疫里默氏杆菌、副猪嗜血杆菌标准血清,PCR 诊断相关试剂($2\times$PCR Master Mix,诊断引物,ddH$_2$O),琼脂糖凝胶电泳设备等。

## 四、实验内容

### (一)多杀性巴氏杆菌的实验室诊断

(1)病料采集:大家畜采集新鲜肝脏、脾脏、肺脏、心脏等实质性器官,用注射器采集心血;小动物或家禽可取完整的尸体到实验室剖解采集肝脏、脾脏、肺脏、心脏等实质性器官,用注射器采集心血。

(2)涂片镜检:将病料与采集心血涂片,分别做革兰氏染色、瑞氏染色、姬姆萨染色,利用油镜观察,描述多杀性巴氏杆菌的染色特性与形态特征。见病原菌形态彩图 3。

(3)细菌培养:将病料分别接种鲜血琼脂和血清肉汤,37℃培养 24h。观察多杀性巴氏杆菌的菌落形态与溶血活性,以及在液体培养物中的特性。获得纯培养后可以进行染色镜检。

(4)动物实验:使用多杀性巴氏杆菌的液体纯培养物,用灭菌生理盐水稀释至 $10^8$CFU/mL(或将病料研磨成糊状),接种实验动物的皮下或腹腔,剂量为 0.2~0.5mL。猪、牛、羊等家畜的病料可以用小鼠或家兔做实验动物,家禽的病料可以用鸽子、鸡或小鼠。实验动物如在接种后 10~24h 死亡,无菌采集实质性器官做涂片镜检与细菌分离。

(5)生化鉴定:对多杀性巴氏杆菌的纯培养物可以做葡萄糖、蔗糖、乳糖、触酶试验等特征性生化试验与大肠杆菌等其他细菌进行区分。

(6)PCR 检测:可以利用多杀性巴氏杆菌培养物,煮沸裂解制备细菌基因组模板,使用特异性引物进行 PCR 检测,通过琼脂糖凝胶电泳判定检测结果。

巴氏杆菌的诊断程序如图 8-25-1。

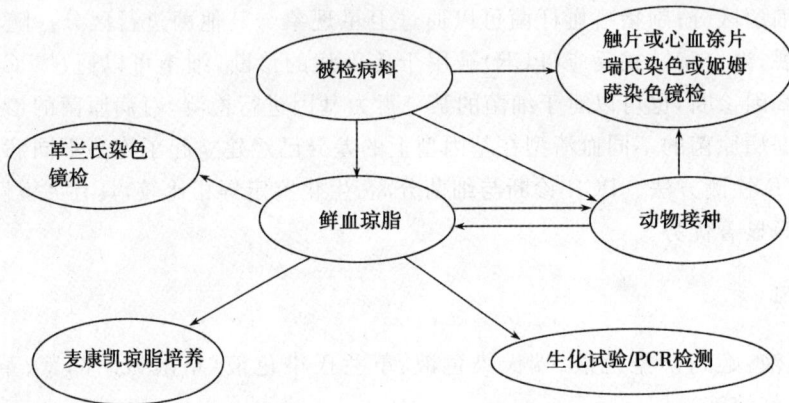

图 8-25-1　巴氏杆菌的诊断程序

### (二)鸭疫里默氏杆菌的实验室诊断

(1)病料采集:采集发病动物或濒临死亡的急性病例的肝脏、心脏。

(2)细菌分离:无菌挑取急性病料肝组织、心血(心血分离成功率与纯度高于肝脏),划线接种马丁琼脂平板、巧克力平板或 TSA 平板,置体积分数 $5\%\sim10\%CO_2$ 蜡烛缸中,37℃培养 24h,观察菌落形态,革兰氏染色、美蓝染色镜检,观察形态特征。

(3)生化特性鉴定:鸭疫里默氏杆菌的临床症状和病理变化与鸭大肠杆菌、鸭沙门氏菌相似,所以需进行鉴别诊断。鸭疫里默氏杆菌不能在麦康凯平板生长,可以用于该菌的鉴别诊断,还可进行糖发酵实验、硝酸盐还原实验等与其他细菌区别。

(4)动物实验:制备纯培养细菌的菌悬液,浓度调至 $10^8CFU/mL$,注射试验用小白鼠 0.2mL/只,观察小鼠发病情况,待小鼠死亡后立即剖解,无菌采集小鼠肝脏,接种 TSA 平板做细菌分离。

(5)血清学诊断:常用鸭疫里默氏杆菌的血清学诊断方法有:琼脂免疫扩散实验、玻片凝集试验、试管凝集实验、间接 ELISA 以及荧光抗体检测等。荧光抗体检测时,取肝或脑组织做涂片,火焰固定,使用特异性荧光抗体染色,在荧光显微镜下检查。

(6)PCR 诊断:制备细菌基因组模板,使用特异性引物进行 PCR 扩增,进行基因诊断。

鸭疫里默氏杆菌的实验室诊断流程如图 8-25-2。

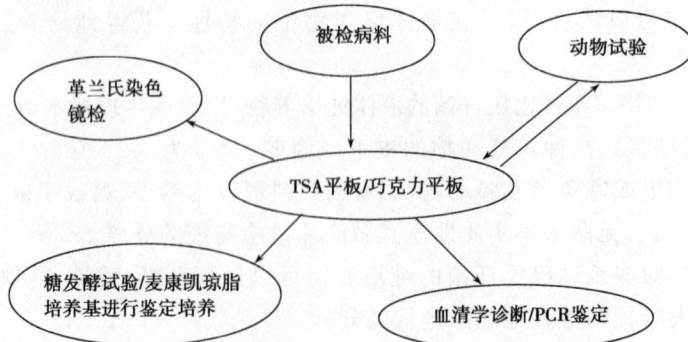

图 8-25-2　鸭疫里默氏杆菌的实验室诊断流程

### (三)副猪嗜血杆菌的实验室诊断

(1)病料采集:剖解患病猪或病死猪,采集肺脏、心脏、胸腔积液、肝脏等。观察患病动物病变特征。

(2)细菌分离:该菌分离难度较大,常因临床用药与混合感染其他细菌,影响该菌的分离。挑取肺脏组织、肝脏组织、胸腔积液(胸腔积液与肺脏分离率较高,其中胸腔积液分离纯度高于其他病料)划线接种含 NAD(烟酰胺腺嘌呤二核苷酸)的 TSA 平板,置体积分数为 $5\%\sim10\%CO_2$ 蜡烛缸中,37℃ 培养 24h,观察菌落形态,革兰氏染色,镜检观察形态特征。细菌纯培养物接种鲜血琼脂平板,并在其中"十"字划线接种金黄色葡萄球菌,培养 24h 可观察到"卫星现象"。

(3)血清学鉴定:该菌已定型的有 15 种血清型,还有部分不能分型的菌株。实验室诊断可进行血清学鉴定,使用标准血清与细菌纯培养物,进行玻片凝集试验鉴定。

(4).动物实验:该菌对小鼠的致病力存在差异性,进行动物实验最好选用易感动物猪。将培养菌液浓度调至 $10^8 CFU/mL$,进行健康断奶仔猪鼻腔喷雾感染,计量为 2mL/头。饲养一周观察仔猪发病情况,一周后可剖解感染猪观察病理变化。

(5)PCR 诊断:制备副猪嗜血杆菌基因组模板,使用副猪嗜血杆菌鉴定特异性引物进行PCR 扩增,通过琼脂糖凝胶电泳判定检测结果。

副猪嗜血杆菌的实验室诊断流程如图 8-25-3。

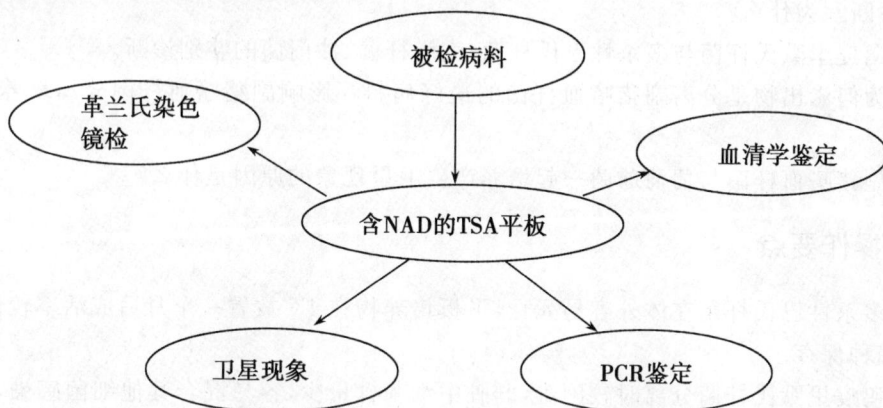

图 8-25-3 副猪嗜血杆菌的实验室诊断流程

## 五、结果

### (一)多杀性巴氏杆菌的实验室诊断

(1)新鲜病料与心血涂片,染色镜检时,多杀性巴氏杆菌多呈卵圆形,有明显的两极着色,并可见两极之间两侧的连线;瑞氏染色或姬姆萨染色时,两极呈蓝色或淡青色,红细胞染成淡红色。

(2)鲜血琼脂上多杀性巴氏杆菌菌落呈浅灰色半透明的露珠状,较平坦,不溶血多杀性巴氏杆菌从培养基上做涂片染色镜检时,大部分不表现两极染色性,常呈球杆状。

(3)接种动物可见肌肉及皮下组织发生水肿和发炎,胸腔和心包有渗出物,肺脏可见出血等。

**(二)鸭疫里默氏杆菌的实验室诊断**

(1)鸭疫里默氏杆菌在 TSA 平板上培养 24h 呈圆形隆起、透明、露珠样菌落,直径为0.5～1.5mm,用折射光观察发绿色光。

(2)革兰氏染色呈阴性,散在、单个居多,少数成对或呈链状排列,美蓝染色呈两极浓染。

(3)该菌不发酵碳水化合物,不还原硝酸盐、不产生吲哚,触酶阳性。

**(三)副猪嗜血杆菌的实验室诊断**

(1)副猪嗜血杆菌在 TSA 平板培养 24h 呈圆形隆起、透明、针尖大菌落,培养 48h 菌落可达 0.5mm 左右。

(2)革兰氏染色呈阴性,形态多样,可见短杆状到长丝状。该菌在血液琼脂上与葡萄球菌混合培养,可见靠近葡萄球菌的副猪嗜血杆菌菌落较大,随着距离扩大菌落变小乃至不生长。

(3)该菌引起特征性病变明显,感染一周后可见绒毛心、纤维素性渗出肺炎、胸腔积液、腹腔积液、关节积液等。

## 六、思考题

(1)当猪场中同时有猪肺疫与猪瘟可疑时,从猪体内分离得到巴氏杆菌是否可以确定猪肺疫的诊断? 为什么?

(2)鸭疫里默氏杆菌与多杀性巴氏杆菌、大肠杆菌、沙门菌的鉴别诊断。

(3)为何渗出物是分离副猪嗜血杆菌的最好病料? 影响副猪嗜血杆菌分离培养的因素有哪些?

(4)副猪嗜血杆菌与葡萄球菌一起培养产生卫星现象的原因是什么?

## 七、操作要点

(1)多杀性巴氏杆菌在体外容易死亡,平板培养物在 4℃放置一个月后成活率较低,应及时进行菌种保存。

(2)鸭疫里默氏杆菌分离时较困难,肝脏中细菌含量少,容易混合其他细菌感染,所以心血是分离细菌最好的材料。

(3)影响副猪嗜血杆菌分离的因素较多,使用肺脏或胸腔积液进行分离效果较好,初次分离培养 24h 后观察菌落很小,容易被忽视,培养 48h 后其他细菌过度繁殖影响该菌的观察。

# 实验二十六　猪丹毒杆菌

猪丹毒丝菌(*Erysipelothrix porci*)是猪丹毒病的病原体,通常称为猪丹毒杆菌。DNA 的 G+Cmol/‰为 36～40。该菌为直或稍弯的细杆菌,两端钝圆,单在或呈 V 形、堆状或短链排列,易形成长丝状。革兰氏染色呈阳性,无鞭毛、无荚膜、不产生芽孢。兼性厌氧,最适生长 pH 为 7.2～7.6,在普通平板或肉汤中生长不良,在血琼脂平板上经 37℃24h 培养可形成湿润、光滑、透明、灰白色、露珠样的圆形小菌落,并形成 α 溶血环,在麦康凯培养基上不生长。能抵抗腐败和干燥环境,分为 A、B、N 型,经消化道感染,流入血液,引起局部或全身感染。表现为急性败血症、亚急性皮肤血疹、慢性关节炎或心内膜炎,也可感染人及其他动物,人通过创伤感染发病称"类丹毒"。本菌在自然界分布广泛,在猪、羊、鸟类和鱼类的体表及黏膜上常有此菌寄生。认识该菌具有重要的兽医诊断和公共卫生意义。

## 一、目的

(1)熟悉猪丹毒杆菌的形态与培养特性。

(2)掌握猪丹毒杆菌的微生物学诊断方法。

## 二、基本原理

猪丹毒丝菌可以根据临床症状确定可疑病例,实验室诊断是对临床诊断的一种补充,可以对猪丹毒病原进行更深入的研究与鉴定。通过革兰氏染色可以观察到猪丹毒丝菌是一种革兰氏阳性的长丝状细菌,可以与其他细菌相互区分,但要与李氏杆菌等形态特性相近的细菌进行区分需要通过生化实验、动物实验等进行鉴定,他们对碳水化合物的分解、细菌运动性以及其他生化特性存在差异性。

对猪丹毒致病性的强弱可以通过动物实验进行鉴定,还可以采用 PCR 手段对猪丹毒丝菌的结构基因、抗原基因以及毒力基因进行分子手段检测。

## 三、材料

(1)实验动物:小鼠或鸽子。

(2)病料:患猪丹毒的猪病料或注射猪丹毒杆菌死亡的小鼠。

(3)培养基与生化管:猪丹毒血平板纯培养物、鲜血琼脂平板、明胶培养基;三糖铁琼脂斜面、水杨苷发酵管。

(4)实验试剂:3％$H_2O_2$、各种药敏片。

(5)实验器材:剪刀、镊子、蜡盘、清洁的载玻片、L 棒、接种棒、酒精灯等。

## 四、操作步骤

(1)病料采集:急性败血性病猪可采取肝、脾、肾、心血、淋巴结;慢性型和亚急性疹块型病猪可采取皮肤疹块、肿胀关节和心内膜上的疣状增生物。

(2)涂片镜检:猪丹毒鲜血平板培养物制成涂片,革兰氏染色后镜检;取发病猪脏器材料或实验致死小鼠的肝脏做成触片,或心血涂片,姬姆萨染色后镜检。观察细菌形态及染色特征。

(3)分离培养及纯培养:新鲜标本可直接接种到鲜血琼脂或血清琼脂平板上,37℃,24h培养。观察猪丹毒杆菌的菌落形态与溶血活性,以及在液体培养物中的特性。获得纯培养后可以进行染色镜检。

(4)明胶穿刺培养:取上述细菌的纯培养,穿刺于明胶高层培养基,经22℃,24h 培养。

(5)生化试验:可以用于该菌的鉴别诊断,还可进行糖发酵试验、靛基质试验、MR 试验、VP 试验、硫化氢试验、硝酸盐还原实验。

(6)动物试验:当病料含菌量极少,或被污染,直接进行细菌的分离培养较为困难时,可进行动物实验。另外,为确诊,亦可用含葡萄糖的肉汤液体培养物接种试验动物(鼠、鸽子、豚鼠)。

(7)血清学诊断:常用猪丹毒杆菌血清学诊断方法有:试管凝集反应和全血快速凝集反应、沉淀反应、变态反应、血球凝集抑制试验和培养凝集试验、补体结合试验、间接血凝试验、免疫荧光试验。

(8)PCR诊断:制备细菌基因组模板,使用特异性引物进行PCR扩增,进行基因诊断。

猪丹毒杆菌的实验室诊断流程如图8-26-1。

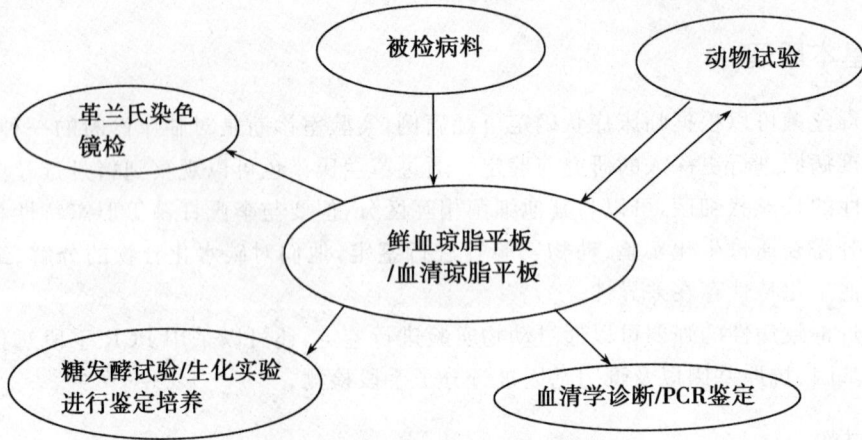

图8-26-1　猪丹毒杆菌的实验室诊断流程

(9)药敏试验:按常规方法制备药敏片。取分离菌株的血清肉汤纯培养物,在每个鲜血平板上滴入0.1mL菌液,用灭菌"L"棒将菌液均匀地涂抹在鲜血平板上,放入药敏纸片,置37℃培养24h观察结果。

## 五、结果

(1)涂片镜检:典型的猪丹毒杆菌为革兰氏阳性、纤细的小杆菌或不分枝的长丝状,单个或成对排列,在白细胞内成簇排列。慢性猪丹毒心内膜赘生物涂片,可见有弯曲的长丝状菌体。

(2)菌落形态:在血液琼脂平板上形成针尖大、露珠样、光滑型小菌落,呈圆形、灰白色,菌落周围有狭窄的绿色溶血环。从慢性病猪体内分离到的细菌菌落为粗糙型。在葡萄糖肉汤中呈轻度混浊,管底有颗粒状沉淀,振荡时呈云雾状上升。

(3)明胶穿刺:猪丹毒可沿穿刺线向侧方生长,呈"试管刷状",明胶不液化。

(4)生化实验:葡萄糖、果糖、半乳糖和糖发酵管,培养后产酸不产气,不发酵母糖、甘露糖和蔗糖。$H_2S$试验阳性。靛基质、MR、VP和接触酶试验均呈阴性。

(5)动物实验:接种后3~5d,鸽子的两腿麻痹,头缩毛乱,停食死亡。小白鼠开始发病时精神萎靡,背拱,毛乱,眼闭,停食,4~7d陆续死亡。死鸽和小白鼠呈现脾脏肿大。肝与肺充血,有时脾脏发现小点坏死。死亡动物的心脏和心血涂片中,可见到大量猪丹毒杆菌。豚鼠健活,原因是豚鼠对猪丹毒杆菌无易感性(对棒状化脓杆菌亦无易感性)。李氏杆菌对豚鼠可以致病,但致死情况显然不同,可作鉴别诊断。

## 六、思考题

(1)描述猪丹毒杆菌的主要生物学特性和特点。

(2)明胶穿刺在猪丹毒杆菌诊断上有何意义?

(3)试述猪丹毒杆菌与李氏杆菌的微生物学鉴别诊断要点。

## 七、操作要点

(1)猪丹毒在革兰氏染色时需要特别注意,由于培养时间过长等易导致染色特性变化,对该病原菌的观察和判定产生影响。

(2)注意与李氏杆菌的区别及鉴别诊断。

(徐志文、王印、朱玲)

# 实验二十七　嗜水气单胞菌

## 一、目的

(1)了解和学习嗜水气单胞菌检测的意义。

(2)学习和掌握患病鱼类致病性嗜水气单胞菌的检测方法。

## 二、基本原理

嗜水气单胞菌在自然界中广泛分布,有致病性菌株和非致病性菌株之分。致病性菌株可感染鱼类、两栖类、爬行类、鸟类和哺乳类等动物。临床上以急性出血性败血症为主要特征。慢性感染则主要表现为皮肤溃疡或肠炎。人亦可因感染致病性嗜水气单胞菌而发生腹泻及食物中毒。

在嗜水气单胞菌的分离鉴定中,细菌形态学观察、生理生化试验和血清学试验等系统操作方便,结果准确。另外,基于 16S rRNA 的序列分析可从本质上阐述细菌间的亲缘关系。气溶素基因是嗜水气单胞菌的主要致病因子,嗜水气单胞菌的致病性与其毒素的分泌有着密切关系,因而对气溶素基因的检测可作为嗜水气单胞菌鉴定的重要方面。蛋白酶也是嗜水气单胞菌重要的毒力决定因子,与该菌的致病性密切相关,凡蛋白酶阳性的嗜水气单胞菌均具有致病性。蛋白酶的检测除采用脱脂平板外,还可采用斑点酶联免疫试验。

## 三、材料

(1)患病鱼病料(肾、肝、脾等)。

(2)普通肉汤、普通琼脂平板、1‰盐酸四甲基对苯胺、AHM 鉴别培养基、Kovacs 试剂、革兰氏染色液等。

(3)恒温培养箱、接种环、无菌刀、无菌镊子等。

## 四、操作步骤

### 1.病原菌的分离

采用无菌操作取患病鱼的肝脏、脾脏、肺脏、肾脏等病灶组织,接种在鲜血琼脂平板和普通琼脂平板上,于28℃恒温培养24h后,挑取优势单菌落划线纯化,并接种于普通琼脂培养基斜面上,于4℃冰箱保存。

### 2.人工回归感染试验

将分离得到的菌悬液浓度稀释为$2×10^8$CFU/mL,然后分别对健康鱼腹腔注射感染,每尾注射剂量为0.25 mL,对照组每尾注射等量无菌生理盐水。观察记录试验鱼1周内的患病症状和死亡情况,对人工感染发病死亡的鱼进行病原菌分离,观察再分离的菌株与原分离菌株在形态与生理特性等方面是否一致。

### 3.病原菌的鉴定(嗜水气单胞菌)

(1)形态观察

取纯培养菌接种于普通营养琼脂斜面,置28℃培养18~24h后,制备成涂片标本,经革兰氏染色镜检细菌形态。

(2)培养特性观察

取纯培养菌划线接种于普通琼脂平板、鲜血琼脂平板、麦康凯琼脂平板,置28℃培养24h后,观察其生长情况及菌落特征。同时,分别接种于普通营养肉汤,置28℃培养24h,检查液体培养中的生长表现。

(3)生理生化试验

取上述纯培养菌,分别接种于细菌微量生化反应管,进行氧化酶、糖类代谢、$H_2S$、靛基质、硝酸盐还原、蛋白酶试验等理化特性测定。

(4)16S rRNA序列鉴定

制备细菌基因组模板,使用细菌16S rRNA通用引物进行基因扩增。

(5)气溶素(aer)检测

制备细菌基因组模板,使用特异性引物进行气溶素(aer)扩增,进行基因诊断。

## 五、结果

### 1.细菌形态特征

分离菌形态一致,均为革兰氏阴性细菌,两端钝圆,为散在或个别成双排列的无芽孢杆菌。

### 2.培养特性

细菌在普通琼脂平板上菌落大小约2mm、乳白色、圆形、隆起、光滑;麦康凯琼脂平板上形成淡红色菌落,大小1~2 mm、隆起、光滑、均质透明;在鲜血琼脂上形成1~2mm、白色、具有β溶血;在普通营养肉汤中,呈均匀混浊生长。

### 3.理化性状

该菌能发酵甘露醇、蔗糖、阿拉伯糖、葡萄糖、七叶苷,不发酵肌醇、乳糖,不产生$H_2S$,不分解尿素,硝酸盐还原阳性,氧化酶、鸟氨酸脱羧酶、精氨酸水解酶阳性,赖氨酸脱羧酶阴性。

4.16S rRNA 序列分析

将扩增得到的基因序列与 GenBank 基因库嗜水气单胞菌 16S rRNA 基因序列进行同源性比较。

5.气溶素(aer)检测结果

电泳检测 PCR 扩增结果,检测其是否与预期目的片段大小相符,测序结果与 GenBank 中已知嗜水气单胞菌气溶素(aer)基因序列进行同源性比较。

## 六、思考题

(1)描述嗜水气单胞菌的生长特性。

(2)致病性嗜水气单胞菌的检验程序有哪些?

(3)气溶素检测在致病性嗜水气单胞菌诊断中的意义是什么?

## 七、操作要点

(1)不同菌株可能在理化特性上存在差异,因此鉴别细菌过程中应将理化特性测定与细菌形态观察、基因序列分析相结合,使鉴定方法更科学、结果更可靠、更准确。

(2)嗜水气单胞菌的最适培养温度为 28℃～30℃。

(3)细菌理化试验操作方法和结果判定主要参考《伯杰氏细菌鉴定手册》。

(宋振辉、张鹦俊)

# 实验二十八　犬小孢子菌

犬小孢子菌(*Microsporum canis*)归属于半知菌亚门,丝孢菌纲,丝孢菌目,丛梗孢科,小孢子菌属,为发外型亲动物性皮肤癣菌,是一种较为常见的致病真菌,存在于自然界及猫、狗、兔等动物毛皮上,可通过动物—动物,动物—人的途径传染。犬小孢子菌往往以菌丝侵犯宿主组织,能在人和动物皮肤上引起强烈的炎症反应,它常常是头癣、体癣、少数甲癣等浅部真菌病的病原菌。其发病机制中最初是犬小孢子菌本身能克服机体的物理屏障和天生的阻力因素,使其能够侵入机体,其次是随着它们的侵入,竞争性地抑制其他正常微生物的生长,使其能够黏着在机体的组织和细胞表面,导致犬小孢子菌病的发生。实验室对其诊断主要依靠临床特点结合直接镜检、真菌培养进行确诊。

## 一、目的

(1)掌握犬小孢子菌镜检的方法以及形态特征。

(2)掌握犬小孢子菌的菌落特征及在培养基上的生长表现。

## 二、基本原理

真菌病的诊断与细菌病的诊断有相似之处,但是真菌的形态往往具有特征性,检查其菌丝或孢子即可做出诊断。犬小孢子菌在氢氧化钾片镜检中能够发现出棱状、厚壁、带刺、多分隔的大分生孢子。在特殊的真菌培养基上也能表现出特征性的菌落特性从而确诊该病。

## 三、材料

显微镜、10% KOH、酒精灯、盖玻片、载玻片、沙堡(Sabouraud)葡萄糖琼脂、双抗(青霉素和链霉素)、接种环、培养箱等。

## 四、操作步骤

(1)显微镜检:取病变处毛发、角质等材料,滴加 1 滴 10% KOH 溶液,利用酒精灯微微加热待其软化透明后加上盖玻片压紧,即可放在显微镜下进行观察。

(2)沙堡(Sabouraud)葡萄糖琼脂的制备。成分为葡萄糖 40.0g,蛋白胨 10.0g,琼脂 18.0～20.0g,加蒸馏水至 1000mL。制备时先将琼脂加热溶解于水中,再加入其他成分,溶解并充分混匀后分装,116℃30min 灭菌备用。为减少细菌干扰,可添加抗生素(20～100IU/mL 青霉素和 40～200μg/mL 链霉素)。

(3)用消毒的镊子将病料无菌接种于沙堡葡萄糖琼脂,置 27℃培养箱进行培养。记录接种时间,每天观察 1 次,观察菌落的颜色、生长速度、表面状态、背面颜色等。连续培养 3～4 周以上,根据菌落生长的快慢和特征等决定何时镜检或终止培养。镜检真菌显微结构,结合菌落形态和光镜结构确定真菌的种属。

## 五、结果

(1)病发为发外型感染,发外镶嵌状或成堆孢子,有时在毛发根部可见少量菌丝。直接镜检皮屑和甲屑若见许多呈棱状或纺锤形、厚壁、带刺、多分隔的大分生孢子则为犬小孢子菌感染,其大分生孢子大小为(35～110)pm×(12～25)pm,可略有弯曲,一端稍尖,另一端可见瓶塞状结构。

(2)沙堡葡萄糖琼脂上开始比较扁平,有少许白色绒毛状菌丝,两周后羊毛状菌丝充满斜面,中央趋向粉末状,随着菌落扩大,表面出现少数同心圆样环状沟纹。菌落颜色从开始的灰白色可以变为黄白色,反面为橘黄色或棕红色。镜检菌落结果同(1),即可确诊为犬小孢子菌。

## 六、思考题

(1)犬小孢子菌对动物的致病作用表现在哪几个方面?
(2)进行犬小孢子菌分离培养过程中应注意哪些方面?

## 七、操作要点

接种沙堡葡萄糖琼脂时,应尽可能地分散开,且接种量要少,以免培养后菌丝过于稠密影响观察。

(杨晓伟、赵光伟)

# 第十章 动物病毒技术

病毒(virus)一词原泛指一切有毒的物质,在生物学领域,目前是一类微生物的专用术语。病毒的发现由烟草花叶病毒开始。1892年俄国学者伊凡诺夫斯基报道,烟草花叶病的病原体能通过细菌滤器,1898年荷兰学者Beijerinck重复并证实这一发现,命名此种病原体为病毒。同年,德国科学家Loeffler和Frosch发现家畜口蹄疫的病原体为病毒,揭开了动物病毒学的篇章。

病毒在自然界分布广泛,人、动物、植物、藻类、真菌和细菌都有病毒感染。其中动物病毒种类繁多,多数对宿主有致病作用,引起疫病流行,造成重大损失,例如口蹄疫、流行性感冒、狂犬病等。对脊椎动物病毒的研究是整个病毒学研究中涉及面最广、进展最快、最为深入的一个分支。兽医病毒学的研究对象主要为脊椎动物的病毒,包括动物与人共同感染的病毒,同时也涉及低等脊椎动物如鱼类、爬行类及两栖类的病毒,并已经交叉渗透到无脊椎动物如甲壳类、贝类及昆虫等的病毒。

病毒一般以病毒颗粒(viral partical)或病毒子(virion)的形式存在,具有一定的形态、结构及传染性。完整的病毒颗粒主要由核酸和蛋白质组成,核酸构成病毒的基因组(genome),为病毒的复制、遗传和变异等功能提供遗传信息。由核酸组成的芯髓(core)被衣壳(capsid)包裹,衣壳与芯髓在一起组成核衣壳(nucleocapsid)。衣壳的成分是蛋白质,其功能是保护病毒的核酸免受环境中核酸酶或其他影响因素的破坏,并能介导病毒核酸进入宿主细胞。有些病毒在核衣壳外面尚有囊膜(envelope),囊膜是病毒在成熟过程中从宿主细胞获得的,含有宿主细胞膜或核膜的化学成分。

病毒增殖(multiplication)只在活细胞内进行,是以病毒基因为模板,在酶的作用下,分别合成其基因和蛋白质,再组装成完整的病毒颗粒,这种方式称为复制(replication)。其复制周期包括吸附、穿入与脱壳、生物合成、组装与释放等步骤。由于病毒严格细胞内寄生,因此培养病毒必须使用细胞。实验动物、鸡胚都拥有大量活的细胞,尤其是SPF动物或SPF鸡胚,目前仍然经常供培养病毒之用,细胞培养技术得到了很大的发展。细胞培养的重要用途之一是从感染的动物组织内分离病毒以及病毒的克隆,大量地繁殖扩增病毒进而生产生物制品等。

动物病毒的检测最经典的手段是分离与鉴定病毒,此外还包括病料的采集、接种与培养、形态学观察、理化特性测定、血清学与分子学鉴定等基本过程。电子显微镜技术可直接检测样本中的病毒颗粒,血凝试验用于检测具有血凝特性的病毒,血凝抑制试验针对具有血凝活性病毒的抗体可阻断病毒与红细胞的结合这一特点来检测和鉴定具有血凝特性的病毒,如流感病毒和新城疫病毒。该方法敏感、简单、费用低,而且操作简便,同时还可以检测动物血清中的血凝抑制抗体。

病毒的鸡胚培养最常用于禽源病毒的分离、培养、生物学特性鉴定、疫苗制备和药物筛选等工作,其优点主要有:来源充足,价格低廉,操作简单,无需特殊设备或条件,易感病毒谱较广,对接种的病毒不产生抗体等。一般来说,孵育至 8～14 日龄的鸡胚还未长出羽毛,而且整体发育日趋完善,各种脏器均已形成,胚体对外源接种物的耐受性较强,利于病毒的增殖。

病毒的细胞培养是利用原代细胞或传代细胞来增殖病毒的一种方法。原代细胞培养是指从供体获取组织细胞后在体外进行的首次培养,在实际应用中,常将离体细胞前 10 代的培养物作为原代培养物。由于原代培养的细胞刚刚离体,生物学特性未发生很大的变化,细胞仍为二倍体,接近和反映体内生长特性,适合做药物测试、细胞分化及病毒学方面的试验。传代细胞可直接从肿瘤组织获得,也可通过人工驯化获得,在体外培养中表现为可无限传代而不凋亡。传代细胞随时可获得,容易培养,生长迅速、均匀,各次传代的细胞可比性大,性质较稳定,但对病毒的适应性稍差于原代细胞。目前常用的动物传代细胞有:PK15(猪肾细胞)、Vero(非洲绿猴肾细胞)、Marc-145(猴肾细胞)、BHK-21(仓鼠肾细胞)等。

血凝(HA)及血凝抑制(HI)试验是针对某些具有凝集某种哺乳动物红细胞或禽类红细胞特性的病毒,对其进行检测和鉴定、分类、特异性抗体的检测和病毒的纯化浓缩等用途的试验,虽然其敏感性不是很高,但是因操作简便、快速、经济而得以广泛应用,特别应用于正黏病毒和副黏病毒的检查。

# 实验二十九　动物病毒——鸡胚接种、采收

## 一、目的

(1)掌握鸡胚的孵化过程和不同日龄鸡胚的接种途径和接种方法。

(2)掌握新城疫病毒在鸡胚尿囊腔的增殖过程,掌握接毒和收毒的方法。

## 二、基本原理

病毒的培养可用动物接种、鸡胚培养和组织培养法。鸡胚接种培养是病毒学的重要方法之一,来自禽类的病毒,均可在鸡胚中繁殖,哺乳动物的病毒如蓝舌病病毒、流感病毒等也可在鸡胚中增殖。目前鸡胚尤其是 SPF 鸡胚被广泛利用于分离病毒、制造疫苗和抗原等,其来源丰富,操作简便。除病毒外,衣原体、立克次氏体也可用鸡胚来培养,衣原体可在鸡胚卵黄囊繁殖,致死鸡胚;部分立克次氏体也可在卵黄囊中繁殖。

## 三、材料

白壳鸡胚、孵化箱、照蛋器、打孔器、石蜡、酒精棉球、碘酊棉球、1mL 注射器、蛋架、新城疫Ⅰ系和Ⅱ系弱毒苗等。

## 四、操作步骤

### 1.鸡胚的选择和孵化

选健康无病鸡群或 SPF 鸡群的新鲜受精蛋。为便于照蛋观察,以白壳蛋为好。用孵化

箱孵化，要特别注意温度、湿度和翻蛋。孵化条件一般选择相对湿度为60％，最低温度36℃，一般37.5℃。每日翻蛋最少3次，开始可以将鸡胚横放，在接种前2d立放，大头向上，注意鸡胚位置，如胚胎偏在一边易死亡。

孵化3～4d，可用照蛋器在暗室观察。鸡胚发育正常时，可见清晰的血管及活的鸡胚，血管及其主要分枝均明显，呈鲜红色，鸡胚可以活动。未受精和死胚胚体固定在一端不动，看不到血管或血管消散，应剔除。鸡胚的日龄根据接种途径和接种材料而定，卵黄囊接种，用6～8日龄的鸡胚；绒毛尿囊腔接种，用9～10日龄鸡胚；绒毛尿囊膜接种，用9～13日龄的鸡胚；血管注射，用12～13日龄鸡胚；羊膜腔和脑内注射，用10日龄鸡胚。

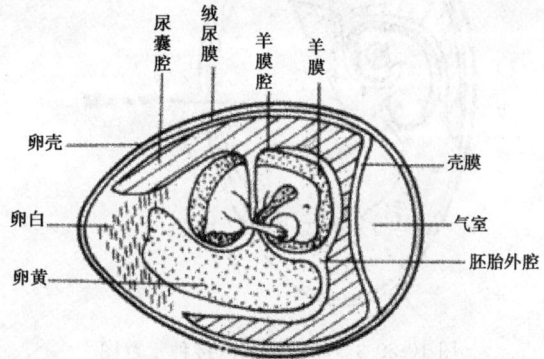

图10-29-1　10～11日龄鸡胚各部分结构示意图

**2.接种前的准备**

①病毒接种材料的处理：怀疑污染细菌的液体材料，加抗生素（青霉素100～500IU和链霉素100～500µg）置室温中1h或冰箱12～24h高速离心取上清液，或经滤器滤过除菌。如为患病动物组织，应剪碎、研磨、离心取上清液，必要时加抗生素处理或滤过。

②照蛋：以铅笔划出气室、胚胎的位置（图10-29-1)，若要作卵黄囊接种或血管注射，还要划出相应的部位。

③打孔：用碘酊在接种处的蛋壳上消毒，并在该处打孔。

**3.鸡胚接种**

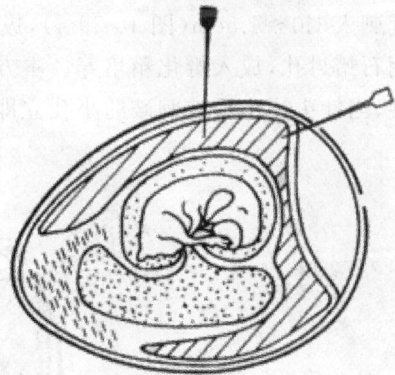

图10-29-2　绒毛尿囊

鸡胚接种一般用结核菌素注射器注射，注射完后均应用熔化的石蜡将接种孔封闭。

(1)绒毛尿囊腔内注射：取9～10日龄鸡胚，用锥子在酒精灯火焰烧灼消毒后，在气室顶端和气室下沿无血管处各钻一小孔，针头从气室下沿小孔处插入，深1.5cm，即已穿过了外壳膜且距胚胎有半指距离（图10-29-2)，注射量为0.1～0.2mL。注射后以石蜡封闭小孔，置孵育箱中直立孵育。

(2)卵黄囊内注射：取6～8日龄鸡胚，可从气室顶侧接种（针头插入3～3.5cm)，因胚胎及卵黄囊位置已定，也可从侧面钻孔，将针头插入卵黄囊接种。侧面接种不易伤及鸡胚，但针头拔出后部分接种液有时会外溢，需用酒精棉球擦去。其余同尿囊腔内注射（图10-29-3)。

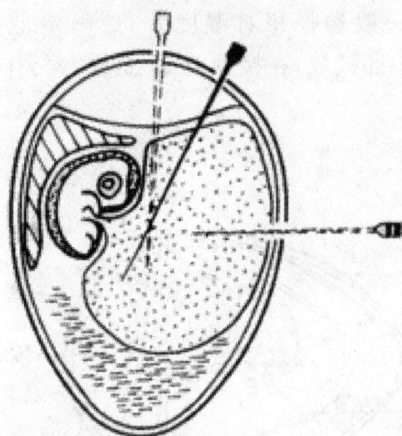

图 10-29-3　卵黄囊腔内接种示意图　　　　10-29-4　绒毛尿囊膜直接接种法示意图

黑线针头为第一次刺入深度,虚线为第二次刺入深度

(3)绒毛尿囊膜接种:将鸡胚直立于蛋座上,气室向上,气室区中央消毒打孔,用针头刺破壳膜,接种时针头先刺入卵壳约 0.5cm,将病料滴在气室内的壳膜上(0.1~0.2mL),再继续刺入 1.0~1.5cm(图 10-29-4),拔出针头使病料液慢慢渗透到气室下面的绒尿膜上,然后用石蜡封孔,放入孵化箱培养。本方法的原理为:壳膜脆,刺破后不能再闭合,而绒尿膜有弹性,当针头拔出后被刺破的小孔立即又闭合。

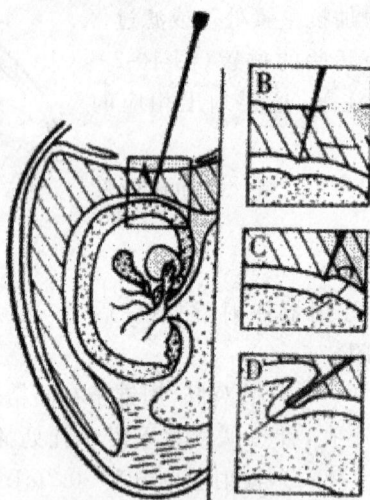

图 10-29-5　羊膜腔内接种示意图

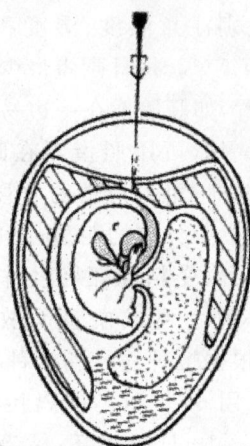

A.针头刺入触及尿囊—羊膜(此膜弹性很大);

B.针头向左移动;C.形成一个折皱;D.针头呈 45°

(4)羊膜腔内接种:所用鸡胚为 10 日龄,有两种方法。开窗法:从气室处去蛋壳开窗,从窗口用小镊子剥开蛋膜,一手用平头镊子夹住羊膜腔并向上提,另一手注射 0.05~0.1mL 病料液入腔内,然后封闭人工窗,使蛋直立孵化,此法可靠,但胚胎易受伤而死,而且易污染。盲刺法:将鸡胚放在灯光向上照射的蛋座上,将蛋转动使胚胎面向术者。在气室顶部到边缘

的一半处打一孔,用 40mm 长的针头垂直插入,约深 30mm 以上。如已刺入羊膜腔,能使针头拨动胚即可注入病料液 0.1～0.2mL,如针头左右移动时胚胎随着移动,则针头已刺入胚胎,这时应将针头稍稍提起后再注射(图 10-29-5)。拔出针头后石蜡封闭小孔。置孵化箱中培养。

**4.接种后检查**

接种后 24h 内死亡的鸡胚,系由于接种时鸡胚受损或其他原因而死亡,应该弃去。24h 后,每天照蛋 2 次,如发现鸡胚死亡立即放入冰箱,于一定时间内不能致死的鸡胚亦放入冰箱冻死。死亡的鸡胚置冰箱中 1～2h 即可取出收取材料并检查鸡胚病变。

**5.鸡胚材料的收获**

原则上接种什么部位就收获什么部位。

(1)绒毛尿囊腔内接种者,用无菌手术去气室顶壳,开口直径为整个气室区大小,以无菌镊子撕去一部分蛋膜,撕破绒尿膜而不撕破羊膜,用镊子轻轻按住胚胎,以无菌吸管或消毒注射器吸取绒毛尿囊液置于无菌试管中,多时可收获 5～8mL,将收获的材料低温保存。收获时注意将吸管尖置于胚胎对面,管尖放在镊子两头之间。若管尖不放镊子两头之间,游离的膜便会挡住管尖吸不出液体。收集的液体应清亮,混浊则表示有细菌污染。最后取 2 滴绒毛尿囊液滴于斜面培养基上放在温箱培养作无菌检查。无菌检查不合格,收集材料废弃。

(2)羊膜腔内接种者,首先收集绒毛尿囊液,后用注射器带针头插入羊膜腔内收集,约可收集到 1mL 液体,无菌检查合格保存。

(3)卵黄囊内接种者,先收集绒毛尿囊液和羊膜腔液,后用吸管吸卵黄液。无菌检查同上。并将整个内容物倾入无菌平皿中,剪取卵黄膜保存,若要做卵黄囊膜涂片时,应于此时进行。

## 六、思考题

(1)常用鸡胚接种方法有哪些?

(2)鸡胚接种室应注意哪些注意事项?

## 七、操作要点

(1)防止污染:接种全过程要求无菌操作。为减少污染,要求方法简单、操作迅速。

(2)温度要适宜。在室温较低的冬季要采取保温措施才能进行鸡胚接种,以减少死亡。接种过的鸡胚,要根据所接种的病原体生长增殖所需要的温度,置温箱中孵育。

(杨晓伟、赵光伟)

# 实验三十　动物病毒——细胞培养

## 一、目的

以鸡胚原代细胞培养为例,掌握细胞培养操作的基本程序,观察单层细胞生长情况。

## 二、基本原理

细胞培养是病毒学研究中的重要手段，是进行病毒性疾病诊断必不可少的工具。病毒能在易感的组织和单层细胞内增殖，并可产生细胞病变。细胞培养分为原代细胞培养、传代细胞培养。原代培养是指直接从机体取下细胞、组织和器官后立即进行培养。较为严格地说，是指成功传代之前的培养，此时的细胞保持原有细胞的基本性质，通常把第一代至第十代以内的培养细胞统称为原代细胞培养。

## 三、材料

9～10日龄鸡胚，Hank's液50mL，0.5％水解乳蛋白液或MEM培养液20mL(内含犊牛血清1mL，双抗0.2mL，pH7.2)，0.25％胰蛋白酶5mL，7％NaHCO$_3$1mL，手术剪，镊子，灭菌的培养皿，50mL三角瓶，滴管若干，链霉素小空瓶若干(加入细胞悬液培养用)，高压灭菌塞子若干，培养盘，蛋座，95％酒精，水浴锅。

## 四、操作步骤

(1)配液：制备细胞前先在Hank's液中加青霉素100IU/mL，链霉素100$\mu$g/mL，用7％NaHCO$_3$调整pH至7.2～7.4，将胰蛋白酶调整pH至7.6(玫瑰红色)。置37℃水浴锅中预热备用。

(2)取胚及剪碎：将胚蛋气室端向上直立于蛋座上，用碘酊消毒气室，以镊子击破卵壳并弃去，撕破卵膜揭开，继而撕破绒尿膜、羊膜，取出胚胎于灭菌平皿中。剪去头部、翅爪及内脏，用Hank's液(简称H液)洗去体表血液，移入灭菌三角瓶中，用灭菌剪刀剪碎鸡胚，使成为约1mm$^3$大小的碎块，加5mLH液轻摇，静止1～2min，使组织块下沉。吸去上层悬液，再重复洗2次，至上悬液不混浊为止，吸干H液，留组织。

(3)消化：自水浴锅内取出预热的胰酶，按组织块量3～5倍加入三角瓶中，1个鸡胚约需5mL胰酶，三角瓶上加塞，以免CO$_2$挥发及污染。37℃水浴约20min，每隔5min轻轻摇动1次，由于胰酶作用，使细胞与细胞之间的氨基和羧基游离，待液体变混浊而稍稠，此时再轻摇可见组织块悬浮在液体内而不易下沉时，则需终止消化，如再继续消化下去可破坏细胞膜而不易贴壁生长，如果消化不够，则细胞不易分散。

(4)洗涤：取出三角瓶后静置1min，让组织块下沉后，吸去胰酶液，用10mLH液反复轻洗3次，以洗去胰酶，吸干上清液，留组织块。

(5)吹打：加2mL含血清的0.5％水解乳蛋白营养液或MEM培养液，以粗口吸管反复吹吸数次，使细胞分散，此时可见营养液混浊即为细胞悬液。静置1min，使未冲散的组织块下沉后，小心地将细胞悬液吸出1mL于20mL营养液中，此液细胞数为50万～70万/mL。如需大量细胞，可继续加营养液冲打，一个鸡胚约可做100mL细胞悬液。

(6)细胞计数：取上述细胞悬液0.5mL加入0.1％结晶紫—柠檬酸(0.1mol/L)溶液2mL，置室温或37℃温箱中5～10min，充分振动混合后，用毛细管将其吸取滴入血细胞计数板内，在显微镜下计数。计数方法按白细胞计数法，计算四角大格内完整细胞的总数。如3～5个聚集在一起，则按1个计算，然后将细胞总数按下法换算成每毫升中的细胞数。

细胞数/mL＝4大格细胞总数/4×10000×稀释倍数

例如：4 大格的细胞总数为 284 个，而稀释倍数为 5(0.5mL 染色液)，则每毫升细胞悬液中的细胞数为 $284/4 \times 10000 \times 5 = 3.5 \times 10^4$ 个。

(7)稀释：按照每毫升 50 万～70 万个细胞密度的标准，将细胞悬液用营养液稀释(计数时，可见到大部分细胞完整分散，3～5 个细胞成堆，且细胞碎片很少，说明消化适度；如分散细胞少，则消化不够；如细胞碎片多，则消化过度)。

活细胞计数法取 2％台盼蓝溶液 1 滴，细胞悬液 1 滴，混合计数，活细胞不着色，死细胞呈蓝色。

(8)分装培养：分装于链霉素瓶中，每瓶约 1mL，瓶口橡皮塞要塞紧。不合适者弃去，以免漏气造成污染或 $CO_2$ 挥发而营养液变碱。将细胞瓶横卧于培养盘中，于瓶上面划一直线，以表示直线的对侧面为细胞在瓶内的生长位置。瓶上注明组别、日期，置 37℃温箱培养，4h 后细胞即可贴附于瓶壁，24～36h 生长成单层细胞，此时可吸去培养液，更换维持液，并接种病毒。细胞培养所需的常用培养基与试剂见附录Ⅵ。

## 五、结果

培养的细胞需每天进行观察，主要观察：

(1)培养物是否被污染，如培养液变为黄色且混浊，表示已经被污染。

(2)细胞生长状况与培养液颜色的变化，如培养液变为紫红色，一般细胞生长不好。可能是瓶塞未盖紧或营养液 pH 过高。

(3)培养液若变为橘红色，一般显示细胞生长良好。经过 1～2d 的培养后，若细胞生长情况较差或培养液变红了，则可换一次培养液。换液时也要注意无菌操作，在酒精灯旁，倒去原培养液，再加入等体积的新配营养液，pH7.0。若经 2～3d 后，细胞营养液变黄，此时表示细胞已生长。如果希望细胞长得更好些，此时也可换液，换液时，所用的营养液称为维持液，它与营养液的组成完全相同，仅所用血清为 5％。以后，每隔 3～4d(视细胞液 pH 而定)更换一次维持液。待细胞已基本长成致密单层时，此时即可进行传代培养。

## 六、思考题

(1)原代细胞培养操作过程应注意哪些事项？
(2)为什么要制作鸡胚原代细胞？

## 七、操作要点

(1)细胞培养对玻璃器皿洗涤要求严格，彻底洗涤后用蒸馏水冲洗两遍，干燥灭菌后备用。

(2)所有的溶液都要用双蒸水配制，所用药品试剂要用分析纯试剂，严格要求无菌操作。

(3)放入 5％$CO_2$ 培养箱的目的是 5％$CO_2$ 能调节培养瓶中的 pH，使之在一个星期或更长的时间内保持不变。

(杨晓伟、赵光伟)

## 实验三十一　动物病毒检测——血凝及血凝抑制试验

### 一、目的

(1)掌握血凝(HA)和血凝抑制(HI)试验的原理。

(2)掌握鸡新城疫病毒血凝和血凝抑制试验的操作方法。

### 二、基本原理

有些病毒具有凝集某种(些)动物红细胞的能力,称为病毒的血凝,利用这种特性设计的试验称血球凝集(HA)试验,以此来推测被检材料中有无病毒存在,是非特异性的,但病毒凝集红细胞的能力可被相应的特异性抗体所抑制,即血球凝集抑制(HI)试验,具有特异性。通过 HA—HI 试验,可用已知血清来鉴定未知病毒,也可用已知病毒来检查被检血清中的相应抗体和滴定抗体的含量。

### 三、材料

96 孔"U"形或"V"形微量反应板,50μL 定量移液器,滴头,微型振荡器。生理盐水,0.5％鸡红细胞悬液(配制方法见试验后)。新城疫病毒液(尿囊液或冻干疫苗液),新城疫阳性血清,被检鸡血清。

### 四、操作步骤

1.血球凝集(HA)试验

(1)在 96 孔微量反应板上进行,自左至右各孔加 50μL 生理盐水。

(2)于左侧第 1 孔加 50μL 病毒液(尿囊液或冻干疫苗液),混合均匀后,吸取 50μL 至第 2 孔,依次倍比稀释至第 11 孔,吸弃 50μL;第 12 孔为红细胞对照。

(3)自右至左依次向各孔加入 0.5％鸡红细胞悬液 50μL,在振荡器上振荡,室温下静置后观察结果(表 10-31-1)。

表 10-31-1　病毒血凝试验的操作方法(单位:μL)

| 孔　号 | 1 | 2 | 3 | 4 | 5 | 6 | 7 | 8 | 9 | 10 | 11 | 12 |
|---|---|---|---|---|---|---|---|---|---|---|---|---|
| 病毒稀释度 | 1:2 | 1:4 | 1:8 | 1:16 | 1:32 | 1:64 | 1:128 | 1:256 | 1:512 | 1:1024 | 1:2048 | 对照 |
| 生理盐水 病毒液 | 50 50 | 50 50 | 50 50 | 50 50 | 50 50 | 50 50 | 50 50 | 50 50 | 50 50 | 50 50 | 50 50 | 50 |
| 0.5%红细胞 | 50 | 50 | 50 | 50 | 50 | 50 | 50 | 50 | 50 | 50 | 50 | 50 |
| | | | | | | | | | | | | 弃50 |
| 结果观察 | ++++ | ++++ | ++++ | ++++ | ++++ | ++++ | ++++ | +++ | + | + | - | - |

2.血球凝集抑制(HI)试验

(1)根据 HA 试验结果,确定病毒的血凝价,配制出 4 个血凝单位的病毒液。

(2)在 96 孔微量反应板上进行,用固定病毒稀释血清的方法,自第 1 孔至第 11 孔各加 50 μL 生理盐水。

(3)第 1 孔加被检鸡血清 50 μL,吹吸混合均匀,吸取 50 μL 至第 2 孔,依此倍比稀释至第 10 孔,吸弃 50 μL,稀释度分别为:1:2、1:4、1:8……;第 12 孔加新城疫阳性血清 50 μL,作为血清对照。

(4)自第 1 孔至 12 孔各加 50 μL 4 个血凝单位的新城疫病毒液,其中第 11 孔为 4 单位新城疫病毒液对照,振荡混合均匀,置室温中作用 10min。

(5)自第 1 孔至 12 孔各加 0.5% 鸡红细胞悬液 50 μL,振荡混合均匀,室温下静置后观察结果(表 10-31-2)。

表 10-31-2　病毒血凝抑制试验的操作方法(单位:μL)

| 孔号 | 1 | 2 | 3 | 4 | 5 | 6 | 7 | 8 | 9 | 10 | 11 | 12 |
|---|---|---|---|---|---|---|---|---|---|---|---|---|
| 血清稀释度 | 1:2 | 1:4 | 1:8 | 1:16 | 1:32 | 1:64 | 1:128 | 1:256 | 1:512 | 1:1024 | 病毒对照 | 血清对照 |
| 生理盐水被检鸡血清 | 50 / 50 | 50 / 50 | 50 / 50 | 50 / 50 | 50 / 50 | 50 / 50 | 50 / 50 | 50 / 50 | 50 / 50 | 50 / 50 | 50 | 50 |
| 4 单位病毒 | 50 | 50 | 50 | 50 | 50 | 50 | 50 | 50 | 50 | 50 | 50 | 50 |
| 室温中静置 10 min | | | | | | | | | | | | |
| 0.5% 红细胞 | 50 | 50 | 50 | 50 | 50 | 50 | 50 | 50 | 50 | 50 | 50 | 50 |
| | | | | | | | | | | 弃去50 | | |
| 结果观察 | − | − | − | − | − | − | + | ++ | +++ | ++++ | ++++ | − |

3.0.5% 鸡红细胞制备方法

先用灭菌注射器吸取 3.8% 枸橼酸钠溶液(其量为所需血量的 1/5),从鸡翅下静脉或心脏采血至需要血量,置灭菌离心管内,加灭菌生理盐水为抗凝血的 2 倍,以 2000r/min 离心 10min,弃上清液,再加生理盐水悬浮血球,同上法离心沉淀,如此将红细胞洗涤三次,最后根据所需用量,用灭菌生理盐水配成 0.5% 鸡红细胞悬液。

4.96 孔微量反应板的清洗

将浸泡有 75% 乙醇的棉签放入微量反应板的每个孔内旋转,用自来水冲洗反应板 5 次,再用蒸馏水冲洗 3 次以上,置 37℃ 温箱中干燥。

## 五、结果

血球凝集(HA)试验的结果判定:从静置后 10min 开始观察结果,待对照孔红细胞已沉淀即可进行结果观察。红细胞全部凝集,沉于孔底,平铺呈网状,即为100％凝集(＋＋＋＋),不凝集者(一)红细胞沉于孔底呈点状。

以100％凝集的病毒最大稀释度为该病毒血凝价,即为一个凝集单位。从表10-31-1看出,该新城疫病毒液的血凝价为1∶128,则1∶128为1个血凝单位,1∶64、1∶32分别为2、4个血凝单位,或将128/4＝32,即1∶32稀释的病毒液为4个血凝单位。

血球凝集抑制(HI)试验的结果判定:待病毒对照孔(第11孔)出现红细胞100％凝集(＋＋＋＋),而血清对照孔(第12孔)为完全不凝集(一)时,即可进行结果观察。以100％抑制凝集(完全不凝集)的被检血清最大稀释度为该血清的血凝抑制效价,即HI效价。凡被已知新城疫阳性血清抑制血凝者,该病毒为新城疫病毒。从表10-31-2看出,该血清的HI效价为1∶64,用以2为底的负对数(－log2)表示,即6log2。

## 六、思考题

(1)HA和HI试验的原理是什么?

(2)HI试验是不是特异的抗原抗体反应,为什么?

(3)HA和HI试验有何实际应用意义?

## 七、操作要点

(1)配置1％红细胞悬液时不能用力摇震,以免把红细胞膜震破,造成溶血,影响实验效果。

(2)在滴加材料时,注意每滴加一种材料更换一个滴头,以免病毒与红细胞混合影响实验效果。

(3)稀释病毒时将材料充分混匀后再吸出滴入下一孔中。

(4)适时观察结果,如果长时间放置,凝集的红细胞团会沉降下来,造成观察结果不准确。

(杨晓伟、赵光伟)

# 第十一章　现代微生物学技术

　　微生物学是当代生物科学中的一门重要学科,对生命科学的发展作出了巨大贡献。现代微生物学并非生物学中的学科名称,而是强调以现代科学理论、知识和技术论述微生物基本原理,它有别于普通微生物学。

　　微生物学作为基础生物学科,为基于物理和化学原理探讨自然生命过程提供了一些重要的研究材料;而作为应用学科,它已涉及医学、工业、农业和环境中的许多实际问题,由此衍生出的工业微生物学、土壤微生物学、环境微生物学、农业微生物学、兽医微生物学等也成为重要的应用学科。除此之外,还发展形成以研究人和动物对微生物反应为基础的免疫学;以从月球、火星及其他星球采回的岩石样品中的微生物为研究对象,探讨地球以外生命的外空生物学;以细菌染色体结构和全基因组测序、细菌基因表达的整体调控和对环境变化的适应机制等为研究目标的分子微生物学等。不难看出,当今微生物学各个研究领域之间的延伸和相互交叉,微生物学与其他学科间的相互交叉,是现代微生物学的显著特点。

　　20 世纪 80 年代以来,科学技术特别是微生物基因组测序及对基因组进行整体分析技术的发展,使得单纯依靠细菌形态学特征、培养特征、生理生化特征和免疫学反应进行分类和鉴定的传统方法逐步被快速、准确、高效的 PCR 鉴定、基因探针、基因测序等分子生物学技术手段所替代;原核微生物基因重组的研究层出不穷,胰岛素已用基因转移的大肠杆菌发酵生产,干扰素也已开始用细菌生产。21 世纪的微生物产业除了更广泛地利用和挖掘不同生境的自然资源微生物外,将继续在工业生产菌的提供、新型药物的生产及生物能源新产品的开发方面做出更大贡献。而现代微生物学技术则为微生物学的发展提供了必要的工具。

　　本章试验内容主要围绕基因工程菌的构建技术展开,由细菌的 PCR 试验、大肠杆菌感受态细胞的制备、感受态细胞转化及转化细菌的鉴定这 4 个独立的基础实验项目组成。通过上述实验的学习及操作训练,要求掌握现代微生物学技术中关于细菌快速鉴定及 DNA 转化的实验原理和方法,应用 $CaCl_2$ 法制备感受态细胞,促进外源基因导入大肠杆菌细胞,并通过抗生素标记及酶切验证筛选转化株,为后续外源蛋白在原核系统的表达奠定基础。

## 实验三十二　　细菌 PCR 实验

### 一、目的

(1)学习 PCR 技术的基本原理。

(2)掌握菌液 PCR 技术的基本步骤和方法。

(3)掌握琼脂糖凝胶电泳的方法。

## 二、基本原理

聚合酶链式反应（Polymerase Chain Reaction），简称 PCR，是一种用于体外扩增特定 DNA 片段的分子生物学技术，具有很高的特异性、灵敏度，在分子生物学、基因工程研究、疾病诊断以及临床标本中病原体检测等方面具有极为重要的应用价值。

PCR 由变性－退火－延伸三个基本步骤构成。首先，双链 DNA 分子在接近沸点的温度下变性解链，形成两条单链 DNA 分子（变性）；待扩增片段两端互补的寡核苷酸（引物）分别与两条单链 DNA 分子两侧的序列特异性结合（退火、复性），在适宜的条件下，DNA 聚合酶利用反应混合物中的 4 种脱氧核苷酸（dNTP），在引物的引导下，按 $5'-3'$ 的方向合成互补链，即引物的延伸。这种热变性、复性、延伸的过程就是一个 PCR 循环，前一个循环的产物可以作为下一个循环的模板。重复上述循环过程，可使产物的数量在数小时内呈几何级数倍增。理论上讲，经过 25～30 个循环后 DNA 可扩增 $10^6$～$10^9$ 倍。

## 三、材料

细菌培养物、反应缓冲液（10×PCR buffer）、2mM 脱氧核苷三磷酸底物（dNTPmix：含 dATP、dCTP、dGTP、dTTP 各 2mM）、耐热 DNA 聚合酶（Taq 酶）、PCR 仪、微量移液器、PCR 管、一次性乳胶手套。

## 四、操作步骤

（1）引物设计与合成：根据 GenBank 中已知菌的 16S rRNA 序列，运用相应软件如 DNASTAR 软件、Primer 5 软件等，设计一对特异性上、下游引物，送生物公司合成，并记录退火温度及扩增目标片段长度。

（2）模板 DNA 的准备：取 1mL 肉汤培养物，12000rpm 离心 5min，沉淀用 100μL 无菌蒸馏水重悬，于 100℃ 水浴中煮 5～10min 后，迅速置冰浴中冷却 5min，12000rpm，4℃ 离心 2min，上清液即为 PCR 模板。保存于－20℃ 备用。

（3）PCR 扩增：以 25μL PCR 反应体系为例：冰浴条件下，按以下次序将各成分加入 0.5mL 无菌离心管中：10×PCR buffer2.5μL，2.5mmol/L dNTP4μL，25pmol/L 上、下游引物各 0.5μL，TaqDNA 聚合酶 0.5μL，DNA 模板 2μL，加无菌水至 25μL。将上述混合液稍加混匀，调整好反应程序，立即置 PCR 仪上，进行扩增。按以下程序进行反应：94℃ 预变性 5min，进入循环：94℃ 变性 30s，55℃～58℃ 退火 30s，72℃ 延伸 2min，共 30 个循环，最后 72℃ 保温 10min。取 10μL 扩增产物样品进行 1.0% 琼脂糖凝胶电泳，凝胶成像系统中观察 PCR 产物片段大小。

（4）DNA 琼脂糖凝胶电泳

①1% 琼脂糖凝胶的制备：称取 0.5g 琼脂糖，置于三角瓶中，加入 50mL TAE 缓冲液，微波炉中加热至全部融化，加入 1μL EB 替代染料。

②胶板的制备：将制胶塑料模板在台面上水平放置并放入有机玻璃底板，再将样品槽板/齿梳垂直立在玻璃板表面，将冷却至 65℃ 左右的琼脂糖凝胶液小心倒入，室温下静置 30min；待胶完全凝固后，轻轻垂直拔出样品槽板，在胶板上即形成相互隔开的样品槽。将胶板放在电泳槽中，样品槽向着电泳池的阴极，加入 1×TAE 缓冲液。

③加样：用微量加样器在 PCR 产物中加入 2×Loading buffer 并瞬时离心，然后取 $10\mu L$ 混合物加入胶板的样槽内。

④电泳：立即为加完样品后的凝胶板通电。样品进胶前，应使电流控制在 20mA，样品进胶后电压控制在 60～80V，电流为 40～50mA。当指示前沿移动至距离胶板 1～2cm 处，停止电泳。

⑤结果观察：在凝胶成像系统中观察扩增得到的 DNA 条带。

## 五、结果

扩增成功的话，可在紫外灯下观察到与预期片段大小一致的条带。

## 六、思考题

(1)PCR 技术的原理是什么？有哪些方面的应用？

(2)试分析实验出现假阳性的原因。

(3)影响 PCR 反应的主要因素有哪些？

## 七、操作要点

(1)PCR 操作应该尽量在超净台中操作，以避免外源 DNA 污染。

(2)所有试剂都应该没有核酸和核酸酶的污染。操作过程中均应戴手套。

(3)PCR 试剂配制应使用最高质量的新鲜双蒸水，采用 $0.22\mu m$ 滤膜过滤除菌或高压灭菌。

(4)试剂或样品准备过程中都要使用一次性灭菌的塑料瓶、管子和枪头，玻璃器皿应洗涤干净并高压灭菌。

(5)PCR 试剂应在冰浴上化开，并且要充分混匀，按序加入。

（盖新娜）

# 实验三十三　大肠杆菌感受态细胞制备

## 一、目的

(1)了解感受态细胞生理特性及制备条件。

(2)掌握氯化钙法制备大肠杆菌感受态细胞的基本步骤和方法。

## 二、基本原理

感受态是指受体细胞处于容易吸收外源 DNA 的一种生理状态，可以通过物理或化学方法(如：电击法、$CaCl_2$、KCl 法)诱导形成，也可以自然形成。在基因工程技术中通常用诱导的方法获得感受态细胞，其原理是受体细胞经过特殊方法处理后，细胞膜的通透性会发生变化，成为能允许外源 DNA 分子进入的感受态细胞。

KCl 法制备的感受态细胞转化效率较高，但制备过程较复杂，不适合实验室用。电击诱导的感受态细胞转化效率高,操作简便,但需要相应的电击仪。目前常用 $CaCl_2$ 法制备感受态细胞,简便易行,且其转化效率完全可以满足一般实验的要求,常用于成批制备感受态细胞。制备出的感受态细胞暂时不用时,可加入总体积 15% 的无菌甘油于 $-70℃$ 保存半年。本法适用于大多数大肠杆菌菌株,且迅速、重复性好。

### 三、材料

大肠杆菌 *E.coli* DH5α,LB 培养基 150mL,0.1moL/L $CaCl_2$ 溶液 50mL(预冷),100mL 三角瓶,试管若干,无菌超净台,恒温摇床,紫外分光光度计,离心机,移液器,1.5mL 离心管(又称 eppendorf 管),离心管架,1000μL、200μL 枪头若干。

### 四、操作步骤

(1)在超净工作台中,从新活化的 *E.coli* DH5α 培养平板上挑取一个单菌落,接种于 3~5mL LB 液体培养基中,37℃ 摇床培养过夜,14~16h,至对数生长期;

(2)取 1mL 过夜培养菌液转接于 100mL LB 液体培养基中,37℃ 摇床振荡,250~300rpm,培养 2.5~3h。分光光度计测定菌液浓度至 $OD_{600}$≤0.5 时停止培养;

(3)将 0.1moL/L $CaCl_2$ 溶液置于冰上预冷(以下步骤均需在超净工作台和冰上进行);

(4)取 1.5mL 培养好的菌液至 1.5mL 离心管中,在冰上冷却 10min,4℃,4000rpm 离心 5min;

(5)弃上清液,加入 1mL 冰预冷的 0.1moL/L $CaCl_2$ 溶液,用移液枪轻轻吹打,使细胞重新悬浮。冰上放置 20min 后,4℃,4000rpm 离心 5min。

(6)弃上清液,加入 100μL 冰预冷的 0.1moL/L $CaCl_2$ 溶液,用移液枪轻轻吹打,使细胞重新悬浮,即制成了感受态细胞悬液;

(7)制备好的感受态细胞悬液可立即用于转化实验,也可加入占总体积 15% 左右的甘油,混匀后分装于 1.5mL 离心管中,置 $-70℃$ 条件下保存。

附:感受态细胞制备所需液体

(1)LB 液体培养基:称取蛋白胨 Tryptone10g,酵母提取物 Yeast extract 5g,NaCl 10g,溶于 800mL 蒸馏水中,用 10% NaOH 溶液调 pH 至 7.5,加水至总体积为 1L,分装。121℃ 15min 灭菌后,4℃ 保存。

(2)0.1moL/L $CaCl_2$:称取 $CaCl_2·2H_2O$ 1.47g,溶于 100mL 蒸馏水中,121℃,15min 灭菌后,4℃ 保存。

### 五、思考题

(1)感受态细胞制备的原理是什么?
(2)制备感受态细胞的方法都有哪些?

### 六、操作要点

(1)应尽量使用对数期或对数生长前期的细菌,可通过测定菌液的 $OD_{600}$ 值来控制。密度过高或不足均会使转化率下降。

（2）所有操作均应在无菌条件和冰上进行。

（3）所用的 $CaCl_2$ 必须是高纯度的，并用超纯水配制。

（4）所用器皿，如离心管、移液枪头等最好是新的，并经高压灭菌处理。所有的试剂都要经过灭菌，且注意防止被其他试剂、DNA 酶或杂 DNA 所污染，否则会影响转化效率或导致杂 DNA 的转入。

（盖新娜）

# 实验三十四　感受态细胞转化

## 一、目的

（1）了解转化的概念及其在分子生物学研究中的意义。

（2）掌握将外源质粒 DNA 转入受体菌细胞的基本步骤和方法。

## 二、基本原理

转化是将外源 DNA 分子引入受体细胞，使之获得新的遗传性状的一种手段，它是微生物遗传、分子遗传、基因工程等研究领域的基本实验技术。

自然条件下，很多质粒都可以通过细菌接合作用转移到新的宿主内，但在人工构建的质粒载体中，一般缺乏此种转移所必需的 mob 基因，因此不能自行完成从一个细胞到另一个细胞的接合转移。如需将质粒载体转移进受体菌，需要诱导受体菌处于一种短暂的感受态。处于感受态的细菌细胞，细胞膜的通透性发生变化，转化混合物中的质粒 DNA 形成抗 DNase 的羟基－钙磷酸复合物黏附于细胞表面，经过 42℃热激处理，促进细胞吸收 DNA 复合物。进入受体细胞的 DNA 分子通过复制、表达，实现遗传信息的转移，使受体细胞出现新的遗传性状。将经过转化后的细胞在筛选培养基中培养，即可筛选出转化子（Transformant，即带有异源 DNA 分子的受体细胞）。

转化过程所用的受体细胞一般是限制修饰系统缺陷的变异株，即不含限制性内切酶和甲基化酶的突变体（R⁻，M⁻），它可以容忍外源 DNA 分子进入体内并稳定地遗传给后代。

## 三、材料

感受态细胞，质粒 DNA，含抗生素的 LB 平板培养基（氨苄青霉素，浓度 $50\sim100\mu g/mL$），LB 液体培养基，微量移液器，移液器吸头，恒温水浴锅，制冰机，恒温摇床，超净工作台，玻璃涂棒，恒温培养箱，低温离心机。

## 四、操作步骤

（1）从 $-70℃$ 冰箱中取 $200\mu L$ 感受态细胞悬液，置冰上解冻。

（2）加入质粒 DNA 溶液（含量不超过 50ng，体积不超过 $10\mu L$），用手指轻弹使其迅速混匀，冰上放置 10min。

（3）42℃水浴热激 90s 后，迅速冰浴 2min。

（4）向管中加入不含抗生素的 LB 液体培养基 1mL，混匀后 37℃振荡，复苏培养 40min。

（5）将菌液 1000rpm 离心 10min 后，将上清液弃至 100μL。与沉淀轻轻弹匀，转移到含氨苄的 LB 固体培养基上，用涂棒涂匀，正面朝上放置 5～10min，使菌液完全被培养基吸收。

（6）如果载体和宿主菌适合蓝白斑筛选的话，滴完菌液后再在平板上滴加 40μL 2% X－gal，8μL 20% IPTG，用涂棒涂布均匀。放置 5～10min。待液体吸收后，做好标记，37℃培养 16～24h。观察细菌克隆的生长。

（7）刚做好的感受态细胞第一次使用时应做以下对照实验：

对照组 1：以同体积的无菌双蒸水代替 DNA 溶液，其他操作与上面相同。此组正常情况下在含抗生素的 LB 平板上应没有菌落出现。

对照组 2：以同体积的无菌双蒸水代替 DNA 溶液，但涂板时只取 5μL 菌液涂布于不含抗生素的 LB 平板上，此组正常情况下应产生大量菌落。

## 五、结果

转化率的计算：统计每个培养皿中的菌落数。转化后在含抗生素的平板上长出的菌落即为转化子，根据此皿中的菌落数可计算出转化子总数和转化频率，公式如下：

转化子总数＝菌落数×稀释倍数×转化反应原液总体积/涂板菌液体积

转化频率（转化子数/每 mg 质粒 DNA）＝转化子总数/质粒 DNA 加入量（mg）

感受态细胞总数＝菌落数×稀释倍数×菌液总体积/涂板菌液体积

感受态细胞转化效率＝转化子总数/感受态细胞总数

## 六、思考题

（1）影响细菌转化效率的因素都有哪些？

（2）哪些质粒的转化可通过蓝白斑进行克隆筛选？

## 七、操作要点

（1）热激时间和温度：最优的转化结果是采用 42℃热激 90s。时间过长或过短均会造成转化效率降低。温度不可超过 42℃。

（2）离心复苏的菌液时，转速不宜过大，否则影响转化效率。

（3）含 Amp 的 LB 平板在涂布菌液前可提前在 37℃放置 10min，以烘出其中的水分，利于菌液快速吸收。

（4）玻璃涂布棒上的酒精熄灭后稍等片刻，待其冷却后再涂。

（盖新娜）

# 实验三十五　转化细菌的鉴定

## 一、目的

（1）了解转化细菌筛选和鉴定的各种方法及其基本原理。

（2）掌握转化细菌鉴定的质粒酶切方法。

## 二、基本原理

重组克隆的筛选和鉴定是基因工程中的重要环节之一。不同的克隆载体和相应的宿主系统，其重组克隆的筛选和鉴定方法不尽相同。从理论上说，重组克隆的筛选是排除自身环化的载体、未酶解完全的载体以及非目的 DNA 片断插入的载体所形成的克隆。常用的筛选方法有两类。一类是针对遗传表型改变筛选法，以 β-半乳糖苷酶系统筛选法为代表。另一类是分析重组子结构特征的筛选法，包括快速裂解菌落鉴定质粒大小、限制酶图谱鉴定、PCR、Southern 印迹杂交、菌落（或噬菌斑）原位杂交等。

### 1.β-半乳糖苷酶系统筛选法

也称蓝白斑筛选法。适用本方法的载体包括 M13 噬菌体、pUC 质粒系列、pGEM 质粒系列等。这些载体的共同特征是带有一个 LacZ 基因的调控序列和头 146 个氨基酸的编码信息，可以编码 α-互补肽。该肽段能与宿主编码的缺陷型 β-半乳糖苷酶实现基因内互补（α-互补）。由互补产生的 β-半乳糖苷酶（LacZ）能够作用于生色底物 5-溴-4-氯-3-吲哚-β-D-半乳糖苷（X-gal）而产生蓝色的菌落。所以利用这个特点，在载体的该基因编码序列之间人工放入一个多克隆位点，当插入一个外源 DNA 片段时，会造成 LacZ(α)基因的失活，破坏 β-互补作用，就不能产生具有活性的酶。因此，重组克隆为无色噬菌斑或菌落，非重组克隆为蓝色噬菌斑或菌落。这种筛选方法操作简单，但当插入片段小于 500bp，且其插入没有影响 lacZ 基因的读框时，有假阴性结果的出现。

### 2.质粒大小的鉴定

通过快速裂解菌落，直接进行凝胶电泳，与载体 DNA 比较，根据迁移率的减小初步判断是否有插入片段存在。本方法适用于插入片段较大的重组子的初步筛选。

### 3.限制酶图谱鉴定

对于初步筛选出的具有重组子的菌落，提取其重组质粒或重组噬菌体 DNA，用相应的限制性内切酶（一种或两种）切割重组子释放出插入片段，然后用凝胶电泳检测插入片段和载体的大小。

### 4.PCR 法

用 PCR 对重组子进行分析，不但可以迅速扩增插入片段，而且可以直接进行 DNA 序列分析。因为对于表达型重组子，其插入片段序列的正确性非常关键。PCR 法既适用于筛选含特异目的基因的重组克隆，也适用于从文库中筛选含感兴趣的基因或未知的功能基因的重组克隆。前者采用特异目的基因的引物，后者采用载体上的通用引物。

### 5.Southern 杂交

在限制性内切酶消化重组子、凝胶电泳分离后，通过 Southern 印迹转移将 DNA 移至硝酸纤维素薄膜上，再用放射性同位素或非放射性标记的相应外源 DNA 片段作为探针，进行分子杂交，鉴定重组子中的插入片段是否为所需的靶基因片段。

### 6.菌落（或噬菌斑）原位杂交

菌落或噬菌斑原位杂交技术是将转化菌 DNA 直接转移到硝酸纤维素薄膜上，用放射性同位素或非放射性标记的特异 DNA 或 RNA 探针进行分子杂交，然后挑选阳性克隆的方法。这种方法能进行大规模操作,是筛选基因文库的首选方法。

本实验采用限制酶图谱鉴定。

核酸限制性内切酶是在原核生物中发现的一类专一识别双链 DNA 中特定碱基序列的核酸水解酶,它们的功能类似于高等动物的免疫系统,用于抗击外来 DNA 的侵袭。现已发现几百种限制性内切酶,分子生物学中经常使用的是 II 型限制性内切酶,它能识别双链 DNA 分子中特定的靶序列(4~8bp),以内切方式水解核酸链中的磷酸二酯键,产生的 DNA 片段 $5'$ 端为 P,$3'$ 端为 OH。由于限制性内切酶能识别 DNA 特异序列并进行切割,因而在基因重组、DNA 序列分析、基因组甲基化分析、基因物理图谱绘制及分子克隆等技术中受到广泛应用。酶活力通常用酶单位(U)表示,通常以在最适反应条件下 1h 完全降解 $1\mu g$ DNA 的酶量为一个酶单位。

## 三、材料

重组质粒 pMD19−X(插入外源基因大小约 350bp);限制性核酸内切酶 $Xho$ I、$Kpn$ I 及公用 M 缓冲液;TAE 电泳缓冲液或 TBE 电泳缓冲液;1.5mL EP 管、水平电泳装置、电泳仪、恒温水浴锅、台式高速离心机、微量移液器、凝胶成像系统等。

## 四、操作步骤

(1)在灭菌的 0.5mL EP 管中依次加入:

重组质粒 DNA $1\mu g$

$10\times$M buffer $2\mu L$

灭菌重蒸水若干,使反应体系总体积至 $20\mu L$,混匀后加入:

$Xho$ I $1\mu L$

$Kpn$I $1\mu L$

用手指轻弹管壁使溶液混匀或用微量离心机甩一下,使溶液集中在管底。

(2)将 EP 管插在泡沫塑料板上,37℃水浴保温 2.5~3h。

(3)65℃水浴中 10min,对限制性内切酶进行灭活,不同的酶灭活条件可能不同,可参照说明书进行。灭活后的酶切溶液置于冰箱中保存备用。

(4)琼脂糖凝胶电泳观察酶切结果。

## 五、结果

双酶切产物应至少出现两条带。由于存在不完全酶切还可能出现 3 条带的结果,这一方面与个人操作有关,另一方面与反应体系、底物与酶含量的比例密切相关。

## 六、思考题

(1)转化细菌的鉴定方法有哪些,各有何优缺点?

(2)有哪些因素会影响质粒酶切的效果?

## 七、操作要点

（1）可采取适当延长酶切时间或增加酶量的方式提高酶切效率，但内切酶用量不能超过总反应体积的 10％，否则，酶活性将因为甘油过量而受到影响。

（2）酶切反应的整个过程应注意枪头的洁净，以避免造成对酶的污染。

（3）为防止酶活性降低，取酶时应在冰上操作且动作迅速。

（盖新娜）

# 附录Ⅰ 微生物实验室常用仪器及器皿

动物微生物实验室的设备和器皿是保证微生物实验研究的重要环节,仪器设备和常用器皿的正确使用既可保证实验的顺利进行又可使仪器的使用寿命延长,还可以降低试验成本。更重要的是可以保证实验人员的安全。动物微生物实验室的设备仪器及器皿介绍分两部分:

## 一、动物微生物实验室常用设备仪器

### 1.无菌室及超净工作台

无菌室和超净工作台是实验室的核心部分,主要为样品提供保护,保证实验结果的准确和人员的安全。

无菌室通过空气的净化和空间的消毒为微生物实验提供一个相对无菌的工作环境。无菌室的主要组成设备是空气自净器、传递窗、紫外线灯等。严格的无菌室可能还装备风淋室等。

超净工作台作为代替无菌室的一种设备,使用简单方便,为实验的开展提供了一个相对无菌的操作台。超净工作台根据风向分为水平式和垂直式。

### 2.培养箱

培养箱是培养微生物的专用设备。为微生物的生长提供一个适宜的环境。制热式培养箱是由电炉丝和温度控制仪合成的固定体积的恒温培养装置,大小规格不一。微生物实验室常用的培养箱工作容积有 450mm×450mm×350mm 或 650mm×500mm×500mm,适用于室温至 60℃之间的各类微生物培养。

普通培养箱一般控制的温度范围为:室温+5℃~65℃,又分为电热恒温培养箱和隔水式恒温培养箱。

生化培养箱一般控制的温度范围为:5℃~50℃。

恒温恒湿箱一般控制的温度范围为:5℃~50℃,控制的湿度范围为:50%~90%。可作为霉菌培养箱。

厌氧培养箱适用于厌氧微生物的培养。

### 3.干燥箱

干燥箱是用于除去潮湿物料内及器皿内外水分或其他挥发性溶液的设备。类型很多,有箱式、滚筒式、套间式、回转式等。微生物学实验室多用箱式干燥箱,大小规格不一。工作室内配有可活动的铁丝网板,便于放置被干燥的物品。制热升温式干燥箱也是由电炉丝和温度控制仪组成的,可调节温度从室温至 300℃任意选择。亦可用于器皿的干热灭菌。有的干燥箱采用导电温度计为敏感元件,配合晶体管和继电器组成自动控制系统,克服了金属管型热膨胀控制的缺点。

此外,还有微电脑控制真空干燥箱(配有真空泵和气压表),可在常压或减压下操作。

### 4.高压蒸汽灭菌锅

高压蒸汽灭菌锅是一个密闭的、可以耐受一定压力的双层金属锅。锅底或夹层内盛水,当水在锅内沸腾时由于蒸汽不能逸出,使锅内压力逐渐升高,水的沸点和温度可随之升高,从而达到高温灭菌的目的。一般在 0.11MPa 的压力下,121℃灭菌 20～30min,包括芽孢在内的所有微生物均可被杀死。如果灭菌物品体积较大,蒸汽穿透困难,可以适当提高蒸汽压力或延长灭菌时间。

高压蒸汽灭菌锅有卧式、立式、手提式等多种类型,在微生物学实验室,最为常用的是手提式和立式高压蒸汽灭菌锅。有半自动和自动装置配置,方便操作。和常压蒸汽灭菌锅相比,高压蒸汽灭菌锅的优点是灭菌所需的时间短、节约燃料、灭菌彻底等。其缺点是价格昂贵,灭菌容量较小。

### 5.显微镜

显微镜的种类很多,根据其结构,可以分为光学显微镜和非光学显微镜两大类。光学显微镜又可分为单式显微镜和复式显微镜。最简单的单式显微镜即放大镜(放大倍数常在 10倍左右),构造复杂的单式显微镜为解剖显微镜(放大倍数在 200 左右)。在微生物学的研究中,主要是复式显微镜。其中以普通光学显微镜(明视野显微镜)最为常用。此外,还有暗视野显微镜、相差显微镜、荧光显微镜、偏光显微镜、紫外光显微镜和倒置显微镜等。非光学显微镜为电子显微镜。

### 6.冰箱

微生物实验室的冰箱主要有两种:普通冰箱和低温冷冻冰箱。普通冰箱一般都具有两个柜子,即鲜藏柜和冷藏柜,温度分别为 4℃和－20℃;低温冷冻冰箱温度一般控制在－40℃～－80℃。它们都可以用于微生物菌种保藏。鲜藏柜常用于保存斜面菌种,保藏时间在 3个月左右。超过 3 个月,斜面就会变干,因此需要转接菌种。如果要长时间保存菌种,则需要经过处理后,贮藏于普通冰箱的冷藏柜或低温冷冻冰箱中,它们的保藏时间较长,一般都在 1 年以上。

### 7.摇床

摇床又称摇瓶机亦称振荡器,是微生物研究试验中使用较为广泛的设备之一。它是培养好氧性微生物的小型试验设备或作为种子扩大培养之用。常用的摇床有往复式和旋转式两种。放在摇床上的培养瓶(一般为三角瓶)中的发酵液所需要的氧是由空气经瓶口包扎的纱布(一般 8 层)或棉塞通入的,所以氧的传递与瓶口的大小、瓶口的几何形状、棉塞或纱布的厚度和密度有关。旋转式摇床的偏心距一般在 3～6cm 之间,旋转次数为 60～300rpm。往复式摇床的往复频率一般在 80～140 次/min,冲程一般为 5～14cm,往复式摇床的频率和偏心距的大小对氧的吸收有明显的影响;如频率过快、冲程过大或瓶内液体装量过多,在摇动时液体会溅到包扎瓶口的纱布或棉塞上,导致杂菌污染,特别是启动时更容易发生这种情况。老式摇床需设置专门恒温室,占用空间大,能耗也大。

目前已有以空气为导温介质具有加热功能且温度可以调控的恒温、数显控温、无级调速和良好的热循环功能的摇床(振荡器)。摇床(振荡器)分空气浴恒温、水浴恒温、水浴冷冻恒温等种类,空气浴升温快,使用方便,水浴温度恒定。一般振幅 20mm;振荡速度:启动～300rpm。摇床(振荡器)的托盘上设有钢丝弹簧网或不锈钢万能夹,可放各种规格的培养瓶(三角瓶)。

摇瓶的氧吸收系数取决于摇床的特性和三角瓶(摇瓶)的装样量。在利用摇床培养微生物时,摇床的偏心距和转速是影响微生物生长的重要因素之一。

8.分光光度计

分光光度计已经成为现代分子生物实验室常规仪器。常用于核酸、蛋白定量以及细菌生长浓度的定量。分光光度计采用一个可以产生多个波长的光源,通过系列分光装置,从而产生特定波长的光源,光源透过测试的样品后,部分光源被吸收,计算样品的吸光值,从而转化成样品的浓度。样品的吸光值与样品的浓度成正比。分光光度计的设计原理和工作原理允许吸光值在一定范围内变化,即仪器有一定的准确度和精确度。进行多次测试的样品结果均值在仪器规定的范围值的左右之间变动,都是正常的。

9.天平

天平是微生物实验室常用仪器,有物理天平、电子天平之分。物理天平种类多,实验室常用托盘天平,其精确度不高,一般为 0.1g 或 0.2g。最大荷载一般是 200g。由托盘、横梁、平衡螺母、刻度尺、指针、刀口、底座、分度标尺、游码、砝码等组成。由支点(轴)在梁的中心支着天平梁而形成两个臂,每个臂上挂着或托着一个盘,其中一个盘里放着已知重量的物体—砝码(通常为右盘),另一个盘里放待称重的物体(通常为左盘),游码则在刻度尺上滑动。固定在梁上的指针在不摆动且指向正中刻度时或左右摆动幅度较小且相等时,砝码重量与游码位置示数之和就指示出待称重物体的重量。电子天平是最新一代的天平,是根据电磁力平衡原理,直接称量,全量程不需砝码。放上称量物后,在几秒钟内即达到平衡,显示读数,称量速度快,精度高。一般可根据称量物所需重量正确选择需要的电子天平,选择时按电子天平的绝对精度(分度值 e)去考虑是否符合称量的精度要求,如选 0.1mg 精度的天平或 0.01mg。天平生产厂家在出厂时已规定了电子天平的最小称量的数值。

10.恒温水温浴锅

恒温水温浴锅主要用于实验室中蒸馏、浓缩及温渍化学药品或生物制品,也可用于恒温加热和其他温度试验,是生物、遗传、病毒、水产、环保、医药、卫生科研等的必备工具。

与动物微生物实验室配套常用设备还有通风柜、离心机、纯水器、低温冰箱等。

## 二、动物微生物学实验室常用的玻璃器皿

在进行动物微生物实验研究过程中会使用大量的器皿材料。而常用的器皿大多要进行消毒、灭菌和用来培养微生物,因此对其质量、洗涤和包装方法均有一定的要求。下面介绍一些微生物实验室常用器皿的种类和使用方法。

### (一)常用玻璃器皿种类

#### 1.试管(test tube)

微生物学实验室所用的玻璃试管其管壁须比化学实验室用的厚,在塞棉花塞时,管口才不会破损。不用翻口试管,以免造成污染和便于盖试管帽。可用硅胶塞或用螺口试管盖以螺口胶木帽减低试管内的水分蒸发。

试管按规格分为:(1)大试管(约 18mm×180mm),可盛倒平板用的培养基;亦可作制备琼脂斜面用(需要大量菌体时用)和盛液体培养基用于微生物的振荡培养;(2)中试管(13~15)mm×(100~150)mm,盛液体培养基培养细菌或做琼脂斜面用,亦可用于细菌、病毒等

的稀释和血清学试验;(3)小试管(10~12)mm×100mm,一般用于糖发酵或血清学试验,和其他需要节省材料的试验。可根据用途的不同选择。

2.德汉氏小管(Durham tube)

又称发酵小套管,观察细菌在糖发酵培养基内产气情况时,一般在小试管内再套一倒置的小套管(约6mm×36mm)。这个小管即是德汉氏小管。如检测食品中大肠菌群数时的乳糖发酵试验需用德汉氏小管。

3.培养皿(petri dish)

微生物实验常用的培养皿规格有:皿底直径90mm、100mm,高15mm。

培养皿分装适量培养基后制成平板,可用于分离、纯化、鉴定菌种,活菌计数以及测定抗生素、噬菌体的效价等。培养皿培养细菌时通常倒置,但有特殊需要时,培养皿不能倒置培养,可用陶器皿盖,因其能吸收水分,使培养基表面干燥。例如测定抗生素生物效价时,培养皿不能倒置培养,则用陶器皿盖为好。

4.三角烧瓶(erlenmeyer flask)与烧杯(beaker)

三角烧瓶规格有100mL、250mL、500mL和1000mL等,常用来盛培养基、无菌水和振荡培养微生物等。常用的烧杯有50mL、100mL、250mL、500mL和1000mL等规格,用来配制各种溶液与培养基等。

5.载玻片(slide)与盖玻片(coverslip)

普通载玻片大小为75mm×25mm,用于微生物涂片、染色、形态观察等。盖玻片为18mm×18mm。

凹玻片是在一块较厚玻片的正中有一圆形凹窝,做悬滴观察活细菌以及微室培养用。

6.滴瓶(dropper bottle)

用来装各种染料、生理盐水等。

7.玻璃吸管(glass pipette)

微生物学实验室一般要准备1mL、5mL、10mL的刻度玻璃吸管。这种吸管一般有两种类型:一种称之为血清学吸管(serological pipette),这种吸管其刻度指示的容量包括管尖的液体体积,使用时要将所吸液体吹尽;另一种类型称之为测量吸管(measuring pipette),这种吸管其刻度指示的容量不包括管尖的液体体积,使用时不能将所吸液体吹尽,而是到达所设计的刻度为止。

除有刻度的吸管外,有时需用不计量的吸头吸管又称滴管,来吸取动物体液和离心上清液以及滴加少量抗原、抗体等。

在微生物实验操作时可用吸气器吸取菌液或其他液体,吸气器与吸管配套使用。如果用嘴吸,则一定要在吸管上端塞上棉花。

**(二)常用玻璃器皿的洗涤**

常用的锥形瓶、培养皿、试管、烧杯、量筒、玻璃漏斗等器皿,洗涤时可用鬃刷沾上洗涤灵或肥皂粉或去污粉刷洗,然后用自来水冲洗干净,倒放在洗涤架上自然晾干或放70℃~80℃干燥箱中烘干备用。

移液管及滴管可用水冲洗后,插入2%盐酸溶液中浸泡数十分钟,取出后用自来水冲洗,再用蒸馏水冲洗2~3次(为使移液管、滴管冲洗洁净,可将一根直径6~7.5mm的橡皮管或塑料管连接在自来水笼头上或连接在蒸馏水瓶上,橡皮管或塑料管的另一端直接套接在移液管或滴管的底端,即安装橡皮头的一端,然后放水冲洗即可)。洗净后的移液管或滴管使顶端(细口端)朝上倒转斜立于放盘或一铝制盒内,放入 100℃干燥箱中烘干备用(烘烤温度太低移液管中水分不易蒸发)。

**1.带油污玻璃器皿的处理**

凡加过豆油、花生油等消泡剂的锥形瓶或通气培养的大容量培养瓶,在未洗刷前,需尽量除去油腻,可将倒空油的瓶子用 10％的氢氧化钠(粗制品)浸泡 0.5h 或放在 5％苏打液(碳酸氢钠溶液)内煮两次,去掉油污,再用洗涤灵和热水刷洗。吸取过油的滴管,先放在 10％氢氧化钠溶液中浸泡 0.5h 去掉油污,再依上述方法清洗,烘干备用。

**2.带菌载片及盖片处理**

已用过的带有活菌的载片或盖片,可先浸于 5％的石碳酸(或 2％来苏尔溶液或 1∶50(v/v)的新洁尔灭溶液)中浸泡,洗涤前用竹夹子将载片、盖片取出(不要用手取),用洗衣粉或洗涤灵浸泡或加热后逐张洗涤玻片,用水冲洗干净,最后用蒸馏水冲洗,再用软布擦干后放玻璃缸中备用。

**3.带菌移液管及滴管处理**

吸过菌液的移液管或滴管,应立即投入盛有 5％的石碳酸溶液(或 2％来苏尔溶液或0.25％新洁尔灭溶液)的高筒玻璃标本缸内浸泡数小时或过夜(高筒玻璃标本缸底部应垫上玻璃棉,以防移液管及滴管顶端口损坏),再经 121℃高压蒸汽灭菌 20min。取出后用普通钢针或曲别针做成的小钩将移液管、滴管上端塞的隔离用棉花钩出,再依前法用自来水及蒸馏水将其冲洗干净,晾干或烘干备用。若移液管用上述方法处理后仍有污垢痕迹,可置于盛有2％盐酸溶液的高筒玻璃标本缸内浸泡 1h,再依上法清洗。

**4.其他带菌玻璃器皿的处理**

培养过微生物的培养皿、试管、锥形瓶,因含有大量培养的微生物或污染有其他杂菌,在洗涤前先浸在 2％煤酚皂液(来苏尔)或 0.25％新洁尔灭消毒液内 24h 或煮沸 0.5h,培养致病菌的器皿应先经 121℃高压蒸汽灭菌 20～30min。灭菌后取出,趁热倒出容器内的培养物,较大量的废弃物应埋在土里。培养致病性微生物的废弃物和有琼脂的废弃物,切勿直接倒入下水道,以免堵塞下水道和污染水源。若为非致病性微生物的液体废弃物煮沸消毒后,可倒入下水道;经过高压蒸汽灭菌的上述玻璃器皿,再用洗涤灵、热水刷洗干净,用自来水冲洗,以水在内壁均匀分布成一薄层而不出现水珠为油垢除尽的标准。

经过以上处理的玻璃器皿,可盛一般实验用的培养基和无菌水等。少数实验(如营养缺陷型菌株筛选、微生物遗传学实验等)对玻璃器皿清洁度要求较高,除用上述方法外,还应先在 2％HCl 溶液中浸泡数十分钟,再用自来水冲洗、蒸馏水淋洗 2～3 次;有的尚需超纯水淋洗,然后烘干备用。

**(三)空玻璃器皿的包装**

**1.培养皿的包装**

培养皿常用旧报纸密密包紧,一般以 8～12 套培养皿作一包,包好后干热或湿热灭菌。如将培养皿放入金属(不锈钢)筒内进行干热灭菌,则不必用纸包,金属筒上有外盖,里面有培养皿框架,以便装取培养皿。

**2.吸管的包装**

准备好干燥的吸管,在距其粗头顶端约 0.5cm 处,塞一小段约 1.5cm 长的普通棉花,以免使用时将杂菌吹入其中,或不甚将微生物吸出管外。棉花要塞得松紧恰当(过紧,吹吸液体太费力;过松,吹吸时棉花会下滑),然后分别将每只吸管尖端斜放在旧报纸的近左端,与报纸约成 45°角,并将左端多余的一端纸覆折在吸管上,再将整根吸管卷入报纸,右端多余的报纸打一小结。如此包好的多支吸管可再用一张大报纸包好,进行干热灭菌。

若有铜或不锈钢吸管筒,亦可将分别包好的吸管一起装入筒内,进行灭菌;若预计一筒灭菌的吸管可一次用完,亦可不用报纸包而直接装入筒内灭菌,但要求吸管尖朝筒底,粗端在筒口,使用时,将筒卧放在桌上,用手持粗端抽出。

### 3.试管和三角烧瓶等的包装

试管管口和三角烧瓶瓶口塞以棉花塞(做棉塞的方法见实验三)或塑料试管帽或硅胶瓶塞,然后在棉塞与管口和瓶口的外面用两层报纸一层牛皮纸用细线或绳包扎好(如果能用铝箔纸则更好,可省去用线扎且效果好),再进行湿热灭菌;干热灭菌时不可塞塑料试管帽,以免融化。可用棉塞塞管口,再用报纸包好试管和瓶口,进行干热灭菌。试管塞好塞子后也可以一起装在铁丝篓中,用大张报纸或铝箔将一篓试管进行一次包扎,包纸的目的在于保存期避免灰尘浸入。

空的玻璃器皿一般用于干热灭菌,若用湿热灭菌,则要多用几层报纸包扎,外面最好加一层牛皮纸或铝箔。

## 三、微生物实验室常用其他器皿

### 1.加样器

可用来吸取微量液体,规格型号很多每个微量吸管在一定范围内可调节几个体积,并都标有使用范围,例如:$0.5\sim10\mu L$、$2\sim10\mu L$、$10\sim100\mu L$、$100\sim1000\mu L$ 等。

操作程序是:(1)先将合适配套的塑料吸头(tip)牢固地套在加样器的下端;(2)旋动调节螺旋或键,使加样器数字显示框中显示出所需要吸取的体积;(3)用大拇指按下加样器另一端的活塞钮至第一档位,并将吸嘴插入液体中缓慢放松活塞钮吸取液体;并将其移至接收试管中;(4)按下活塞钮至第一档位排出液体,使液体进入接收管;若液体排不净可直接按至第二档位直至液体排净;(5)按下加样器体侧的排除钮,以去掉用过的空吸头或用镊子取下吸头或直接用手取下吸头。

可调加样器使用时对容量的选择要适当,不可用大容量的加样器吸取微量样品,这样误差较大,也会损害加样器的准确性。

除了可调的微量加样器外,也有不可调的,即只有一个容量,应用范围局限。

### 2.小塑料离心管

又称 Eppendorf 管。有 1.5mL 和 0.5mL 两种型号,主要用于微生物分子生物学实验中小量菌体的离心,DNA(或 RNA)分子的检测、提取等。

另外还有常量塑料离心管,规格有 5mL、10mL、25mL、50mL,用于离心大量培养液血清或其他液体,5mL、10mL 亦有带盖的。

### 3.冻存管

有 1.5mL 和 2mL 规格。有螺旋形盖,用于细菌或少量实验样品的冷冻保藏,配套有冻存管盒。

### 4.注射器

有玻璃注射器和一次性塑料注射器及微量玻璃注射器。玻璃注射器规格有 1mL、2mL、

5mL、10mL、20mL、25mL、50mL、100mL 不同的容量,使用时需将注射器外筒与活塞柄上标注的数字号码配套相同方可,否则不可用。塑料注射器规格有 1mL、2mL、5mL、10mL、20mL、25mL。注射抗原于动物体内可根据需要使用 1mL、2mL 和 5mL 的;抽取动物心脏或绵羊静脉血可采用 10mL、20mL、50mL 的注射器。

微量玻璃注射器有 $10\mu L$、$20\mu L$、$50\mu L$、$100\mu L$ 等不同的型号。一般在免疫学或纸层析、电泳等实验中滴加微量样品时应用。

5.接种工具

接种工具有接种环、接种针、接种钩、接种铲、玻璃涂布器等。制造环、针、钩、铲的金属可以用铂或镍铬合金,原则是软硬适度,能经受火焰反复烧灼,又易冷却。接种细菌和酵母菌用接种环和接种针,其铂丝或镍铬合金丝的直径以 0.5mm 为适当,环的内径为 2~4mm,环面应平整。目前已有塑料的一次性接种环,方便实用。

接种某些不易和培养基分离的放线菌和真菌,有时用接种钩或接种铲,其丝的直径要粗一些,约 1mm。用涂布法在琼脂平板上分离单个菌落时需用玻璃涂布器,是将玻棒弯曲或将玻棒一端烧红后压扁而成。

(沙莎)

# 附录Ⅱ　常用染色液的配制及染色方法

## 一、染料介绍

细菌常用染色方法中常用染色剂、媒染剂、脱色剂等。染色剂中常用的染料有如下种类：

(1)碱性染料：这是细菌学中最常用的一类染料，有红色染料、紫色染料、蓝色染料、绿色染料。

红色染料：复红沙黄、中性红。

紫色染料：龙胆紫、结晶紫、甲基紫、硫堇。

蓝色染料：美蓝、奈耳蓝。

绿色染料：孔雀绿、煌绿。

(2)酸性染料：此类染料的色基，为有机酸根与钠结合所形成的化合物。

红色染料——伊红、酸性复红。

黄色染料——刚果红，苦味酸。

(3)中性染料：为碱性染料与酸性染料的结合物。

瑞氏(Wright)染料中的伊红美蓝。姬姆萨(Giemsa)染料中的伊红天青。

(4)媒染剂：能增强染料和被染物亲和力的物质叫做媒染剂。细菌学上常用的媒染剂有酸、碱，金属盐，碘等。有染料液与媒染剂先后使用的方法，如革兰(Gram)氏染色法中的碘；有同时使用的方法，如抗酸性染色法中石碳酸复红中的石碳酸。

(5)脱色剂：脱色作用是用以检查染料和被染物结合的稳定程度，故有鉴别细菌的作用。细菌学上常用的脱色剂有水、醇类、氯仿、酸、碱、盐类等。多用于第一次染色后，或用于媒染剂作用后。

## 二、常用染色液的配制方法

### 1.染料原液配制

将各种染料按附表Ⅱ-1数量制成酒精饱和溶液即叫染料原液。可长期保存，用时稀释。配制饱和酒精溶液，应先用少量95％酒精先在研钵中徐徐研磨，使染料充分溶解，再按其溶解度加于95％酒精之中，贮存于棕色瓶中即可：

附表Ⅱ-1　几种常用染料在95％酒精中的溶解度(26℃)

| 染料名称 | 美蓝 | 结晶紫 | 龙胆紫 | 碱性复红 | 沙黄 |
|---|---|---|---|---|---|
| 溶于100mL 95％酒精(g) | 1.48 | 13.87 | 10.00 | 3.20 | 3.40 |

### 2.常用染色液的配制

(1)单染色液：

①碱性美蓝(亦称骆氏美蓝)染色液

| | |
|---|---|
| 美蓝饱和酒精溶液 | 30mL |
| 0.01％氢氧化钾水溶液 | 100mL |

混合即成。此染色液在密闭条件下可保存多年。若将其在瓶中贮至半满,松塞棉塞,每日拔塞摇振数分钟,并不时加水补充失去的水分,约1年后可获得多色性,成为多色美蓝染色液。

②瑞氏染色液

| | |
|---|---|
| 瑞氏染料 | 0.1g |
| 甲醇 | 60mL |

取瑞氏染料0.1g置于乳钵中,徐徐加入甲醇,研磨以促其溶解。将溶液倾入棕色中性玻瓶中,并数次以甲醇洗涤乳钵,亦倾入瓶内,最后使其全量为60mL即可。将此瓶置暗处过夜,次日过滤即成。此染色液须置于暗处,其保存期约为数月。

③姬姆萨染色液

| | |
|---|---|
| 姬姆萨染料 | 0.6g |
| 甘油 | 50mL |
| 甲醇 | 50mL |

取姬姆萨染料0.6g加于50mL甘油中,置于55℃~60℃水浴中1.5~2h后,加入甲醇50mL,静置1日以上,滤过即成姬姆萨染色液原液。

临染色前,于每毫升蒸馏水中加入上述原液1滴,即成姬姆萨染色液。应当注意,所用蒸馏水必须为中性或微碱性,若蒸馏水偏酸,可于每10mL左右加入1％碳酸钾溶液1滴,使其变成微碱性。

④石碳酸复红(苯酚品红)染色液

| | |
|---|---|
| 3％复红(品红)酒精溶液 | 10mL |
| 5％石碳酸(苯酚)水溶液 | 90mL |

混合过滤即成。

(2)革兰氏染液:

①草酸铵结晶紫(亦称赫克结晶紫)

| | |
|---|---|
| 结晶紫饱和酒精溶液 | 2mL |
| 蒸馏水 | 18mL |
| 1％草酸铵水溶液 | 80mL |

混合过滤即成。

②革兰氏碘溶液

| | |
|---|---|
| 碘化钾 | 2g |
| 碘片 | 1g |
| 蒸馏水 | 300mL |

将碘化钾2g置于乳钵中,加蒸馏水约5mL。再加入碘片1g,予以研磨,并徐徐加水,至完全溶解后,注入瓶中,再加蒸馏水至300mL即可。此液可保存半年以上,当产生沉淀或褪色后即不能再用。

③沙黄水溶液(番红花红)

| 沙黄饱和酒精溶液 | 2mL |
|---|---|
| 蒸馏水 | 18mL |

即稀释 10 倍。此液保存期以不超过 4 个月为宜。

④稀释石碳酸复红染色液

将石碳酸复红染色液以蒸馏水稀释 10 倍即成。

3.特殊染色染色液配制及方法

(1)荚膜染色

①碱性美蓝法(见实验三)

②瑞氏染色法

抹片、干燥。甲醇固定 3～5min,以瑞氏染色液滴加在抹片上,染色 1min,滴加等量的蒸馏水于抹片上,与染液混匀,染色 5～7min。亦可在染色前放一张较玻片面积略小的滤纸于抹片上,然后在滤纸上滴加瑞氏染液,之后的方法同前。

水洗、干燥、镜检。荚膜呈淡紫色,菌体呈蓝色。

③姬姆萨染色法

抹片、固定同上。将固定好的抹片放于配好姬姆萨染色液的缸中,染色 15～30min。水洗、干燥、镜检。荚膜呈淡紫色,菌体呈蓝色。

④节氏(Jasmin)荚膜染色法

取 9mL 含有 0.5％石碳酸的生理盐水,加入 1mL 无菌血清(各种动物的血清均可)混合后成为涂片稀释液。取此液一接种环置于载玻片上,又以接种环取细菌少许,均匀混悬其中,涂成薄层,任其自然干燥,在火焰上微微加热固定,然后置甲醇中处理,并立即取出,在火焰上烧去甲醇。以革兰氏染色液中的草酸铵结晶紫染色液染色 0.5min,干燥后镜检。背景淡紫色,菌体深紫色,荚膜无色。

⑤黑色素水溶液及染色法

| 黑色素 | 5g |
|---|---|
| 蒸馏水 | 100mL |
| 福尔马林(40％甲醛) | 0.5mL |

将黑色素在蒸馏水中煮沸 5min,然后加入福尔马林作防腐剂。在载玻片一端滴一滴无菌蒸馏水(或 6％的葡萄糖液),取少许培养了 72h 的菌在水滴中制成悬液(如圆褐固氮菌)。取一滴新配好的黑色素溶液(也可用绘图墨水)与菌悬液混合,另取一块载玻片作为推片,将推片一端平整的边缘与菌悬液以 30°角接触后,顺势将菌悬液推向前方,使其成匀薄的一层,自然干燥。用甲醇固定 1min。加番红液数滴于涂片上,冲去残余甲醇,并染 30s,以细水流适当冲洗,吸干后油镜检查:背景黑色,荚膜无色,细胞红色。

(2)芽孢染色液及染色方法

①孔雀绿染液

| 孔雀绿(malachite green) | 5g |
|---|---|
| 蒸馏水 | 100mL |

②番红水溶液

| 番红 | 0.5g |
|---|---|
| 蒸馏水 | 100mL |

③孔雀绿—沙黄芽孢染色法：

涂片、干燥、固定。在抹片上滴加 5％孔雀绿水溶液于其上，加热 30～60s，使之产生蒸汽 3～4 次。水洗 0.5min 脱色。再复染以 0.5％沙黄水溶液 0.5min。

水洗、干燥、镜检。菌体呈红色，芽孢呈绿色（所用玻片最好先以酸液处理，可防绿色褪色）。

④石碳酸复红溶液（苯酚品红），方法见实验三。

（3）鞭毛染色液及染色方法（见第一章）

①利夫森染色液的配制（leifson）

| | |
|---|---|
| A 液 NaCl | 1.5g |
| 蒸馏水 | 100mL |
| B 液单宁酸 | 3g |
| 蒸馏水 | 100mL |
| C 液碱性复红 | 1.2g |
| 95％乙醇 | 200mL |

临用前将 A、B、C 三种染液等量混合。

三种溶液分别于室温保存可保存几周，若分别置于冰箱保存，可保存数月。混合液装密封瓶内置冰箱几周仍可使用。

②银染法染色液的配制

| | |
|---|---|
| A 液单宁酸 | 5g |
| FeCl$_3$ | 1.5g |
| 蒸馏水 | 100mL |
| 15％福尔马林 | 2.0mL |
| 1％NaOH | 1.0mL |

配好后，当天使用，次日效果差，第 3d 则不好用。

| | |
|---|---|
| B 液 AgNO$_3$ | 2g |
| 蒸馏水 | 100mL |

待 AgNO$_3$ 溶解后，取出 10mL 备用，再向余下的 90mLAgNO$_3$ 中滴入浓氨水，使之成为很浓厚的氢氧化银沉淀，再继续滴加氨水，直到重新形成的沉淀物又刚刚溶解为止。再将备用的 10mLAgNO$_3$ 慢慢滴入，则出现薄雾，但轻轻摇动后，薄雾状沉淀又消失，再滴入 AgNO$_3$，直到摇动后仍呈现轻微而稳定的薄雾状沉淀为止。如所呈薄雾不重，即可使用，此染剂可使用一周。如薄雾过重，则银盐被沉淀出，不宜使用。

（4）抗酸染色液及染色方法

姜—尼（Ziehl—Neelsen）染色法之一（见实验三）

3％盐酸酒精（亦称含酸酒精）

| | |
|---|---|
| 浓盐酸 | 3mL |
| 95％酒精 | 97mL |

混合即可。

抗酸染色法之二

①Kinyoun 氏石碳酸复红染液

| 碱性复红 | 4g |
|---|---|
| 95％乙醇 | 20mL |
| 石碳酸 | 9mL |
| 蒸馏水 | 100mL |

将碱性复红溶于酒精,再缓缓加水并振摇,再加入石碳酸混合。

②Gabbott 氏染液

| 美蓝 | 1g |
|---|---|
| 无水乙醇 | 20mL |
| 蒸馏水 | 50mL |
| 浓硫酸 | 20mL |

先将美蓝溶于乙醇,再加蒸馏水,最后加硫酸即成。

染色方法:在固定好的抹片上滴加 Kinyoun 氏石碳酸复红染液,染色 3min。连续水洗 90s,之后滴加 Gabbott 氏复染液,染色 1min,连续水洗 1min,吸干,镜检。抗酸菌呈红色,其他菌呈蓝色。

抗酸染色法之三

滴加石碳酸复红染液于干燥固定好的抹片上,染色 1min;水洗;再用 1％美蓝酒精液复染 20s;水洗、干燥、镜检。抗酸性菌呈红色。镜检前对光检查染色片,标本片务必呈蓝色,如标本片呈现红色或棕色,表示复染不足,应再复染 5～10min,再观察,如仍未全呈蓝色时,仍可反复复染,至符合要求为止。

(5)真菌染色液及染色方法

①乳酸石碳酸棉蓝染色液

| 石碳酸 | 10g |
|---|---|
| 乳酸(比重 1.2) | 10mL |
| 甘油(比重 1.25) | 20mL |
| 蒸馏水 | 10mL |
| 棉蓝(cotton blue) | 0.02g |

将石碳酸加在蒸馏水中加热溶解,然后加入乳酸和甘油,最后加入棉蓝,使其溶解即成。

②0.1％美蓝染色液压片。

③不染色法:10％～20％氢氧化钾压片法。

④吉姆萨染色:丝状真菌、类酵母菌染为紫色或红色,核蓝紫色、紫红色,胞壁、中隔及死亡菌丝不着染,背景为粉红或淡蓝色。

⑤革兰氏染色:丝状真菌因菌龄不同,其内容物不同,着染为紫蓝色、红色,细胞壁及中隔不着染,衰老或死亡菌丝呈玻璃样。念珠菌等芽生细胞及假菌丝染为紫蓝色。

(6)异染颗粒染色液及染色方法

异染颗粒的主要成分是核糖核酸和多偏磷酸盐,嗜碱性强,故用特殊染色法可将其染成与细菌其他部分不同的颜色。

①美蓝染色法:抹片在火焰中固定后,以多色性美蓝液染色 0.5min,水洗,吸干,镜检。菌体呈深蓝色,异染颗粒呈淡红色。

②亚氏(Albert)染色法:抹片在火焰中固定后,以亚氏染色液染色 5min,水洗后再以碘

溶液染色 1min,水洗,吸干,镜检。菌体呈绿色,异染颗粒呈黑色。亚氏染色液和碘溶液的成分如下:

　　染色液:

　　甲苯胺蓝(Toludine blue)　　　0.15g

　　孔雀绿　　　　　　　　　　　0.20g

　　冰醋酸　　　　　　　　　　　1mL

　　95%酒精　　　　　　　　　　2mL

　　蒸馏水　　　　　　　　　　　100mL

　　碘溶液:

　　碘片　　　　　　　　　　　　2g

　　碘化钾　　　　　　　　　　　3g

　　蒸馏水　　　　　　　　　　　300mL

将碘片和碘化钾在乳钵中研磨,先加 40～50mL 蒸馏水,使其充分溶解,然后再加足量蒸馏水。

(7)凝胶对流免疫电泳用染色液

①氨基黑染色液

氨基黑 10B　　　　　　　　　　6g

甲酸　　　　　　　　　　　　　450mL

冰醋酸　　　　　　　　　　　　100mL

蒸馏水　　　　　　　　　　　　444mL

混匀放入冰箱备用

②脱色液

冰醋酸　　　　　　　　　　　　7mL

蒸馏水　　　　　　　　　　　　93mL

混匀放入冰箱备用

(沙莎)

# 附录Ⅲ　实验室常用培养基的配制

## 一、基础培养基

### （一）营养肉汤（见实验三）

### （二）营养琼脂（见实验三）

### （三）马丁(Martin)肉汤

1.成分

（1）猪胃消化液

| | |
|---|---|
| 猪胃 | 200g |
| 盐酸 | 10mL |
| 蒸馏水 | 1000mL |

（2）牛肉水

| | |
|---|---|
| 牛肉 | 500g |
| 蒸馏水 | 1000mL |

2.方法

（1）猪胃消化液制造

①取新鲜猪胃剔去脂肪，洗去污物后绞碎，按以上数量的猪胃和盐酸加入58℃的温水中（搅拌后，水温降至52℃左右）。

②放入51℃～53℃水溶箱内消化24～27h，前12h每1h搅拌一次，12h后每2h搅拌一次。

③消化完毕后，除去上层脂肪，抽出澄清的胃液，煮沸10min，使其停止消化放置沉淀，抽上清，用绒布滤过，加1N氢氧化钠溶液进行中和（pH 7.0），再煮沸30min，澄清过滤即可。

（2）牛肉水制造

①取剔去结缔组织和脂肪的牛肉500g，加水1000mL。

②煮沸30min，补足原水量，用3～4层绒布过滤即可。

（3）马丁肉汤制造

①取猪胃消化液和牛肉水等量混合后，用2N的氢氧化钠调节pH至7.4～7.6，煮沸10min。

②放置沉淀，取上清滤过。

③分装后，以121℃高压蒸气灭菌30min备用。

④如制造马丁琼脂，可于调好pH的1000mL马丁肉汤中加入琼脂25g，100℃流通蒸气溶解30min，分装，121℃高压蒸汽灭菌20min后备用。

3.用途

(1)马丁肉汤用于检查细菌的发育状况等。

(2)马丁琼脂用作分离培养及保存菌种等。

## 二、常用特殊培养基的制造(用于对营养要求高的动物病原菌培养)

### (一)血液琼脂

1.成分

脱纤血液(无菌)　　　　　　5～10mL

营养琼脂　　　　　　　　　100mL

2.方法

取制备的营养琼脂,溶解后冷却至55℃,按以上数量加入无菌的脱纤维血液(马血、羊血或家兔血、鱼血均可)混合后做成斜面或平板。使用前须作杂菌鉴定。

3.用途

(1)某些病原菌(如马腺疫链球菌、巴氏杆菌等)的分离培养。

(2)观察细菌的溶血现象,作鉴别用。

(3)斜面常用于保存要求营养高的菌种。

### (二)血清琼脂

1.成分

无菌血清　　　　　　　　　5～10mL

营养琼脂　　　　　　　　　100mL

2.方法

取已灭菌的营养琼脂,溶解后冷却至55℃,按以上数量加入无菌的牛、马、绵羊或家兔血清,混合后,做成斜面或平板即可。使用前须作杂菌鉴定。

3.用途

(1)某些病原菌(如马腺疫链球菌、巴氏杆菌、假单胞菌等)的分离培养和菌落性状检查。

(2)斜面可用于菌种保存。

### (三)巧克力琼脂

1.成分

脱纤血液(无菌)　　　　　　10mL

营养琼脂　　　　　　　　　100mL

2.方法

(1)制造方法与血液琼脂相似。将营养琼脂加热溶解,在80℃～90℃时加入脱纤血液(马、牛、绵羊或家兔血液均可),混合均匀后,分装培养皿或试管。

(2)或将营养琼脂加热溶解后,冷却至55℃时加入血液,立即置于80℃～90℃的水浴锅中并不时摇动,使瓶内培养基温度逐渐升高,血液由鲜红色转变至晴棕色为止。

(3)置37℃恒温箱24h,如无细菌生长即可应用。

3.用途

供培养嗜血杆菌、鸭疫李默氏杆菌用,因其呈巧克力颜色,故称巧克力琼脂。

### (四)却浦漫(Chapman)培养基

1.成分

| | |
|---|---|
| 胨蛋白胨 | 10g |
| 甘露醇 | 10g |
| 氯化钠 | 75g |
| 琼脂 | 15g |
| 蒸馏水 | 1000mL |
| 0.4%酚红水溶液 | 6mL |

2.方法

(1)将上述各成分除酚红外加热溶解,调节 pH 至 7.4。

(2)加入 0.4%酚红水溶液,分装于三角烧瓶内。

(3)经 115℃高压蒸汽灭菌 15min 即可。临用时倾注平板。

3.用途

供葡萄球菌鉴别用。

### (五)40%胆汁肉汤

1.成分

| | |
|---|---|
| pH7.6 普通肉汤 | 60mL |
| 葡萄糖 | 0.12g |
| 牛胆汁 | 40mL |

2.方法

(1)取新鲜完整的牛胆洗净并收集胆汁,115℃高压蒸汽灭菌 20min,静置片刻,脱脂棉过滤。

(2)取胆汁 40mL,与 0.2%葡萄糖肉汤 60mL 混合。

(3)经 121.3℃高压蒸汽灭菌 15min 即可。

3.用途

供链球菌分群鉴定用。

### (六)胰胨琼脂

1.成分

| | |
|---|---|
| 胰蛋白胨 | 20g |
| 葡萄糖 | 1g |
| 氯化钠 | 5g |
| 琼脂 | 16g |
| 蒸馏水 | 1000mL |

2.方法

(1)将上述成分混合,加热溶解。调节 pH 至 7.0。

(2)装瓶,置高压灭菌器中,经 121.3℃,15min 灭菌。

(3)临用时,溶解,倒成平板即可。

3.用途

适用于培养布氏杆菌及其他不易生长的细菌,分装试管。如链球菌及肺炎球菌等。

### (七)改良布氏杆菌培养基

1.成分

| | |
|---|---|
| 胰蛋白胨 | 20g |
| 氯化钠 | 5g |
| 葡萄糖 | 10g |
| 枸橼酸钠 | 5g |
| 甘油 | 20mg |
| 蒸馏水 | 1000mL |

2.方法

(1)将上述成分混合,加热溶解。调节 pH 至 6.8~7.0,滤纸过滤。

(2)分装于 100mL 的盐水瓶中,每瓶 50mL(瓶塞用反口橡皮塞)

(3)置高压灭菌器中,经 121.3℃15min 灭菌。

3.用途

供培养布氏杆菌用。

### (八)胰胨枸橼酸盐培养基

1.成分

| | |
|---|---|
| 胰蛋白胨 | 20g |
| 氯化钠 | 5g |
| 枸橼酸钠 | 10g |
| 蒸馏水 | 1000mL |

2.方法

(1)将上述成分混合,加热溶解。调节 pH 至 6.8~7.0,过滤。

(2)分装于 100mL 盐水瓶中,每瓶 50mL(用反口橡皮塞)。

(3)置高压灭菌器中,经 121.3℃,15min 灭菌,备用。

3.用途

供培养布杆菌用,比较脆弱的细菌也能在此培养液中生长。

### (九)肝浸液培养基(肝汤)

1.成分

| | |
|---|---|
| 肝浸液 | 1000mL |
| 蛋白胨 | 10g |
| 氯化钠 | 5g |

2.方法

(1)取新鲜牛肝除去脂肪后绞碎,秤取 500g,加自来水 1000mL 与之混合,置锅中煮沸1h,搅拌均匀,用数层纱布或绒布过滤,加水补足原量。

(2)加入蛋白胨及氯化钠,煮沸溶解,调节 pH 至 7.0,过滤,即制成肝浸液,分装试管或烧瓶中。

(3)经 121.3℃高压蒸汽灭菌 15～20min。

3.用途

途适用于布氏杆菌的培养。

### (十)肝浸液琼脂(肝汤琼脂)

1.成分

| | |
|---|---|
| 肝脏浸液 | 1000mL |
| 蛋白胨 | 10g |
| 氯化钠 | 5g |

2.方法

(1)取新鲜牛肝除去脂肪后,绞碎,秤取 500g,加自来水 1000mL 与之混合,置锅中煮沸 1h,搅拌混匀,以数层纱布或绒布过滤。

(2)加入蛋白胨及氯化钠,加热溶解,调节 pH 至 7.0,过滤。此时,即制成肝浸液。

(3)加入 2% 的琼脂后,置流通蒸汽锅内加温溶解。

(4)分装于试管内或三角瓶中,置高压蒸汽灭菌锅内,经 121.3℃灭菌 15～20min。如作分离培养时,可做成平板。

3.用途

适用于布氏杆菌的分离培养。

### (十一)胰蛋白胨琼脂培养基

1.成分

| | |
|---|---|
| 胰蛋白胨 | 0.5g |
| 酵母浸膏 | 0.5g |
| 牛肉膏 | 0.2g |
| 醋酸钠 | 0.2g |
| 琼脂 | 9g |
| 蒸馏水 | 1000mL |

2.方法

将以上各成分溶化,调 pH 至 7.2～7.3,121℃15min 灭菌。

3.用途

分离黏液菌或柱状屈绕杆菌用。

## 生化试验培养基(用于细菌生化鉴定或鉴别培养)

### (十二)童汉蛋白胨水

1.成分

| | |
|---|---|
| 蛋白胨 | 1.0g |
| 氯化钠 | 0.5g |
| 蒸馏水 | 100mL |

2.方法

将蛋白胨及氯化钠加入蒸馏水中,100℃加热溶解 20min 后,调节 pH 为 7.6,再 100℃加热沉淀 30min,滤纸滤过后,分装,121.3℃高压蒸汽灭菌 20min 备用。

3.用途

(1)检查靛基质。

(2)制造糖培养基的基础。

**(十三)葡萄糖蛋白胨水**

1.成分

| | |
|---|---|
| 蛋白胨 | 1g |
| 葡萄糖 | 1g |
| 磷酸氢二钾 | 1g |
| 蒸馏水 | 200mL |

2.方法

(1)将上述成分依次加入蒸馏水中,100℃加热 30min 溶解。

(2)调节 pH 至 7.4.再以 100℃流通蒸汽加热沉淀 30min,滤纸过滤,分装于试管中,每管 5mL,以 112℃高压蒸气灭菌 20min 即可。

3.用途

供 MR 试验及 VP 试验用。主要用于鉴别大肠杆菌和产气杆菌等。

**(十四)糖培养基**

1.成分

| | |
|---|---|
| pH7.6 童汉蛋白胨水 | 100mL |
| 1.6%BCP 酒精溶液 | 0.1mL |
| 糖 | 0.5~1.0g |

2.方法

取童汉蛋白胨水 100mL,加入指示剂和糖后,分装于带有倒置的小发酵管的小试管中(13mm×100mm),以 112℃高压蒸汽灭菌 20min 即可。

3.用途

鉴定细菌对糖类的发酵能力。

**(十五)双糖培养基**

1.成分

| | |
|---|---|
| (1)0.35%营养琼脂(pH7.4) | 100mL |
| 20%葡萄糖溶液 | 1mL |
| 0.2%酚红水溶液 | 0.5mL |
| 1.3%营养琼脂(pH7.4) | 100mL |
| (2)20%葡萄糖溶液 | 1mL |
| 0.2%酚红水溶液 | 0.5mL |

2.方法

用无菌操作将葡萄糖琼脂 2mL 分装于试管底部成高层,冷却后,再加入乳糖琼脂1.5mL 于其上面,制成斜面。

3.用途

用以初步鉴别大肠杆菌和沙门氏菌。接种时,用接种环先涂斜面,然后穿刺高层。培养基下部为半固体,因此除了可检查细菌对葡萄糖的发酵(产酸、产气情况)作用外,尚可观察细菌的运动力。上层为固体,其中含有乳糖,用以检查细菌发酵乳糖的能力。上、下层培养基中有酚红为指示剂,分解糖产酸时为黄色,碱性时为红色。因大肠杆菌能分解乳糖和葡萄糖,故上层斜面及底层均变为黄色,同时下层还产生气体;沙门菌仅能分解葡萄糖,仅使下层变黄色,并产生气体,而上层斜面颜色不变。

### (十六)三糖铁琼脂培养基

1.成分

| | |
|---|---|
| 蛋白胨 | 20g |
| 氯化钠 | 5g |
| 乳糖 | 10g |
| 蔗糖 | 10g |
| 葡萄糖 | 1.0g |
| 硫酸亚铁铵 | 0.2g |
| 硫代硫酸钠 | 0.2g |
| 酚红 | 0.025g |
| 琼脂 | 13g |
| 蒸馏水 | 1000mL |

2.方法

(1)将蛋白胨、氯化钠加入蒸馏水中,100℃加热30min使其溶解,调节pH至7.4,再以100℃加热30min进行沉淀。

(2)将上述蛋白胨水过滤后,再把其余各成分依次加入其中,充分混合溶解后,分装于试管中,每管约10mL,以115℃高压蒸汽灭菌20min,取出后趁热做成底层高度约2.5cm的斜面,杂检合格后即可应用。

3.用途

此培养基可用来测定细菌对葡萄糖、乳糖、蔗糖的发酵反应,以及能否产生硫化氢。

4.注意

(1)接种时,先将培养物涂种于斜面上,再穿刺接种于底层内,置37℃恒温箱中培养24~48h,观察反应。

(2)因为此培养基内含有蔗糖,故可区别普通变形杆菌(＋)与沙门菌属细菌(－)。如细菌能发酵乳糖或蔗糖,或者使二者皆发酵,则培养基呈黄色,即酸性反应。

(3)沙门菌属细菌可发酵葡萄糖,不能发酵乳糖和蔗糖,故底层呈黄色,而斜面部分仍为红色。

(4)如普通变形杆菌及沙门菌属的某些菌株能产生硫化氢,因此形成硫化铁,从而使培养基呈黑色。

(5)能产气的细菌,可使底层之琼脂内存有气泡。

### (十七)枸橼酸钠琼脂

1.成分

| | |
|---|---|
| 磷酸二氢铵[$(NH_4)H_2PO_4$] | 0.1g |
| 硫酸镁 | 0.01g |
| 磷酸氢二钾($K_2HPO_4$) | 0.1g |
| 枸橼酸钠($Na_3C_8N_5O_7 \cdot 2H_2O$) | 0.2g |
| 氯化钠 | 0.5g |
| 琼脂 | 2.0g |
| 蒸馏水 | 100mL |
| 0.5%BTB 酒精溶液 | 0.5mL |

2.方法

将各成分溶解于蒸馏水中,调节 pH 为 6.8,加入 BTB 溶液后成淡绿色,分装于试管中,灭菌后,放斜面即可。

3.用途

用以鉴别产气杆菌及大肠杆菌。

### (十八)醋酸铅琼脂

1.成分

| | |
|---|---|
| pH7.4 营养琼脂 | 100mL |
| 硫代硫酸钠 | 0.25g |
| 10%醋酸铅水溶液 | 1.0mL |

2.方法

营养琼脂加热溶解后,再加入硫代硫酸钠,混合后,以 113℃高压蒸汽灭菌 20min,保存备用。应用前加热溶解,加入灭菌的醋酸铅水溶液,混合凝固后即可使用。

3.用途

检查细菌有无产生硫化氢的能力,如沿穿刺线有黑色物质产生,即为阳性反应。

4.注意

醋酸铅与硫代硫酸钠不能长时间高温灭菌。培养基中加入硫代硫酸钠的目的是供给细菌所需的硫,以产生硫化氢。

### (十九)尿素培养基

1.成分

| | |
|---|---|
| 蛋白胨 | 1g |
| 葡萄糖 | 1g |
| 氯化钠 | 5g |
| $KH_2PO_4$ | 2g |
| 酚红 | 0.012g |
| 琼脂 | 20g |
| 蒸馏水 | 1000mL |

2.方法

将以上成分依次加入蒸馏水中,混匀后其 pH 为 6.6 左右,不需另行调节,高压灭菌后保存备用,另外配制 20%尿素溶液,该溶液用过滤器过滤除菌。应用前将上述琼脂加热溶解,冷至 50℃左右,按 2%加入尿素,混合后,分装于中试管中,每管 5mL,放成斜面即可。

3.用途

用以鉴别变形杆菌和沙门菌。

### (二十)溴甲酚紫牛乳培养基(即紫乳培养基)

1.成分

| | |
|---|---|
| 脱脂牛乳 | 100mL |
| 1.6%BCP 酒精溶液 | 0.1mL |

2.方法

(1)取新鲜牛乳(也可用奶粉配制成 10%的水溶液代替)置流通蒸汽锅中蒸 30min,放冰箱中过夜,次日用虹吸管吸出乳汁,去掉脂肪,必要时也可用离心机离心去除脂肪。

(2)将指示剂加入脱脂后的牛乳中,分装于小试管内,以 112℃高压蒸汽灭菌 20min即可。

3.用途

测定细菌产酸产碱的能力。检查细菌对牛乳的凝固性状,以及胨化的情况。

### (二十一)石蕊牛乳培养基

1.成分

| | |
|---|---|
| 脱脂牛乳 | 100mL |
| 石蕊酒精溶液 | 2.5mL |

2.方法

(1)取脱脂牛乳 100mL,加入石蕊酒精溶液 2.5mL,充分混合。

(2)分装于小试管中,每管 5mL,以 112℃高压蒸汽灭菌 20min 即可。

3.用途

供鉴别需氧菌及厌氧菌对牛乳的生化反应。这是根据其对乳糖的发酵及酪蛋白分解或凝固等结果来判断的;石蕊指示剂于碱性时变紫色,酸性时变黄色。

### (二十二)美蓝牛乳培养基

1.成分

| | |
|---|---|
| 脱脂牛乳 | 100mL |
| 1%美蓝水溶液 | 2mL |

2.方法

往脱脂后的牛乳中加入 1%美蓝水溶液,分装于小试管中,以 112℃高压蒸汽灭菌 20min 即可。

3.用途

测定细菌有无还原美蓝的能力。

### (二十三)硝酸钾培养基

**1.成分**

| | |
|---|---|
| 硝酸钾 | 0.2g |
| 蛋白胨 | 10g |
| 蒸馏水 | 1000mL |

**2.方法**

(1)将上述成分混合后,加热溶解并调节 PH 至 7.4,用滤纸过滤。

(2)分装于小试管中,每管约 4mL,置高压蒸汽灭菌器中,以 121.3℃,20min 灭菌。

**3.用途**

用以测定细菌有无将硝酸盐还原为亚硝酸盐的能力。

### (二十四)淀粉培养基

**1.成分**

| | |
|---|---|
| 蛋白胨 | 20g |
| 氯化钠 | 5g |
| 磷酸氢二钠 | 3g |
| 葡萄糖 | 5g |
| 可溶性淀粉 | 10 |
| 琼脂 | 25g |
| 蒸馏水 | 1000mL |

**2.方法**

(1)取蛋白胨 20g、氯化钠 5g、磷酸氢二钠 3g、琼脂 25g 及蒸馏水 1000mL,混合后,加热溶解。调节 pH 至 7.4,用数层纱布过滤。

(2)滤后,加入预先溶解在少量蒸馏水中的可溶性淀粉 10g,葡萄糖 5g,与上述琼脂基础液充分混匀。

(3)分装于小试管中,每管约 4mL。

(4)置高压灭菌器中,经 115℃灭菌 15~20min。取出后,趁热倒成平板,置冰箱中备用。

**3.用途**

测定细菌有无水解淀粉的能力。

### (二十五)马尿酸钠肉汤培养基

**1.成分**

| | |
|---|---|
| 马尿酸钠 | 1g |
| 牛肉水 | 100mL |

**2.方法**

(1)将马尿酸钠溶解于牛肉水内,分装于小试管中,每管 4~5mL。分装后在试管壁画一横线,以标志管内液面高度。

(2)经 121.3℃,20min 高压蒸汽灭菌后,置 37℃恒温箱内培养 48h 杂检。

(3)临用时,如试管内培养基容积减少,必须加无菌蒸馏水至试管内画线的标记处。

3.用途

用以测定细菌对马尿酸钠的水解试验。作为链球菌的鉴定用。

## 肠道菌用培养基(用于肠道菌的鉴别培养)

### (二十六)煌绿增菌培养基

1.成分

| | |
|---|---|
| 蛋白胨 | 10g |
| 氯化钠 | 5g |
| 蒸馏水 | 100mL |

2.方法

(1)将上述成分加于蒸馏水中混合后,煮沸溶解,调节 pH 至 7.4,过滤。

(2)分装于小试管中,每管 5mL。经 121.3℃15min 高压蒸气灭菌,保存在冰箱内备用。

(3)临用时,每管培养基内加入 1∶10000 煌绿水溶液 0.2mL 即成。

3.用途

供沙门菌选择增菌用。

### (二十七)亚硒酸盐增菌培养基

1.成分

甲液:

| | |
|---|---|
| 蛋白胨 | 1.5g |
| 乳糖 | 4g |
| 磷酸二氢钠 | 5g |
| 磷酸氢二钠 | 5g |
| 蒸馏水 | 900mL |

乙液:

| | |
|---|---|
| 亚硒酸氢钠($NaHSeO_3$) | 4g |
| 蒸馏水 | 100mL |

2.方法

(1)将蛋白胨、乳糖、磷酸盐类溶解于 900mL 蒸馏水中,并稍加热,成为甲液。

(2)将甲液经 115℃灭菌 10min。

(3)将亚硒酸氢钠溶解于 100mL 蒸馏水中,成为乙液,用流通蒸汽加热 10min。

(4)将甲、乙二液混合,分装试管备用。

3.用途

作沙门菌的增菌用。

### (二十八)四硫磺酸盐增菌培养基

1.成分

| | |
|---|---|
| 胨蛋白胨 | 5g |
| 胆盐 | 1g |
| 碳酸钙 | 10g |

| 硫代硫酸钠($Na_2S_2O_3 \cdot 5H_2O$) | 30g |
| 蒸馏水 | 1000mL |

2.方法

(1)将上述成分混合后,加热溶解。

(2)分装试管,每管 5mL。在分装时,应经常振摇,防止碳酸钙沉淀。

(3)置高压灭菌器内,经 115℃灭菌 10min,备用。

3.用途

供沙门氏菌增菌培养用。

4.注意

(1)临用时,再于每只试管内加碘溶液 0.1mL(碘液的配制:将碘片 6g、碘化钾 5g 溶于 20mL 蒸馏水中即成,储存于有色瓶中备用)。

(2)本培养基不需调节 pH。

(3)本培养基之所以称为四硫磺酸盐增菌培养液,因加入的碘,可氧化硫代硫酸钠,而形成四硫磺酸钠。四硫磺酸钠对大肠杆菌有抑制作用,而有利于沙门氏菌的生长,但对甲型副伤寒杆菌有抑制作用。

(4)碳酸钙为缓冲剂,可使沙门氏菌不致因酸碱度改变而死亡。

(5)碳酸钙的质量要求较高。

### (二十九)远滕培养基

1.成分

| 无糖营养琼脂 | 100mL |
| 20%乳糖水溶液 | 5mL |
| 碱性复红原液 | 0.3mL |
| 10%无水亚硫酸钠溶液 | 2.5mL |

2.方法

(1)将灭菌的乳糖溶液及碱性复红原液加入已溶解的营养琼脂内。

(2)往上述已溶解的琼脂中滴加无水亚硫酸钠溶液,直至培养基变成淡红色或无色为止,即可倒成平板使用。

3.用途

分离鉴别大肠杆菌及沙门氏菌,前者形成红色带金属光泽的菌落,后者形成粉红色或无色的菌落。

### (三十)溴射香草酚蓝(BTB)乳糖琼脂

1.成分

| 无糖营养琼脂 | 100mL |
| 20%乳糖水溶液 | 5mL |
| 0.2%BTB水溶液 | 2mL |

2.方法

将灭菌的乳糖溶液和BTB溶液依次加入已溶解的营养琼脂中,混合后倒成平板即可。

3.用途

用以鉴别大肠杆菌及沙门氏菌,前者发酵乳糖形成黄色菌落,后者则否,形成蓝绿色菌落。

### (三十一)伊红美蓝琼脂

1.成分

| | |
|---|---|
| 2%营养琼脂(pH7.6) | 100mL |
| 20%乳糖溶液 | 2mL |
| 2%伊红水溶液 | 2mL |
| 0.5%美蓝水溶液 | 1mL |

2.方法

将灭菌后的琼脂溶化,并冷至60℃左右,将灭菌的乳糖溶液、伊红水溶液及美蓝水溶液等按上述量分别以无菌操作加入。混匀后倾入灭菌平皿中即可。

3.用途

用以鉴别大肠杆菌和沙门氏菌。培养基中,伊红与美蓝为指示剂,做成的培养基呈淡紫色。大肠杆菌能分解培养基中的乳糖而产生酸,能使伊红与美蓝结合成黑色化合物,有时还带有荧光。沙门氏菌不能分解乳糖,故菌落颜色与培养基相同,伊红与美蓝还有抑制革兰氏阳性菌生长的作用。

### (三十二)中国蓝琼脂

1.成分

| | |
|---|---|
| 无糖营养琼脂 | 100mL |
| 20%乳糖溶液 | 5mL |
| 1%灭菌中国蓝水溶液 | 0.5mL |
| 1%蔷薇色酸酒精溶液 | 1mL |

2.方法

(1)先取已制成的无菌营养琼脂100mL,加热溶解。于琼脂冷却至60℃左右时,以无菌操作,加入20%乳糖溶液5mL、1%中国蓝溶液0.5mL及1%蔷薇色酸酒精溶液1mL,充分摇匀。

(2)以无菌操作,倒入灭菌的平板中,待凝固后,保存于冰箱中备用。

3.用途

可用于分离沙门氏菌属和志贺氏菌属等肠道致病菌。

4.注意

(1)中国蓝在培养基内作指示剂,碱性时呈红色,酸性时呈蓝色。大肠杆菌能分解乳糖产酸,在此培养基上菌落呈蓝色,菌落中心常呈深蓝色。沙门菌属和志贺菌属等致病菌不分解乳糖,菌落透明,与培养基的颜色相同,为淡紫红色。

(2)蔷薇色酸能抑制革兰氏阳性细菌的生长,而且此溶液又是用酒精配制的,因此,不需灭菌即可使用。

(3)将琼脂冷却至60℃左右,才加蔷薇色酸溶液,是因蔷薇色酸溶解于酒精中,过热要影响酒精挥发,致使蔷薇色酸不能充分混合于培养基中。

(4)培养基中过碱(呈鲜红色)或过酸时(呈暗紫色)均不适宜作培养用,制备时应注意酸碱度适宜。

### (三十三)SS 琼脂

**1.成分**

| | |
|---|---|
| 牛肉膏 | 5g |
| 胨蛋白胨 | 5g |
| 乳糖 | 10g |
| 胆盐 | 8.5～10g |
| 枸橼酸钠 | 10～14g |
| 硫代硫酸钠 | 8.5～10g |
| 枸橼酸铁 | 0.5g |
| 煌绿 | 0.00033g |
| 中性红 | 0.0225g |
| 琼脂 | 18g |
| 蒸馏水 | 1000mL |

**2.方法**

(1)先将牛肉膏、蛋白胨、琼脂加入蒸馏水中,加热溶解。再加入胆盐、乳糖、枸橼酸钠、硫代硫酸钠及枸橼酸铁,以微热加温使其全部溶解,调节 pH 至7.2。

(2)用脱脂棉过滤,并补足水分,继续煮沸 10min 后,加入 0.1％煌绿水溶液 0.33mL,1％中性红水溶液 2.25mL。

(3)摇匀灭菌后,倒成平板备用。

**3.用途**

本培养基为强选择性的培养基,主要用以分离鉴别病原性沙门氏菌。其中的牛肉膏、蛋白胨为营养物;煌绿、胆盐、硫代硫酸钠、枸橼酸钠等能抑制非病原菌生长,而胆盐又能促进某些病原菌生长。大肠杆菌能分解乳糖,而多数病原菌不能分解乳糖。由于大肠杆菌迅速分解乳糖而产酸,使胆盐呈胆酸析出,因而形成中心混浊的深红色菌落。病原菌不分解乳糖,故菌落呈透明橘黄色或淡粉红色。枸橼酸铁能使硫化氢产生菌的菌落中心呈黑色。硫代硫酸钠具有缓和胆盐对沙门氏菌的有害作用,并中和煌绿、中性红染料的毒性,且能使大肠杆菌的红色菌落颜色更鲜明。

### (三十四)麦康凯(MacConkey)琼脂

**1.成分**

| | |
|---|---|
| 琼脂 | 2.5g |
| 蛋白胨 | 2.0g |
| 氯化钠 | 0.5g |
| 乳糖 | 1.0g |
| 胆盐 | 0.5mL |
| 1％中性红水溶液 | 0.5mL |
| 蒸馏水 | 100mL |

**2.方法**

(1)先将琼脂加于 50mL 蒸馏水中,加热溶液作为甲液。

(2)用另一烧杯加入蛋白胨、氯化钠、乳糖、胆盐和 50mL 蒸馏水,使其溶化作为乙液。

(3)甲、乙两液混合,并调节 pH 至 7.4,过滤,分装于三角瓶中。

(4)以 121℃高压蒸汽灭菌 20min,待冷却至 60℃时,加入灭菌的 1‰中性红水溶液 0.5mL,混匀后,倾入平皿即可。

3.用途

用于肠道菌的分离与鉴定。培养基中的中性红是指示剂,在酸性时呈红色,碱性时为黄色。做成的培养基呈淡黄色。能分解乳糖的细菌如大肠杆菌,在此培养基上发酵乳糖产酸时,由于指示剂的作用,可使菌落颜色呈红色。其他不能分解乳糖的细菌如沙门氏菌及志贺氏菌等,其菌落的颜色与培养基相同。培养基中的胆盐利于沙门氏菌的生长,对大肠杆菌有较弱的抑制作用,而对于巴氏杆菌则能抑制其生长。

### (三十五)去氧胆酸盐琼脂

1.成分

| | |
|---|---|
| 蛋白胨 | 10g |
| 琼脂 | 2g |
| 去氧胆酸钠 | 1g |
| 氯化钠 | 5g |
| 磷酸氢二钾($K_2HPO_4$) | 2g |
| 乳糖 | 10g. |
| 枸橼酸钠 | 2g |
| 1‰中性红水溶液 | 3.3mL |
| 蒸馏水 | 1000mL |

2.方法

(1)将蛋白胨加入蒸馏水溶液中,并加温使其溶解。调节 pH 至 7.5。

(2)将琼脂加于蛋白胨水溶液中,煮沸使其溶解后,再依次将其他成分(除中性红水溶液外)加入于已溶化的琼脂液中,摇匀,使其混合并溶解。

(3)再调节 pH 至 7.5,然后加入中性红水溶液,并混合。

(4)分装于烧瓶内,每瓶装 200～300mL。

(5)置流通蒸汽消毒器内灭菌 20～30min,取出摇匀,分装至已灭菌的培养皿内。待冷却凝固后,保存于冰箱中备用。

3.用途

为肠道致病菌的鉴别培养基。不能使乳糖发酵的细菌如沙门氏菌属及志贺氏菌属的细菌,其菌落为无色;能发酵乳糖的细菌如大肠杆菌等,其菌落呈红色。此培养基能抑制革兰氏阳性细菌的生长。

## 厌氧培养基(用于厌氧菌培养)

### (三十六)巯基乙酸钠肉汤

1.成分

| | |
|---|---|
| pH8.0 普通肉汤 | 100mL |

| 巯基乙酸钠 | 0.1g |
|---|---|

**2.方法**

(1)将以上成分加入三角烧瓶中,加热溶解。

(2)分装于中试管内成高层,每管约 10mL,经 121.3℃高压蒸汽灭菌 20min 后,备用。

**3.用途**

用于分离厌氧。

### (三十七)巯基乙酸钠半固体培养基

**1.成分**

| pH8.0 普通肉汤 | 100mL |
|---|---|
| 巯基乙酸钠 | 0.1g |
| 琼脂 | 0.05g |
| 葡萄糖 | 1.0g |
| 0.2%美蓝水溶液 | 0.1mL |

**2.方法**

(1)将以上成分依次加入三角烧瓶中,100℃加热溶解 30min,然后分装于中试管内成高层(每管约 10mL)。

(2)经 112℃高压蒸汽灭菌 20min 即可。

**3.用途**

用于分离厌氧菌。

**4.注意**

巯基乙酸钠为还原剂,能使美蓝还原变为无色的美白,亦会吸收空气中的氧而氧化,故应尽量新鲜使用,使用时若绿色层扩展至占培养基五分之一时,即应在使用时煮沸 10min,排除氧气,以恢复其厌氧性。

### (三十八)疱肉培养基

**1.成分**

| 普通肉汤 | 3~4mL |
|---|---|
| 牛肉渣 | 2g |

**2.方法**

(1)取试管若干,每管中加牛肉渣约 2g,再加入普通肉汤 3~4mL。

(2)往每支疱肉肉汤中加入流动石蜡 0.5~1.0mL 后,以 121.3℃高压蒸汽灭菌 20min 即可。

**3.用途**

用于培养厌氧菌。

### (三十九)肝片肉汤

**1.成分**

| 普通肉汤 | 3~4mL |
|---|---|
| 肝片 | 3~6 块 |

2.方法

(1)将新鲜的肝脏放于流通蒸汽锅中加热 1～2h,待蛋白凝固后,肝脏深部呈褐色,将其切成小方块(3～4mm³),用水洗净后,取 3～6 块放入肉汤管中。

(2)往每支肝片肉汤管中加入流动石蜡 0.5～1.0mL 后,以 121.3℃高压蒸汽灭菌 20min后,冷藏备用。

3.用途

用于培养厌氧菌。

### (四十)叠氮化钠血琼脂培养基

1.成分

| | |
|---|---|
| 胰蛋白胨 | 10g |
| 叠氮化钠 | 0.2g |
| 氯化钠 | 5g |
| 牛肉膏 | 3g |
| 琼脂 | 15g |
| 蒸馏水 | 1000mL |

2.方法

(1)将以上各成分混合,最高压蒸汽灭菌器内,经 121.3℃灭菌 30min。

(2)取出冷至 50℃～55℃,加入 5%脱纤绵羊血,再用无菌操作加入 0.1%水合氯醛水溶液(0.1g 溶于 100mL 无菌蒸馏水中)1mL。

(3)混匀后,倾注平板。置 37℃温箱杂检后备用。

3.用途

培养厌氧菌。

### (四十一)葡萄糖血液琼脂培养基

1.成分

| | |
|---|---|
| pH7.6 营养琼脂 | 100mL |
| 20%葡萄糖溶液 | 5mL |
| 脱纤维血液 | 10mL |

混匀后倾注平板。

2.方法

(1)将琼脂加热溶化,使冷至 50℃～55℃。

(2)在琼脂内加入已灭菌的葡萄糖溶液与血液。

(3)置 37℃温箱内杂检后备用。

3.用途

分离培养厌氧菌。

### (四十二)乳糖蛋黄牛乳培养基

1.成分

| | |
|---|---|
| pH7.6 营养琼脂 | 100mL |
| 20%乳精溶液 | 6mL |

| 蛋黄盐水（1∶1） | 4mL |
|---|---|
| 脱脂牛乳 | 15mL |
| 1‰中性红溶液 | 0.3mL |

2.方法

(I)将琼脂加热融化后，冷却至 55℃左右。

(2)在琼脂内加入已灭菌的乳培溶液、中性红溶液、脱脂牛乳和以无菌操作配制的蛋黄盐水。

(3)将其混匀后，倾注平板，置 37℃温箱中杂检后备用。

3.用途

分离培养厌氧菌。

## 鼻疽杆菌结核分枝杆菌培养基

### (四十三)脑粥培养基

1.成分

| 新鲜脑（猪、牛、马） | 200g |
|---|---|
| 蒸馏水 | 100mL |

2.方法

(1)新鲜脑剔去脑膜，绞碎或切碎，装入容器内，加蒸馏水混合均匀。

(2)置流通蒸汽锅内加温至 100℃，3h。

(3)用 3～4 层纱布过滤，分装小试管，每管 3～5mL。

(4)经 115℃高压蒸汽灭菌 2h，杂检后备用。

3.用途

培养厌氧菌。

### (四十四)甘油肉汤

1.成分

| 营养肉汤 | 100mL |
|---|---|
| 甘油 | 4mL |

2.方法

(1)将以上成分充分混合后，分装于中试管内，每管 7～10mL。

(2)经 121.3℃高压蒸气灭菌 20min 后，冷藏备用。

(3)若做固体培养基则先将营养琼脂以 100℃加热 30min 使其溶解，然后加入甘油混匀。

(4)分装后，经 121.3℃高压灭菌 20～30min，取出，放成斜面或倒制平板。

(5)置 37℃恒温箱中杂检，合格后保存备用。

3.用途

用于鼻疽杆菌的培养及鼻疽菌素和结核菌素的制造。固体培养基培养鼻疽杆菌。

### (四十五)甘油马铃薯培养基

1.成分

| 马铃薯 | 适量 |
|---|---|

| 1‰碳酸氢钠液 | 适量 |
| --- | --- |
| 4％甘油水 | 适量 |

2.方法

(1)将新购的大个马铃薯用常水洗净后,削去表皮,再冲洗数次。

(2)用穿孔器钻出圆柱形的马铃薯块,然后沿对角线切成两个斜面。

(3)将切好的斜面浸入 1‰碳酸氢钠水中 20～30min,然后浸入 4％甘油水中 15min 即可。

(4)分装于准备好的灭菌中试管内,斜面朝上,随后加 4％甘油水约 1mL。

(5)以 112℃高压蒸汽灭菌 30min,冷藏备用。

3.用途

鼻疽杆菌的分离与培养,以及用于测定细菌是否产生色素。

### (四十六)硫堇葡萄糖琼脂

1.成分

| 营养琼脂 | 100mL |
| --- | --- |
| 甘油 | 4mL |
| 葡萄糖 | 1g |

2.方法

(1)将上述各成分依次加入三角烧瓶中,以 121.3℃高压蒸汽灭菌 30min。

(2)应用时,加入 1％硫堇酒精溶液(50％酒精)2.5mL,混合后,倒制平板即可。

3.用途

分离培养鼻疽杆菌。其形成的菌落呈淡黄绿色至灰黄色,杂菌被抑制。

### (四十七)孔雀绿酸性复红琼脂

1.成分

| 1％孔雀绿水溶液 | 5mL |
| --- | --- |
| 5％酸性复红水溶液 | 10mL 充分振荡混合后使用 |
| 0.01％KOH 水溶液 | 100mL |

2.方法

将上述成分分别灭菌后,取已溶解的 4％甘油琼脂 100mL,加入上述染色液 2mL,倒入平板使用。

3.用途

分离培养鼻疽杆菌,形成的菌落呈绿色,杂菌被抑制。

### (四十八)彼得洛夫(Petroff)培养基

1.成分

| 甘油牛肉浸液 | 33mL |
| --- | --- |
| 鸡蛋(全蛋) | 66mL |
| 1％龙胆紫酒精溶液 | 1mL |

2.方法

(1)称取牛肉 500g 并绞碎,加水 425mL 和甘油 75mL,混合,置冰箱内 24h 用纱布过滤,并挤尽牛肉内的水分。

(2)将鸡蛋浸于70％酒精内15～20min,取出后用2％碘酒擦净蛋壳,以无菌操作打碎蛋壳,将蛋黄和蛋白置于有玻璃珠的灭菌三角烧瓶内,用力振摇,打碎均匀后,用灭菌纱布过滤。

(3)将上述三种成分混合,灭菌分装进管内,斜置于血清凝固器内.调节温度至85℃～90℃经1～2h,使其完全凝固。

(4)以间歇灭菌法灭菌三次,每小时一次,每次30min。

(5)在37℃温箱内培养48h,如无细菌污染即可使用。

3.用途

用于分离和保存结核杆菌。

## (四十九)萨通(Sauton)培养基

1.成分

| | |
|---|---|
| 天门冬素 | 4g |
| 枸橼酸 | 2g |
| 磷酸氢二钾 | 0.5g |
| 硫酸镁 | 0.5g |
| 枸橼酸铁铵 | 0.05g |
| 甘油 | 60mL |
| 蒸馏水 | 1000mL |

2.方法

(1)将以上各成分按次序溶于蒸馏水中。

(2)以10％氨水调节pH至7.2,分装于试管内。

(3)置于高压蒸汽灭菌器内,以121℃灭菌20min。

3.用途

用于结核杆菌的培养及制造卡介苗。

## (五十)结核杆菌快速培养用培养基

1.成分

甲液:

| | |
|---|---|
| 磷酸二氢钾 | 1.5g |
| 天门冬素 | 0.5g |
| 甘油 | 2.5mg |
| 蒸馏水 | 90mL |

100℃30min加热溶解

乙液:

| | |
|---|---|
| 蒸馏水 | 20mL |
| 4％氢氧化钠溶液 | 0.1mL |
| 枸橼酸镁 | 0.3g |

混合加热溶解

2.方法

(1)取甲液 90mL 与乙液 10mL 混合后,1N 盐酸 0.1mL 混匀,使 pH 为 6.4～7.0。

(2)在甲乙混合液中,再加入 0.1％孔雀绿水溶液 1mL 混匀。

(3)以 112℃高压蒸汽灭菌 15min,取出后,以无菌操作加入无菌血浆或血清。

(4)再以无菌操作分装于灭菌试管中,于 37℃温箱杂菌检定后备用。

3.用途

用于结核杆菌快速培养。

## 副结核杆菌培养基(用于副结核杆菌的培养)

### (五十一)丹钦培养基

1.成分

| | |
|---|---|
| 牛肝水(pH6.8～7.2) | 100mL |
| 优质甘油 | 10mL |
| 草分枝杆菌甘油浸液 | 6mL |
| 新鲜鸡蛋 | 3 个 |
| 1％龙胆紫酒精溶液 | 3.5mL |

2.方法

(1)先将肝水、甘油和草分枝杆菌甘油浸液混合后,煮沸 20～30min 灭菌及浸出。

(2)另取新鲜鸡蛋 3 个,蛋壳先用温水洗净,再用酒精洗涤消毒,打开蛋壳,无菌操作下倒入带有玻璃珠的灭菌烧瓶内,充分摇匀。混入冷却至 50℃的肝水混合液再次混匀。

(3)加入 1％龙胆紫酒精液 3.5mL,经两层无菌纱布过滤后,分装于灭菌试管。

(4)斜放于血清凝固器内灭菌,第一天 85℃30min,第二、三天 80℃1h 即可。

3.用途

供副结核杆菌的培养与保存用。

### (五十二)改良小川培养基

1.成分

| | |
|---|---|
| 天门冬素 | 1g |
| 磷酸二氢钾 | 1g |
| 优质甘油 | 6mL |
| 吐温 | 801.5mL |
| 草分枝杆菌甘油浸液 | 6mL |
| 卵黄 | 200mL |
| 2％孔雀绿酒精溶液 | 3mL |
| 蒸馏水 | 100mL |

2.方法

(1)先将上述前五种成分别加入蒸馏水内煮沸 20～30min,然后以无菌操作加入拌好的卵黄,再加孔雀绿,混匀后,用两层纱布过滤。

(2)分装于灭菌试管中,置血清凝固器内,间歇灭菌三次,第一次 85℃30min,第二、三次,80℃ 1h。

3.用途

供副结核杆菌的培养与保存用。

草分枝杆菌甘油浸液的制备:取在 37℃ 生长两周的草分枝杆菌小牛肉汤培养液过滤,取 25g 沉渣,悬浮于 100mL 甘油中,经 121.3℃ 高压蒸汽灭菌 3h 即可。

### (五十三)AHM 鉴别培养基

1.成分

| | |
|---|---|
| 蛋白胨 | 5.0g |
| 酵母提取物 | 3.0g |
| 胰蛋白胨 | 10.0g |
| L-盐酸鸟氨酸 | 5.0g |
| 甘露醇 | 1.0g |
| 肌醇 | 10.0g |
| 硫代硫酸钠 | 0.4g($Na_2S_2O_3 \cdot 5H_2O$) |
| 枸橼酸铁铵 | 0.5g |
| 溴甲酚紫 | 0.02g |
| 琼脂 | 3.0g |
| 蒸馏水 | 1000mL |

2.方法

将各成分(除溴甲酚紫外)溶化于 1000mL 水中,调节 pH 至 6.7。加入溴甲酚紫,混匀煮沸。分装于小试管中,每管 5mL,121℃,灭菌 15min(溴甲酚紫的有效 pH 范围为 5.2～6.8,颜色变化:黄——→紫)使用时穿刺接种至管底,35℃±2℃培养 18～24h。如反应不肯定,可继续培养 18～24h。气单胞菌典型的反应为培养基管底部变黄,在接近于试管顶部有紫色带出现。表明反应为甘露醇阳性,肌醇阴性,鸟氨酸脱羧酶阳性(鸟氨酸脱羧产生腐胺,可使培养基由酸变碱)。有时在试管顶部有轻微变黑,这表明是因为分解半胱氨酸产生硫化氢所致。沿穿刺线全部呈浑浊状,表明该菌具有动力。

3.用途

用于气单胞菌的菌落鉴定。

## 真菌培养基(用于真菌的培养)

### (五十四)沙保劳(Sabouraud)培养基

1.成分

| | |
|---|---|
| 蛋白胨 | 10g |
| 麦芽精(或葡萄糖) | 40g |
| 琼脂 | 20g |
| 蒸馏水 | 1000mL |

2.方法

(1)将以上各成分加热溶解后,调节 pH 至 5.4～6.0,置流通蒸汽内,加热 30min,滤过。

(2)加入定量的琼脂后,再加热溶解。

(3)分装后,以 121.3℃高压蒸汽灭菌 30min 即可。

3.用途

适用于霉菌及酵母菌的生长。

## (五十五)查别克(Lfanek)培养基

1.成分

| | |
|---|---|
| 蔗糖 | 30g |
| 硝酸钠 | 2g |
| 磷酸钾 | 1g |
| 硫酸镁 | 0.5g |
| 氯化钾 | 0.5g |
| 硫酸铁 | 0.01g |
| 琼脂 | 20g |
| 蒸馏水 | 1000mL |

2.方法

(1)将上述成分混合后,加热使其溶解。调节 pH 为 4.0～5,0,用绒布过滤。

(2)分装于中试管内,每管 8～10mL。

(3)置高压蒸汽灭菌器内,经 115℃15min 灭菌后,冷藏备用。

3.用途

供某些霉菌的分离培养用。

附:

(1)曲霉及青霉的典型形态特征,是在此培养基上,经 28℃～30℃培养的条件下描述的。其他真菌也可用此培养基作鉴定。

(2)必要时,可在每 1000mL 培养基中,加入 70mg％的链霉素 1mL,可抑制细菌的生长,不致干扰对真菌的生长和观察。

## (五十六)玉米粉培养基

1.成分

| | |
|---|---|
| 黄玉米粉 | 40g |
| 琼脂 | 20g |
| 蒸馏水 | 1000mL |

2.方法

(1)将玉米粉浸入 500mL 蒸馏水中,加热至 56℃～60℃,1h。

(2)用脱脂棉或纱布 4～8 层过滤,去渣。

(3)加琼脂 20g,加温溶解于 500mL 蒸馏水中。

(4)将玉米浆与琼脂混合,趁热用脱脂棉或纱布过滤。

(5)分装于试管中,经 121.3℃高压蒸汽灭菌 15min,放成斜面凝固后冷藏备用。

3.用途

供某些真菌的鉴定。

### (五十七)马铃薯葡萄糖琼脂

1.成分

| | |
|---|---|
| 马铃薯(去皮切块) | 200～300g |
| 葡萄糖 | 20g |
| 琼脂 | 20g |
| 蒸馏水 | 1000mL |

2.方法

(1)先将马铃薯洗净去皮,切成小块。然后称取 200～300g,加蒸馏水 1000mL,煮沸 30min。

(2)用双层纱布过滤,取其滤液,加入琼脂 20g,加热使其溶解再加葡萄糖 20g,摇匀,用绒布过滤。并补足失水。

(3)分装于试管内,每管 10mL。

(4)置高压蒸汽灭菌器内,经 115℃ 15min 灭菌,备用。

3.用途

用于真菌的分离培养、食用菌的母种培养。镰刀霉在此培养基上生长最好,形态典型。

附:必要时,可在培养基中加入链霉素。

### (五十八)高氏一号培养基

1.成分

| | |
|---|---|
| 硝酸钾($KNO_3$) | 1g |
| 硫酸镁 | 0.5g |
| 硫酸亚铁($FeSO_4$) | 0.01g |
| 磷酸氢二钾($K_2HPO_4$) | 0.5g |
| 氯化钠 | 0.5g |
| 可溶性淀粉 | 25g |
| 琼脂 | 20g |
| 蒸馏水 | 1000mL |

2.方法

(1)将以上各成分依次直接加入蒸馏水中,但淀粉需事先用温水溶解搅拌均匀,再往培养基中添加。

(2)调节 pH 至 7.2～7.4,分装后,以 121.3℃ 高压蒸汽灭菌 30min 即可。

3.用途

供培养放线菌用。

### (五十九)YEPD 培养基

1.成分

| | |
|---|---|
| 酵母粉 | 10g |
| 蛋白胨 | 20g |
| 葡萄糖 | 20g |
| 蒸馏水 | 1000mL |

2.方法

将几种成分混合,溶化,调节 pH 至 6.0,115℃湿热灭菌 20min。若做固体 YEPD 培养基则按 2%加入琼脂。

3.用途

用于酵母原生质体融合。

## 钩端螺旋体培养基

### (六十)柯索夫(Korthof)培养基

1.成分

| | |
|---|---|
| 蛋白胨 | 0.8g |
| 氯化钠 | 1.4g |
| 碳酸氢钠 | 0.02g |
| 氯化钾 | 0.04g |
| 氯化钙 | 0.04g |
| 磷酸二氢钾($KH_2PO_4$) | 0.24g |
| 磷酸氢二钠($Na_2HPO \cdot 2H_2O$) | 0.88g |
| 重蒸馏水 | 1000mL |
| 无菌、灭能兔血清 | 80mL |

(为了防止污染,可在每 100mL 培养基中添加 50mg 磺胺嘧啶钠)。

2.方法

(1)将以上各成分(兔血清除外)煮沸 20min 使其溶解,然后用双层滤纸滤过、分装,每瓶 100mL,115℃灭菌 15min。

(2)用无菌操作按 8%比例加入无菌、灭能(56℃30min 处理)兔血清,混匀后,分装试管,每管 5mL,置恒温箱内 24h 进行杂菌检查,将污染管弃去。

3.用途

培养钩端螺旋体用。

### (六十一)希夫纲(Schuffner)培养基

1.成分

| | |
|---|---|
| 蒸馏水或雨水 | 500mL |
| 蛋白胨 | 0.5g |
| 磷酸盐混合溶液 | 2mL |
| 林格(Ringer)溶液 | 100mL |
| 索伦森(Sorensen)双磷酸盐缓冲液(pH7.2) | 50mL |
| 微溶血的兔血清 | 50mL |

2.方法

(1)水先煮沸,加入蛋白胨,溶解后,再加入磷酸盐混合溶液,林格溶液和索伦森氏缓冲液,继续煮沸 30min,使磷酸盐沉淀接近完全。

(2)冷却后,放冰箱中过夜,使盐沉淀更为完全。用滤纸过滤并调节 pH 至 7.4～7.6。

（3）分装试管，每管约 10mL。经 115℃高压蒸汽灭菌 20min。

（4）临用前，每试管加入兔血清（内含有少量血红蛋白）0.8～1mL。在 56℃水浴箱加温 30min，使兔血清灭活再在 37℃温箱培养 24h 杂菌检定后备用。

3.用途

供培养钩端螺旋体用。

附：

（1）磷酸盐混合溶液配制：磷酸二氢钾 0.35g、磷酸氢二钠 1.33g 溶解于 100mL 蒸馏水内即成。

（2）林格溶液配制：氯化钠 7g，氯化钾 0.35g，氯化钙 0.026g，蒸馏水加至 1000mL，溶解后即成。

（3）索伦森双磷酸盐缓冲液配制：

甲液

磷酸氢二钾 1.89g 加蒸馏水至 200mL 并使溶解。

乙液

磷酸二氢钾 1.814g 加蒸馏水至 200mL 并使溶解。

取甲液 72mL 与乙液 100mL 混合即成。

3.用途

用于钩端螺旋体培养。

# 支原体培养基

## （六十二）支原体琼脂培养基（简称 PPLO 琼脂）

1.成分

| | |
|---|---|
| 牛心（去脂绞碎） | 250g |
| 氯化钠 | 5g |
| 胰蛋白酶（不含乳糖） | 2.5g |
| 酵母浸膏 | 1g |
| 蛋白胨 | 10g |
| 琼脂糖 | 14g |
| 无菌小牛或马血清 | 20mL |
| （每 70mL 基础培养液中） | |
| 25％鲜酵母浸出液 | 10mL |
| （每 70mL 基础培养基中） | |
| 1‰醋酸铊溶液 | 2.5mL |
| （每 70mL 基础培养基中） | |
| 青霉素"G"钾盐溶液 20 万单位/mL | 0.5mL |
| （每 70mL 基础培养基中） | |
| 二性霉素 B 溶液 5mg/mL | 0.1mL |
| （每 70mL 基础培养基中） | |

| 蒸馏水 | 1000mL |
|---|---|

2.方法

(1)牛心消化液配制:取去脂绞碎牛心250g、氯化钠5g及蒸馏水900mL混合。

另称取胰蛋白酶2.5g,溶解于0.5%氯化钠100mL溶液中,然后同上述碎牛心混合。放置50℃～60℃水浴锅内,消化2h,中间不断搅拌。消化后,用两层纱布过滤,滤液煮沸5min,用粗滤纸过滤后,并补足水分至原量。然后加酵母浸膏1g,混匀。冷却后,加15%氢氧化钠溶液约10mL,调节pH至8.0。分装于瓶中,置高压灭菌器中,经121.3℃灭菌15min,备用。

(2)支原体琼脂平板制备:取上述牛心消化液(已加氯化钠)1000mL,加蛋白胨10g和琼脂粉14g,混合后,加热溶解。调节pH至7.8～8.0,再加热煮沸,用脱脂棉或绒布过滤。滤后分装于圆瓶中,每瓶70mL,置高压蒸汽灭菌器内,经121.3℃灭菌15min,备用。

用前,溶解琼脂,冷却至80℃左右,以无菌操作,每瓶内立即加入37℃培养箱内预温的无菌消化液或马血清20mL、25%鲜酵母浸出液10mL、1%醋酸铊溶液2.5mL、青霉素"G"钾盐液(20万单位/mL)0.5mL和二性霉素B溶液(5mg/mL)0.1mL,充分混合后,每100mL培养基可倒平板8只。经37℃培养过液,杂菌鉴定后,置4℃冰箱备用,可保存两周。

3.用途

供分离支原体用。

附:

(1)支原体美蓝琼脂平板:在上述支原体琼脂中,每100mL再加入无菌的1%美蓝溶液0.2mL,混合后,倾注平板。

(2)支原体用0.1%半固体琼脂:除琼脂粉用0.1%外,其他成分和支原体琼脂相同,但不加二性霉素B。

(3)支原体传代用液体培养基:其成分与上述支原体琼脂相同,不加琼脂粉和二性霉素B。

(4)需氧性支原体(如肺炎支原体)分离用双相培养基:由底层琼脂斜面和液体两种培养基组成。

①底层琼脂斜面:其成分与上述支原体琼脂相同,不加二性霉素B。以无菌操作分装于无菌链霉素空瓶中,每瓶3～5mL,制成斜面,此为底层琼脂斜面。

②液体培养基:其成分与上述支原体传代用液体培养基相同。但在未高压灭菌前,再加入葡萄糖1g、1%美蓝溶液0.1mL及0.1%酚红水溶液2mL。经115℃,15min高压蒸汽灭菌,冷却后,再加入辅助成分和防止杂菌生长的成分。

然后,在上述底层琼脂斜面上,每瓶再加入液体培养基3～5mL,瓶口用反口橡皮塞塞好。经37℃培养过夜,无菌试验阴性者,置4℃冰箱中备用,可保存两周。

(5)支原体生长繁殖和生化鉴别用液体培养基:可分为两种,其成分均和支原体传代用液体培养基相同。

①在支原体传代用液体培养基中,每100mL加入1%酚红溶液0.2mL和葡萄糖1g。

②在支原体传代用液体培养基中,每100mL加入1%酚红溶液0.2mL和精氨酸1g。

经接种后,由颜色的改变观察支原体生长与否。利用葡萄糖产酸,指示剂变黄色者,为肺炎支原体生长;利用精氨酸产碱,指示剂变红者,为利用精氨酸的支原体生长。

(6)25％鲜酵母浸出液制法：市售食用鲜酵母块 250g 与蒸馏水 1000mL 混合后，煮沸 2min，用粗滤纸过滤。滤后置 4℃冰箱过夜，使之沉淀。次日吸取上清液，用 15％氢氧化钠溶液调节 pH 至 8.0，再煮沸一次。冷却后，再用离心机(3000rpm)离心 45min，吸取上清液，分装于瓶中，置高压灭菌器中，经 121.3℃灭菌 15min，置 4℃冰箱中备用，可保存 3 个月。

(7)1％醋酸铊溶液配法：称取醋酸铊 1g 与无菌蒸馏水 100mL 混合，溶解后放入 4℃冰箱中备用。醋酸铊是剧毒药品，需特别注意。

(8)青霉素"G"钾盐溶液配法：用前，取瓶装 80 万单位青霉素，加入无菌蒸馏水 4mL，混匀，即可使用。剩余放于 4℃冰箱中，可保存一周。

(9)二性霉素 B(AmPHolericin B)溶液 5mg/mL 配法：取瓶装二性霉素 B 50mg 与无菌蒸馏水 10mL 混合。溶解后，放 4℃冰箱中备用，可保存一周。

(10)牛心消化液为上述各种培养基的基础液，经高压蒸汽灭菌后，有大量沉淀出现，使用时，需再用滤纸过滤。此消化液在含有 0.5g 氯化钠情况下，胰酶消化作用在配制其他培养基时，不需再加氯化钠。

(11)在加入辅助成分后，用 pH 试纸测定 pH，如偏酸需用无菌 0.2N 氢氧化钠调节 pH 至 7.8～8.0。

(12)青霉素对革兰氏阳性细菌有抑制作用，醋酸铊对革兰氏阴性细菌和芽孢杆菌有抑制作用，二性霉素 B 对霉菌有抑制作用。

(13)此培养基所用的蛋白胨和琼脂粉应选择好。最好使用日本哑铃牌蛋白胨及用日本琼脂粉。

(14)支原体用的液体或固体培养基制成后，必须保持透明澄清，否则会影响结果的观察及判定。

## 乳酸菌培养基(乳酸菌培养用)

### (六十三)乳酸细菌培养基(MRS)

1.成分

| | |
|---|---|
| 蛋白胨 | 10.0g |
| 牛肉膏 | 10.0g |
| 酵母膏 | 5.0g |
| 柠檬酸氢二铵[$(NH_4)_2HC_6H_5O_7$] | 2.0g |
| 葡萄糖($C_6H_{12}O_6 \cdot H_2O$) | 20.0g |
| 吐温 801.0mL | |
| 乙酸钠($CH_3COONa \cdot 3H_2O$) | 5.0g |
| 磷酸氢二钾($K_2HPO_4 \cdot 3H_2O$) | 2.0g |
| 硫酸镁($MgSO_4 \cdot 7H_2O$) | 0.58g |
| 硫酸锰($MnSO_4 \cdot H_2O$) | 0.25g |
| 琼脂 | 18.0g |
| 蒸馏水 | 1000mL |

2.方法

(1)将以上各成分依次直接加入蒸馏水中，但淀粉须事先用温水溶解搅拌均匀，再往培养基中添加。

(2)调节 pH 至 6.2～6.6,以 121℃高压蒸汽灭菌 20min 即可。

3.用途

可以用于嗜酸乳杆菌、干酪乳杆菌和双歧杆菌等益生菌的培养和计数,MRS—水杨素(或山梨醇)培养基可以计数嗜酸乳杆菌和干酪乳杆菌;通过减法原则从嗜酸乳杆菌、干酪乳杆菌和双歧杆菌混合物中单独计数。

当乳酸菌生长代谢出乳酸后,会使 pH 下降而使颜色由绿变为黄绿,因此十分容易鉴别出乳酸菌。

### (六十四)LC 培养基

1.成分

| | |
|---|---|
| 酵母膏 | 1.0g |
| 蛋白胨 | 10.0g |
| 牛肉膏(Lab Lemco) | 4.0g |
| $K_2HPO_4$ | 2.0g |
| $NaCH_2COOH$ | 3.0g |
| $MgSO_4 \cdot 7H_2O$ | 0.2g |
| $MnSO_4 \cdot 7H_2O$ | 0.05g |
| Tween-80 | 1.0g |
| 柠檬酸铵 | 1.0g |
| 干酪素酸性水解物 | 1.0g |
| 琼脂(Agar) | 12.0g |
| 水 | 1000mL |

2.方法

(1)将以上各成分依次直接加入蒸馏水中,但淀粉需事先用温水溶解搅拌均匀,再往培养基中添加。

(2)调节 pH 至 6.2～6.4 以 121℃高压蒸汽灭菌 20min 即可。

3.用途

用于干酪乳杆菌培养和计数。

### (六十五)麦芽汁琼脂培养基

1.成分

| | |
|---|---|
| 干麦芽 | 1份 |
| 水 | 4份 |

2.方法

(1)取大麦或小麦若干,用水洗净,浸水 6～12h,至 15℃阴暗处发芽,上面盖纱布一块,每日早、中、晚淋水一次,麦根伸长至麦粒的两倍时,即停止发芽,摊开晒干或烘干,贮存备用。

(2)将干麦芽磨碎,一份麦芽加四份水,在 65℃水浴中糖化 3～4h,糖化程度可用碘滴定之。加水约 20mL,调匀至生泡沫时为止,然后倒在糖化液中搅拌煮沸后再过滤。

(3)将糖化液用 4～6 层纱布过滤,滤液如混浊不清,可用鸡蛋白澄清,方法是将一个鸡蛋白加水约 20mL,调匀至生泡沫时为止,然后倒在糖化液中搅拌煮沸后再过滤。

(4)将滤液稀释到 5～6 波美度,pH 约 6.4,即成麦芽汁液体。若加入 2%琼脂即成固体。121℃灭菌 30min。

3.用途

用于酵母菌培养,若在 10%的麦芽汁中添加 0.5%大豆蛋白胨、0.5%酵母膏、1%牛肉膏、0.2%$K_2HPO_4$,可用于乳酸菌的嗜热链球菌培养。

### (六十六)LB 培养基

1.成分

| | |
|---|---|
| 胰化蛋白胨(Tryptone) | 10g |
| 酵母提取物(Yeast extract) | 5g |
| NaCl(NaCl) | 10g |
| 去离子水 | 1000mL |

2.方法

(1)各种成分按序加入容器,摇动容器直至溶质溶解,用 5mol/L NaOH 调节 pH 至 7.0 或 7.4(该 pH 适合目前使用最广泛的原核表达菌种大肠埃希氏菌的生长),用去离子水定容至 1000mL。在高压下蒸汽灭菌 20min。

(2)高压灭菌后,待培养基温度降到 55℃时(手可触摸)加入抗生素,以免温度过高导致抗生素失效,并充分摇匀。

(3)若做固体 LB 培养基则在 100mL LB 液体培养基中加入 1.5g 琼脂粉。

(4)高压灭菌后,将融化的 LB 琼脂培养基置于 55℃的水浴中,待培养基平均温度降到 55℃时(手可触摸)加入抗生素,以免温度过高导致抗生素失效,并充分摇匀。再按需要分装培养皿。分装后可打开皿盖,在紫外下照 10～15min。用封口胶封边,并倒置放于 4℃保存,一个月内使用。

3.用途

用于培养移植基因工程菌受体菌。LB 培养基是分子生物学实验培养工程菌常用培养基。

### (六十七)白菜浸汁琼脂培养基

1.成分

| | |
|---|---|
| 新鲜甘蓝或白菜 | 100g |
| 葡萄糖或蔗糖 | 4g |
| 碳酸钙 | 20g |
| 琼脂 | 4g |
| 自来水 | 约 150mL |

2.方法

(1)将新鲜白菜(圆白菜)或甘蓝切碎并加以挤压。

(2)加自来水 150mL 一起煮沸约 20min。

(3)用棉花纱布过滤上述菜汤,同时将菜渣中的汁液挤出一起过滤。

(4)将上述菜汤滤液加自来水至 200mL。

(5)按量加入葡萄糖(或蔗糖)、碳酸钙和琼脂,加热溶解。

(6)以 121℃高压蒸汽灭菌 20min,倾注平板。

3.用途

分离乳酸菌(宜于植物性样品)。

注:倾注平板时,必须趁热将碳酸钙不断摇匀,至温度约为 45℃时,培养基的黏性较大,碳酸钙已不易沉底,即应倾注。

## 动物药品检验培养基

### (六十八)硫乙醇酸盐培养基

1.成分

| | |
|---|---|
| 酪胨(胰酶水解) | 15g |
| 葡萄糖 | 5g |
| L—胱氨酸 | 0.5g |
| 硫乙醇酸钠 | 0.5g |
| 酵母浸出粉 | 5g |
| 氯化钠 | 2.5g |
| 新配制的 0.1%刃天青溶液 | 1.0mL |
| (或新配制的 0.2%亚甲蓝溶液 0.5mL) | |
| 琼脂 | 0.5~0.7g |
| 水 | 1000mL |

2.方法

除葡萄糖和刃天青溶液外,取上述成分加入水内,加温溶解后。调节 pH 为 7.2~7.4,煮沸,过滤。按量加入葡萄糖和刃天青溶液。摇匀。调节 pH,分装。115℃灭菌 30min。

在无菌检查接种前,培养基指示剂氧化层的颜色不得超过培养基深度约 1/5。否则需经水浴煮沸加热,只限加热一次。

3.用途

为药品无菌检查时需气菌、厌气菌用培养基(《中国药典》2000 年版及《中国生物制品规程》一部 1995 年版配方)。

### (六十九)改良马丁培养基

1.成分

| | |
|---|---|
| 蛋白胨 | 5g |
| 酵母浸出粉 | 2g |
| 葡萄糖 | 20g |
| 磷酸氢二钾 | 1g |
| 硫酸镁 | 0.5g |
| 蒸馏水 | 1000mL |

2.方法

除葡萄糖外,取上述成分加入水中,加温溶解后。调节 pH 为 6.8,煮沸,加入葡萄糖溶解,摇匀,过滤。调节 pH,分装。115℃灭菌 20min。需要用固体培养基时加入 15～20g 琼脂。灭菌后制成斜面或平板。

3.用途

用于药品检验时检查真菌用培养基。

### (七十)胰胨大豆琼脂斜面(TSA)

1.成分

| | |
|---|---|
| 胰蛋白胨 | 15.0g |
| 大豆胨 | 5.0g |
| 氯化钠 | 30.0g |
| 蒸馏水 | 1000mL |

2.方法

取上述成分加入水中,煮沸溶解。调节 pH 至 7.1～7.5,121℃高压蒸汽灭菌 15min。若需制成固体培养基则加入琼脂 15.0g,灭菌后使用。

接种质控菌(10－100CFU 铜绿钾单胞菌[CMCC(B)10104]、大肠埃希菌[CMCC(B)44102]、金黄色葡萄球菌[CMCC(B)26003])于胰胨大豆肉汤培养基中,37℃培养 18～24h,质控菌应生长良好。同时做一空白对照应无菌生长。

3.用途

培养质控菌或培养副溶血性弧菌,或应用于细胞色素氧化酶实验(SN 标准)。

(沙莎)

# 附录Ⅳ 菌种的保藏

微生物个体微小、代谢活跃、生长繁殖快,如果保存不妥则容易发生变异,被其他杂菌污染,甚至导致细胞死亡,这种现象屡见不鲜。菌种的长期保藏对任何微生物学工作者都是很重要的,也是非常必要的。随着分子生物学发展的需要,基因工程菌株的保藏已成为菌种保藏的重要内容之一。其保藏原理和方法与其他菌种相同。基因工程菌株的长期保藏目前趋向于将宿主和重组质粒分开保存的保藏方法。

目前微生物菌种保藏方法大体分为以下几种:

1.传代培养法

此法使用最早,它是将要保藏的菌种通过斜面、穿刺或疱肉培养基(用于厌氧细菌)培养好后,置4℃存放,定期进行传代培养、再存放。后来发展在斜面培养物上面覆盖一层无菌的液体石蜡,一方面防止因培养基水分蒸发而引起菌种死亡,另一方面石蜡层可将微生物与空气隔离,减弱细胞的代谢作用。不过,这种方法保藏菌种的时间不长,且传代过多可使菌种的主要特性减退,甚至丢失。因此它只能适用于短期存放菌种。

2.悬液法

这是一种将细菌细胞悬浮在一定的溶液中,包括蒸馏水,蔗糖、葡萄糖等糖液,磷酸缓冲液,食盐水等,有的还使用稀琼脂。悬液法操作简便、效果较好。有的细菌、酵母菌用这种方法可保藏几年甚至近十年。

3.载体法

该法是使生长合适的微生物吸附在一定的载体上进行干燥。这种载体来源很广,如土壤、砂土、硅胶、明胶、麸皮和滤纸片等。该法操作通常比较简单,普通实验室均可进行。特别是以滤纸片(条)作载体,细胞干燥后,可将含细菌的滤纸片(或条)装入无菌的小袋封闭后放在信封中,邮寄很方便。

4.真空干燥法

这类方法包括冷冻真空干燥法和干燥法。前者是将要保藏的微生物样品先经低温预冻,然后在低温状态下进行减压干燥。后者则不需要低温预冻样品,只是使样品维持在10℃～20℃范围内进行真空干燥。

5.冷冻法

这是一种使样品始终存放在低温环境下的保藏方法。它包括低温法(-70℃～-80℃)和液氮法(-196℃)。

水是生物细胞的主要组分,约占活体细胞总量的90%,在0℃或0℃以下时会结冰。样品降温速度过慢,胞外溶液中水分大量结冰,溶液的浓度提高,胞内的水分便大量向外渗透,导致细胞剧烈收缩,造成细胞损伤,此为溶液损伤。另一方面,若冷却速度过快,胞内的水分来不及通过细胞膜渗出,胞内的溶液因过冷而结冰,细胞的体积膨大,最后导致细胞破裂,此为胞内冰损伤。因此,控制降温速率是冷冻微生物细胞十分重要的步骤。现在可以通过以下两个途径来克服细胞的冷冻损伤。

(1)保护剂也称分散剂。在需冷冻保藏的微生物样品中加入适当的保护剂可以使细胞经低温冷冻时减少冰晶的形成,如甘油、二甲亚砜、谷氨酸钠、糖类、可溶性淀粉、聚乙烯吡咯烷酮(PVP)、血清、脱脂奶等均是保护剂。二甲亚砜对微生物细胞有一定的毒害,一般不采用。甘油适宜低温保藏,脱脂奶和海藻糖是较好的保护剂。尤其是在冷冻真空干燥中普遍使用。

(2)玻璃化固体在自然界中有两种形式,即晶体和玻璃化。物质的质点(分子、原子和离子等)呈有序排列或具有格子构造排列的称为晶态,即晶体。反之,质点作不规则排列的则为玻璃态,即玻璃化。玻璃化不会使生物细胞内外的水在低温下形成晶体,细胞不受损伤。

实现玻璃化可以通过降温速率($10^6 \sim 10^7 \,℃/s$)和提高溶液浓度两种形式达到。

具体保藏方法如下:(可根据实验室具体条件选择)

### 1.斜面法

将菌种转接在适宜的固体斜面培养基上,待其充分生长后,用油纸将棉塞部分包扎好(斜面试管用带帽的螺旋试管为宜。这样培养基不易干,且螺旋帽不易长霉,如用棉塞,塞子要求比较干燥),置4℃冰箱中保藏。

保藏时间依微生物的种类各异。霉菌、放线菌及有芽孢的细菌保存2～4个月移种一次,普通细菌最好每月移种一次;致病性细菌如多杀性巴氏杆菌需两周传代一次,假单胞菌两周传代一次,酵母菌间隔两个月传代一次。

此法操作简单、使用方便、不需特殊设备,能随时检查所保藏的菌株是否死亡、变异与污染杂菌等。缺点是保藏时间短、需定期传代且易被污染,菌种的主要特性容易改变。

### 2.液体石蜡法

(1)将液体石蜡分装于试管或三角烧瓶中,塞上棉塞并用牛皮纸包扎,121℃灭菌30min,然后放在40℃温箱中使水汽蒸发后备用。

(2)将需要保藏的菌种在最适宜的斜面培养基中培养。直到菌体健壮或孢子成熟。

(3)用无菌吸管吸取无菌的液体石蜡,加入已长好菌的斜面上,其用量以高出斜面顶端1cm为准,使菌种与空气隔绝。

(4)将试管直立,置低温或室温下保存(有的微生物在室温下比在冰箱中保存的时间还要长)。

此法实用而且效果较好。产孢子的霉菌、放线菌、芽孢菌可保藏2年以上,有些酵母菌可保藏1～2年,一般无芽孢细菌也可保藏1年左右,甚至用一般方法很难保藏的脑膜炎球菌在37℃温箱内,亦可保藏3个月之久。此法的优点是制作简单,不需特殊设备且不需经常移种。缺点是保存时必须直立放置。所占空间较大;同时也不便携带。

从液体石蜡下面取培养物移种后接种环在火焰上烧灼时,培养物容易与残留的液体石蜡一起飞溅,应特别注意。

### 3.穿刺法

该方法操作简便,是短期保藏菌种的一种有效方法。

(1)将待保存的菌种穿刺接种于半固体试管,穿刺线到底部,但不要穿透,培养基试管选用带螺旋帽的短试管或用安瓿管等(Eppendorf)。

（2）将培养好的穿刺管盖紧，外面用封口膜（parafilm）封严，置4℃存放。

（3）取用时将接种环（环的直径尽可能小些）伸入菌种生长处挑取少许细胞，接种入适当的培养基中。穿刺管封严后可保留以后再用。

4.滤纸法

（1）滤纸条的准备

将滤纸剪成0.5cm×1.2cm的小条装入0.6cm×8cm的安瓿管中，每管装1～2片，用棉花塞上后经121℃灭菌30min。

（2）保护剂的配制

配制20％脱脂奶，装在三角瓶或试管中，112℃灭菌25min。糖类物质需用过滤器除菌；脱脂牛奶112℃，灭菌25min。待冷后，随机取出几份分别置于28℃、37℃培养过夜，然后各取0.2mL涂布在营养平板上或斜面上进行无菌检查，确认无菌后方可使用，其余的保护剂置4℃存放待用。

（3）菌种培养

将需保存的菌种在适宜的斜面培养基上培养，直到生长半满。

（4）菌悬液的制备

取无菌脱脂奶2～3mL加入待保存的菌种斜面试管内。用接种环轻轻地将菌苔刮下，制成菌悬液。

（5）分装样品

用无菌滴管（或吸管）吸取菌悬液滴在安瓿管中的滤纸条上，每片滤纸条约0.5mL，塞上棉花。

（6）干燥

将安瓿管放入有五氧化二磷（或无水氯化钙）作吸水剂的干燥器中，用真空泵抽气至干。

（7）熔封与保存

用喷灯火焰将安瓿管封口，置4℃或室温存放。

（8）取用安瓿管

使用菌种时，取存放的安瓿管，用锉刀或砂轮从安瓿管上端锉一深痕，用纱布包裹，双手在深痕的两端往深痕的反方向用力掰开安瓿管或将安瓿管口在火焰上烧热，加一滴冷水在烧热的部位使玻璃裂开，敲掉口端的玻璃，用无菌镊子取出滤纸，放入液体培养基中培养或加入少许无菌水用无菌吸管毛细滴管吹打几次，使干燥物很快溶解后吸出，转入适当的培养基中培养。

5.砂土管法

该法所用材料简单，但程序复杂。保存效果较好。

（1）河沙处理

取河沙若干加入10％盐酸，加热煮沸30min除去有机质。倒去盐酸溶液，用自来水冲洗至中性，最后一次用蒸馏水冲洗，烘干后用40目筛子过筛，弃去粗颗粒，备用。

（2）土壤处理

取非耕作层不含腐殖质的瘦黄土或红土，加自来水浸泡洗涤数次，直至中性。烘干后碾碎，用100目筛子过筛，粗颗粒部分丢掉。

（3）沙土混合

处理妥当的河沙与土壤按 3∶1 的比例掺和(或根据需要而用其他比例,甚至可全部作沙或土)均匀后,装入 10mm×100mm 的小试管或安瓿管中,每管分装 1g 左右,塞上棉塞。进行灭菌(通常采用间歇灭菌 2～3 次),最后烘干。

(4)无菌检查

每 10 支砂土管随机抽取 1 支,将沙土倒入肉汤培养基中,30℃培养 40h,若发现有微生物生长,所有砂土管则需重新灭菌;再作无菌试验,直至证明无菌后方可使用。

(5)菌悬液的制备

取生长健壮的新鲜斜面菌种(可用大号规格的试管),加入 2～3mL 无菌水,用接种环轻轻将菌苔洗下,制成菌悬液。

(6)分装样品

每支砂土管(注明标记后)加入 0.5mL 菌悬液(刚刚使沙土润湿为宜),用接种针拌匀。

(7)干燥

将装有菌悬液的砂土管放入干燥器内,干燥器底部盛有干燥剂。用真空泵抽干水分后火焰封口(也可用橡皮塞或棉塞塞住试管口)。

(8)保存

置 4℃冰箱或室温干燥处,每隔一定的时间进行检测。

此法多用于产芽孢的细菌、产生孢子的霉菌和放线菌的保藏。在抗生素工业生产中应用广泛、效果较好,可保存几年时间,但对营养细胞效果不佳。

6.甘油冷冻法

该法简单,易于操作,保存期长。

(1)甘油的配制

将甘油用蒸馏水配制成 40%的浓度,分装入干净的冻存管(2mL 规格),0.7～1.0mL,拧好管盖,盖内圈不可脱落。121℃,20min 灭菌,待用。

(2)菌悬液的制备

取生长健壮的待保存新鲜斜面菌种(可用大号规格的试管),加入 2～3mL 无菌水,用接种环轻轻将菌苔洗下,制成菌悬液。

(3)菌液分装

将菌悬液用无菌操作方法加入备好的甘油冻存管 0.7～1mL。轻摇混匀。

(4)冻存

将冻存的菌种标记放入冻存管盒。标记和记录相符。羊皮纸包上盒子放入-80℃低温冰箱保存。这种方法可有效保藏几年甚至近十年。亦可在-20℃、-40℃冰箱中保藏。不同的细菌存活期会不同。

7.冷冻真空干燥法

该法需有相应的设备条件,菌种的保存效果好。

(1)冻干管的准备

选用中性硬质玻璃材料为宜,内径 5～8cm,长 10～15cm,先用 2%HCl 浸泡过夜,然后用自来水冲洗至中性,最后用蒸馏水冲洗 3 次,烘干后塞上棉花。可将保藏编号、日期等打印在纸上,剪成小条,装入冻干管。121℃灭菌 30min。

(2)菌种培养

将要保藏的菌种接入斜面培养,产芽孢的细菌培养至芽孢从菌体脱落或产孢子的放线菌、霉菌至孢子丰满。

(3)保护剂的配制

选用适宜的保护剂按使用浓度配制后灭菌,培养后随机抽样进行无菌检查(同滤纸法保护剂的无菌检查),确认无菌后才能使用。

(4)菌悬液的制备

吸 2～3mL 保护剂加入新鲜斜面菌种试管,用接种环将菌苔或孢子洗下振荡,制成菌悬液,真菌菌悬液则需置 4℃平衡 20～30min。

(5)分装样品

用无菌毛细滴管吸取菌悬液加入冻干管,每管装约 0.2mL。最后在几支冻干管中分别装入 0.2mL、0.4mL 蒸馏水作对照。

(6)预冻

用程序控制温度仪进行分级降温。不同的微生物其最佳降温度率有所差异,一般由室温快速降温至 4℃,4℃至－40℃每分钟降低 1℃,－40℃至－60℃以下每分钟降低 5℃。条件不具备者,可以使用冰箱逐步降温,即先从室温到 4℃然后下降到－12℃(三星级冰箱为－18℃)再次至－30℃、70℃,也可用盐冰、干冰替代。

(7)冷冻真空

干燥启动冷冻真空干燥机制冷系统。当温度下降到－50℃以下时。将冻结好的样品迅速放入冻干机钟罩内,启动真空泵抽气直至样品干燥。

样品干燥的程度对菌种保藏的时间影响很大。一般要求样品的含水量为:1％～3％。判断方法:a.外观样品表面出现裂痕,与冻干管内壁有脱落现象,对照管完全干燥。b.指示剂用 3％的氯化钴水溶液分装冻干管,当溶液的颜色由红变浅蓝后,再抽同样长的时间便可。

(8)取出样品

先关真空泵、再关制冷机,打开进气阀使钟罩内真空度逐渐下降,直至与室内气压相等后打开钟罩,取出样品。先取几只冻干管在桌面上轻敲几下,样品很快疏散,说明干燥程度达到要求。若用力敲,样品不与内壁脱开,也不松散,则需继续冷冻真空干燥,此时样品不需事先预冻。

(9)第二次干燥

将已干燥的样品管分别安在歧形管上,启动真空泵,进行第二次干燥。

(10)熔封

用高频电火花真空检测仪检测冻干管内的真空程度。当检测仪将要触及冻干管时,发出蓝色电光说明管内的真空度很好,便在火焰下(氧气与煤气混合调节,或用酒精喷灯)熔封冻干管。

(11)存活性检测

每个菌株取 1 支冻干管及时进行存活检测。打开冻干管,加入 0.2mL 无菌水,用毛细滴管吹打几次,沉淀物溶解后(丝状真菌、酵母菌则需要置室温平衡 30～60min),转入适宜的培养基培养,根据生长状况确定其存活性,或用平板计数法或死活染色方法确定存活率。如需要可测定其特性。

(12)保存

置4℃或室温保藏(前者为宜)。隔时进行检测。

该方法是菌种保藏的主要方法。对大多数微生物较为适合,效果较好,保藏时间依不同的菌种而定,有的为几年,有些甚至可长达30多年。

取用冻干管时,先用75%乙醇将冻干管外壁擦干净,再用砂轮或锉刀在冻干管上端画一小痕迹,然后将所画之处向外,两手握住冻干管的上下两端稍向外用力便可打开冻干管,或将冻干管近口烧热,在热处滴几滴水,使之破裂,再用镊子敲开。

8.液氮法

该法操作简单,取用方便,但需保持液氮。

(1)安瓿管的准备

用于液氮保藏的安瓿管要求既能经121℃高温灭菌又能在−196℃低温长期存放。现已普遍使用聚丙烯塑料制成带有螺旋帽和垫圈的安瓿管,容量为2mL。用自来水洗净后,经蒸馏水冲洗多次,烘干。121℃灭菌30min。

(2)保护剂的准备

配制10%～20%的甘油,121℃灭菌30min。使用前随机抽样进行无菌检查(见滤纸法保护剂的配制)。

(3)菌悬液的制备

取新鲜的培养健壮的斜面菌种加入2～3mL保护剂,用接种环将菌苔洗下振荡,制成菌悬液。

(4)分装样品

用记号笔在安瓿管上注明标号,用无菌吸管吸取菌悬液,加入安瓿管中,每只管加0.5mL菌悬液。拧紧螺旋帽。

如果安瓿管的垫圈或螺旋帽封闭不严,液氮灌入管内,取出安瓿管时,会发生爆炸,因此密封安瓿管十分重要,需特别细致。

(5)预冻

先将分装好的安瓿管置4℃冰箱中放30min后转入冰箱上格−18℃处放置20～30min,再置−30℃低温冰箱或冷柜20min后,快速转入−70℃超低温冰箱(可根据实验室的条件采用不同的预冻方式,如用程序控制降温仪、干冰、盐冰等)。

(6)保存

经−70℃ 1h冻结,将安瓿管快速转入液氮罐液相中,并记录菌种在液氮罐中存放的位置与安瓿管数。

(7)解冻

需使用样品时,带上棉手套,从液氮罐中取出安瓿管,用镊子夹住安瓿管上端迅速放入37℃水浴锅中摇动1～2min,样品很快溶化。然后用无菌吸管取出菌悬液加入适宜的培养基中保温培养便可。

(8)存活性测定

可采用以下方法进行存活检测:

①染色法:取解冻融化的菌悬液按细菌、真菌死活染色法,通过显微镜观察细胞存活和死亡的比例,计算出存活率。

②活菌计数法:分别将预冻前和解冻融化的菌悬液按10倍稀释法涂布平板培养后,根

据二者每毫升活菌数计算出存活率(如有必要,可测定菌种特征的稳定性)。

按以下公式计算其存活率:

存活率%=保藏后每毫升活菌数/保藏前活菌数×100%

9.核酸的保存

DNA 和 RNA 常采用以下方法保存:

(1)以溶液形式置低温保存

DNA 溶于无菌 TE 缓冲液(10mmol/L,Tris·HCl,lmmol/L EDTA,pH8.0)中,其中 EDTA 的作用是螯合溶液中二价金属离子,从而抑制 DNA 酶的活性($Mg^{2+}$ 是 DNA 酶的激活剂)。TE 的 pH 为 8.0 是为了减少 DNA 的脱氨反应。哺乳动物细胞 DNA 的长期保存,可在 DNA 样品中加入 1 滴氯仿,避免细菌和核酸酶的污染。

RNA 一般溶于无菌 0.3mol/L 醋酸钠(pH5.2)或无菌双蒸馏水中,也可在 RNA 溶液中加 l 滴 0.3mol/L VRC(氯钒核糖核苷复合物),其作用是抑制 RNase 的降解。核酸分子溶于合适的溶液后置 4℃、−20℃或−70℃条件下存放。4℃条件下样品可保存 6 个月左右,−70℃条件下则可存放 5 年以上。

(2)以沉淀的形式置低温保存

乙醇是核酸分子有效的沉淀剂。将提纯的 DNA 或 RNA 样品加入乙醇使之沉淀,离心后去上清液。再加入乙醇,置 4℃、−20℃可存放数年,而且还可以在常温状态下邮寄。

(3)以干燥的形式保存

将核酸溶液按一定的量分装于 Eppendorf 管中,置低温(盐冰、干冰、低温冰箱均可)预冻,然后在低温状态下真空干燥。置 4℃可存放数年以上。取用时只需加入适量的无菌双蒸馏水,待 DNA 或 RNA 溶解后便可使用。

操作注意事项:

①安瓿管需绝对密封,如有漏洞,保藏期间液氮灌入管内,当从液氮中取出安瓿管时,会发生爆炸,因此密封安瓿管十分重要。需特别细致。操作人员应带皮手套或面罩等。

②液氮与皮肤接触时,皮肤极易被"冷烧",故应小心操作。

③当从液氮中取出某一安瓿管时,为防止其他安瓿管升温而不利于保藏,所以取出及放回安瓿管的时间一般不超过 1min。

菌种保存需要有准确的记录,可按实名,也可按编号,但需要有准确的备案。记录方式可参照《中国兽医菌种目录》中的格式,亦可按下表记录。

**菌种保藏记录表**

| 菌种名称 | 保藏编号 | 保藏方法 | 保藏日期 | 存放条件 | 经手人 |
|---|---|---|---|---|---|
|  |  |  |  |  |  |

(沙莎)

# 附录 V　常用试剂和缓冲液的配制

## (一)常用试剂配制

(1)乳酸苯酚固定液乳酸 10g、结晶苯酚 10g、甘油 20g、蒸馏水 10mL。

(2)质量分数为 1.6% 的溴甲酚紫

溴甲酚紫 1.6g 溶于 100mL 乙醇中,贮存于棕色瓶中保存备用。用作培养基指示剂时,每 1000mL 培养基中加入 1mL 质量分数为 1.6% 的溴甲酚紫即可。

(3)Alsever's 血细胞保存液

葡萄糖 2.05g、柠檬酸钠 0.8g、NaCl 0.42g、蒸馏水 100mL。以上成分混匀后,微加温使其溶解后,用柠檬酸调节 pH 到 6.1,分装于三角瓶中(30~50mL/瓶),113℃ 湿热灭菌 15min,备用。

红细胞保养液即阿氏液(Alsever):

| | |
|---|---|
| 枸橼酸钠(5H$_2$O) | 0.80g |
| 枸橼酸(H$_2$O) | 0.055g |
| 葡萄糖 | 2.05g |
| 氯化钠 | 0.42g |
| 双蒸水 | 加至 100mL |

将以上试剂加热溶解于双蒸水中,调整 pH 至 6.8,115℃ 灭菌 10min,4℃ 保存备用。

(4)Hank's 液配制

原液甲

| | |
|---|---|
| NaCl | 8g |
| KCl | 2g |
| MgSO$_4$·7H$_2$O | 2g |
| MgCl$_2$·6H$_2$O | 2g |
| 2.8%CaCl$_2$ | 100mL |
| 双蒸水 | 加至 1000mL |

先将固体成分加于 800mL 双蒸水中,加温到 50℃~60℃ 加速溶解,再加入 CaCl$_2$ 溶液,最后加双蒸水补足到 1000mL。加氯仿 2mL,摇匀后于 4℃ 贮存。

原液乙

| | |
|---|---|
| Na$_2$HPO$_4$·2H$_2$O | 1.2g |
| KH$_2$PO$_4$·2H$_2$O | 1.2g |
| 葡萄糖 | 20g |
| 0.4%酚红 | 100mL |
| 双蒸水 | 加至 1000mL |

将上列各物混合后使其溶解,加氯仿2mL,摇匀后于4℃贮存。

Hank's工作液

| | |
|---|---|
| 原液甲 | 1份 |
| 原液乙 | 1份 |
| 双蒸水 | 18份 |

工作液分装100mL,或500mL盐水瓶中,115℃灭菌10min,使用前以7%NaHCO$_3$调节pH至7.2~7.6。

(5)0.4%酚红溶液配制

| | |
|---|---|
| 酚红 | 0.4g |
| 0.1%NaOH溶液 | 11.28mL |

将酚红置于研钵中,加磨边缓缓加NaOH溶液,直到所有颗粒完全溶解,置于100mL量杯中,最后加双蒸水至100mL,摇匀后,保存于4℃冰箱内备用。

(6)0.5%乳蛋白水解物溶液配制

| | |
|---|---|
| 乳蛋白水解物 | 5g |
| Hank's液 | 1000mL |

将乳蛋白水解物放入1000mL Hank's液中,待完全溶解后,摇匀分装于100mL的盐水瓶中,每瓶95mL,115℃10min灭菌,4℃贮存备用。

(7)营养液(生长液)配制

| | |
|---|---|
| 0.5%乳蛋白水解物 | 95mL |
| 犊牛血清 | 5mL |
| 青霉素、链霉素 | 1mL |

将上述溶液混合后,以7%NaHCO$_3$适量调节pH到7.2~7.4。维持液按上述方法,加犊牛血清2.5mL即成。

(8)MEM培养液

MEM培养基一袋,加1000mL双蒸水,过滤除菌或高压灭菌,分装于100mL盐水瓶中,每瓶90mL,用前以7%NaHCO$_3$调节pH到7.2~7.4,并加10%犊牛血清。

(9)双抗配制

| | |
|---|---|
| 青霉素 | 100万IU |
| 链霉素 | 1g |
| Hank's液 | 100mL |

将青、链霉素溶解于100mL Hank's溶液中,此为双抗溶液,无菌操作,分装小瓶,每瓶1mL,内含有青霉素100IU,链霉素10000$\mu$g,低温冻结保存。

使用时每100mL营养液中加双抗1mL,即每毫升营养液中含青霉素100IU,链霉素100$\mu$g。

(10)7% NaHCO$_3$溶液配制

| | |
|---|---|
| NaHCO$_3$ | 7g |
| 双蒸水 | 100mL |

将NaHCO$_3$溶于双蒸水中,置水浴锅中加热溶解,115℃10min灭菌后,无菌操作分装小瓶,每瓶1mL,4℃保存。

(11)0.25%胰蛋白酶配制

| 胰蛋白 | 0.25g |
|---|---|
| Hank's 液 | 100mL |

将胰蛋白酶溶于 Hank's 液中,待完全溶解后,用 $0.2\mu m$ 滤膜过滤,检验无菌后才能使用。无菌分装小瓶,每瓶 5mL,低温冻结保存。使用时,以 7% $NaHCO_3$ 调节 pH 到 7.6~7.8。

(12)0.1mol/L $CaCl_2$ 溶液

双蒸馏水 900mL,$CaCl_2$ 11g,定容至 1L,可用孔径为 $0.22\mu m$ 的滤器过滤除菌或 121℃湿热灭菌 20min。

(13)0.05 mol/L $CaCl_2$ 溶液

双蒸馏水 900mL,$CaCl_2$ 5.5g,定容至 1L,可用孔径为 $0.22\mu m$ 的滤器过滤除菌或 121℃湿热灭菌 20min。

(14)α-淀粉酶活力测定试剂

①碘原液:称取碘 11g,碘化钾 22g,加水溶解定容至 500mL。

②标准稀碘液:取碘原液 15mL,加碘化钾 8g,定容至 500mL。

③比色稀碘液:取碘原液 2mL,加碘化钾 20g,定容至 500mL。

④质量分数为 2% 的可溶性淀粉:称取干燥可溶性淀粉 2g,先以少许蒸馏水混合均匀,再徐徐倾入煮沸的蒸馏水中,继续煮沸 2min,待冷却后定容至 100mL(此液当天配制使用)。

⑤标准糊精液:称取分析纯糊精 0.3g,用少许蒸馏水混匀后倾入 400mL 水中,冷却后定容至 500mL,加入几滴甲苯试剂防腐,冰箱保存。

(15)测定乳酸的试剂

①pH9.0 缓冲液:在 30mL 容量瓶中加入甘氨酸 11.4g,质量分数为 24% 的 NaOH 2mL,加 275mL 蒸馏水。

②NAD 溶液:NAD600mg 溶于 20mL 蒸馏水中。

③L-LDH 溶液:加 5mg L-LDH 于 1mL 蒸馏水中。

④D-LDH 溶液:加 5mg D-LDH 于 1mL 蒸馏水中。

(16)dNTP 混合液

dATP 50 mol/L,dCTP 50 mol/L,dGTP 50 mol/L,dTTP 50 mol/L。

(17)质量分数为 1% 的琼脂糖

琼脂糖 1g,TAE 100mL,100℃ 融化后待凉至 40℃ 时倒胶,胶厚度 4~6mm。

(18)TAE

Tris 碱 4.84mL、冰乙酸 1.14mL、0.5mol/L pH8 的 EDTA-2Na·$2H_2O$(乙二胺四乙酸钠盐)2mL。

(19)0.5mol/L EDTA(pH8.0)

在 80mL 蒸馏水中加 186.11g EDTA,剧烈搅拌,用 NaOH 调节 pH 至 8.0(约 20g 颗粒),定容至 1L,分装后 121℃ 湿热灭菌备用。

(20)硝酸盐还原试剂

①格里斯氏(Griess)试剂

A 液:对氨基苯磺酸 0.5g,稀醋酸(体积分数为 10% 左右)150mL。

B 液:α-萘胺 0.1g,蒸馏水 20mL,稀醋酸(体积分数为 10% 左右)150mL。

②二苯胺试剂

二苯胺 0.5g 溶于 100mL 浓硫酸中,用 20mL 蒸馏水稀释。

培养液中滴加 A、B 液后溶液如变为粉红色、玫瑰红色、橙色或棕色等表示有亚硝酸盐被还原,反应为阳性;如无色出现则可加 1~2 滴二苯胺试剂;如溶液呈蓝色则表示培养液中仍存在有硝酸盐,从而证实该菌无硝酸盐还原作用;如溶液不呈蓝色,则表示形成的亚硝酸盐已进一步还原成其他物质,故硝酸盐还原反应仍为阳性。

(21)甲基红试剂(MR)

甲基红 0.02g、95%酒精 60mL、蒸馏水 40mL。

(22)VP 试剂

硫酸铜 1g、浓氨水 40mL、10%KOH950mL、蒸馏水 10mL。

(23)0.85%生理盐水(用于制备菌悬液或孢子悬液及检样稀释液)

氯化钠 8.5g、蒸馏水 1000mL、氯化钠溶解后,分装三角瓶 225mL,试管 9mL,0.1MPa 高压灭菌 15min。

(24)0.5%盐水(用于稀释血清,检验致病性大肠杆菌用)

氯化钠 0.5g、蒸馏水 1000mL,氯化钠溶解后,分装三角瓶中,0.1MPa 高压灭菌 15min。

(25)铬酸洗液

| | |
|---|---|
| 重铬酸钾 | 5g |
| 蒸馏水 | 100mL |
| 浓硫酸 | 80mL |

将重铬酸钾研细溶于 100mL 蒸馏水中,冷却后慢慢加入 80mL 浓硫酸,边加边搅拌。储存于磨塞细口瓶中(该试剂具有强腐蚀性,注意操作安全)。

(26)5%碘酊

| | |
|---|---|
| 碘化钾 | 30g |
| 碘 | 50g |
| 蒸馏水 | 20mL |
| 95%乙醇 | 480mL |
| 加水蒸馏水至 | 1000mL |

称取碘化钾 30g 于研钵中,加蒸馏水 20mL 研磨,再加入 50g 碘片研磨,加 95%乙醇少许继续研磨 1min,将上清液倒入 1000mL 容器,在研钵中再加入 95%乙醇少许研磨 1min,倒出上清液,如此反复直至碘片溶解完全和定量的乙醇用完,再加蒸馏水至 1000mL。

(27)实验室常用酒精配制

**酒精原浓度及 100mL 原液中应加水量(mL)**

| 稀释后%＼加水量(mL)＼原液浓度% | 95 | 90 | 85 | 80 | 75 |
|---|---|---|---|---|---|
| 90 | 6.5 | | | | |
| 85 | 13.4 | 6.6 | | | |
| 80 | 20.2 | 13.8 | 6.8 | | |
| 75 | 29.7 | 21.9 | 14.5 | 7.2 | |
| 70 | 39.2 | 31.1 | 23.1 | 15.4 | 7.6 |

### (二)缓冲液

(28)pH 值 6.0 磷酸氢二钠—柠檬酸缓冲液

称取 $Na_2HPO_4 \cdot 12H_2O$ 45.23g、柠檬酸($C_6H_8O_7 \cdot H_2O$)8.07g,加蒸馏水定容至 1000mL。

(29)0.1mol/L 磷酸缓冲液(pH7.0)

①A 液称取 $Na_2HPO_4 \cdot 12H_2O$ 35.82g,溶于 1000mL 蒸馏水中。

②B 液称取 $Na_2HPO_4 \cdot 12H_2O$ 15.605g,溶于 1000mL 蒸馏水中。

取 A 液 61mL、B 液 39mL,可得到 100mL 0.1mol/L,pH7.0 的磷酸缓冲液。

(30)Taq 缓冲液(10×)

Tris—HCl(pH8.4)100mol/L、KCl 500mol/L、$MgCl_2$ 15mol/L、BSA(牛血清蛋白)或明胶 1mg/mL。

(31)含镁离子的磷酸盐缓冲液

$K_2HPO_4$ 0.7g、$KH_2PO_4$0.2g、$MgSO_4 \cdot 7H_2O$ 0.025g、蒸馏水 100mL、0.1MPa 高压灭菌 15min。

(32)巴比妥缓冲液(pH8.6 0.05mol/L)

巴比妥 1.84g、巴比妥钠 1.03g、蒸馏水 1000mL(不需灭菌)。

(33)S.M 缓冲液

0.1mol/L NaCl、0.001mol/L $MgSO_4 \cdot 7H_2O$、0.02mol/L Tris—HCl。

配法:

①配 Tris—HCl 缓冲液,取 100mL 0.2mol/L Tris 液和 160mL 0.1mol/L HCl 混合而成。

②分别称取 5.85g NaCl 和 0.25g $MgSO_4 \cdot 7H_2O$,分别用少量上述缓冲液溶解。

③将上述溶液与 Tris—HCl 混合到一起,然后再加蒸馏水定溶到 1000mL,即成 S.M 缓冲液。

(34)Bt 生物测定缓冲液

NaCl 0.85g、$K_2HPO_4$ 0.6g、$KH_2PO_4$0.3g、1%Tween—80 1mL、蒸馏水 100mL。

(35)TE 缓冲液

pH7.4

10mmol/L Tris—HCl( pH7.4)、1mmol/L EDTA(pH8.0)。

pH7.6

10mmol/L Tris—HCl( pH7.6)、1mmol/L EDTA(pH8.0)。

pH8.0

10mmol/L Tris—HCl( pH8.0)、1mmol/L EDTA(pH8.0)。

（宋振辉、张鹦俊）

# 附录Ⅵ　离心力与转速的换算

目前,用于离心力与转速换算的方法主要有两种:

(1)公式计算

离心机的转速(rpm)以每分多少转(r/min)来表示,相对离心力 RCF 值(单位:重力加速度 g 值)取决于转子的转速(rpm)和旋转半径(r,以 cm 计算),可用如下公式计算:

$$RCF = 11.18 \times 10^{-6} \times r \times (rpm)^2$$

(2)图表查得

根据 RCF 值(g 值)、rpm 值、r 值之间的关系,可从下图中大致读出各种数值。

普通离心机可以按照上述方法换算,现在许多新型离心机则设有按钮可以在 rpm 与 RCF 之间切换,非常方便。见图Ⅶ-1,图Ⅶ-2。

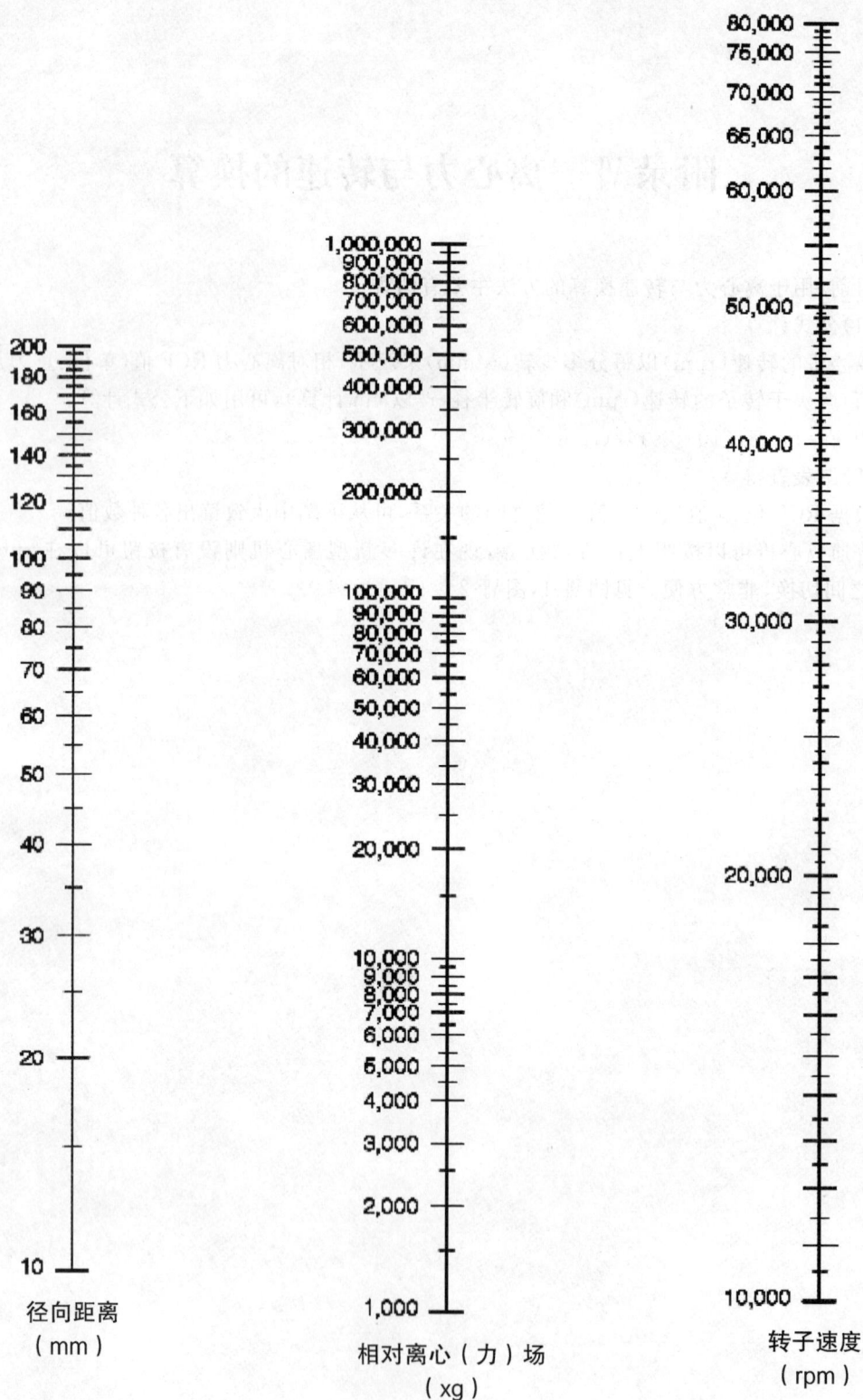

200
180
160
140
120
100
90
80
70
60
50
40
30
20
10

径向距离
（mm）

1,000,000
900,000
800,000
700,000
600,000
500,000
400,000
300,000
200,000
100,000
90,000
80,000
70,000
60,000
50,000
40,000
30,000
20,000
10,000
9,000
8,000
7,000
6,000
5,000
4,000
3,000
2,000
1,000

相对离心（力）场
（xg）

80,000
75,000
70,000
65,000
60,000
50,000
40,000
30,000
20,000
10,000

转子速度
（rpm）

图Ⅵ-1

r [cm]  rcf  n [rpm]

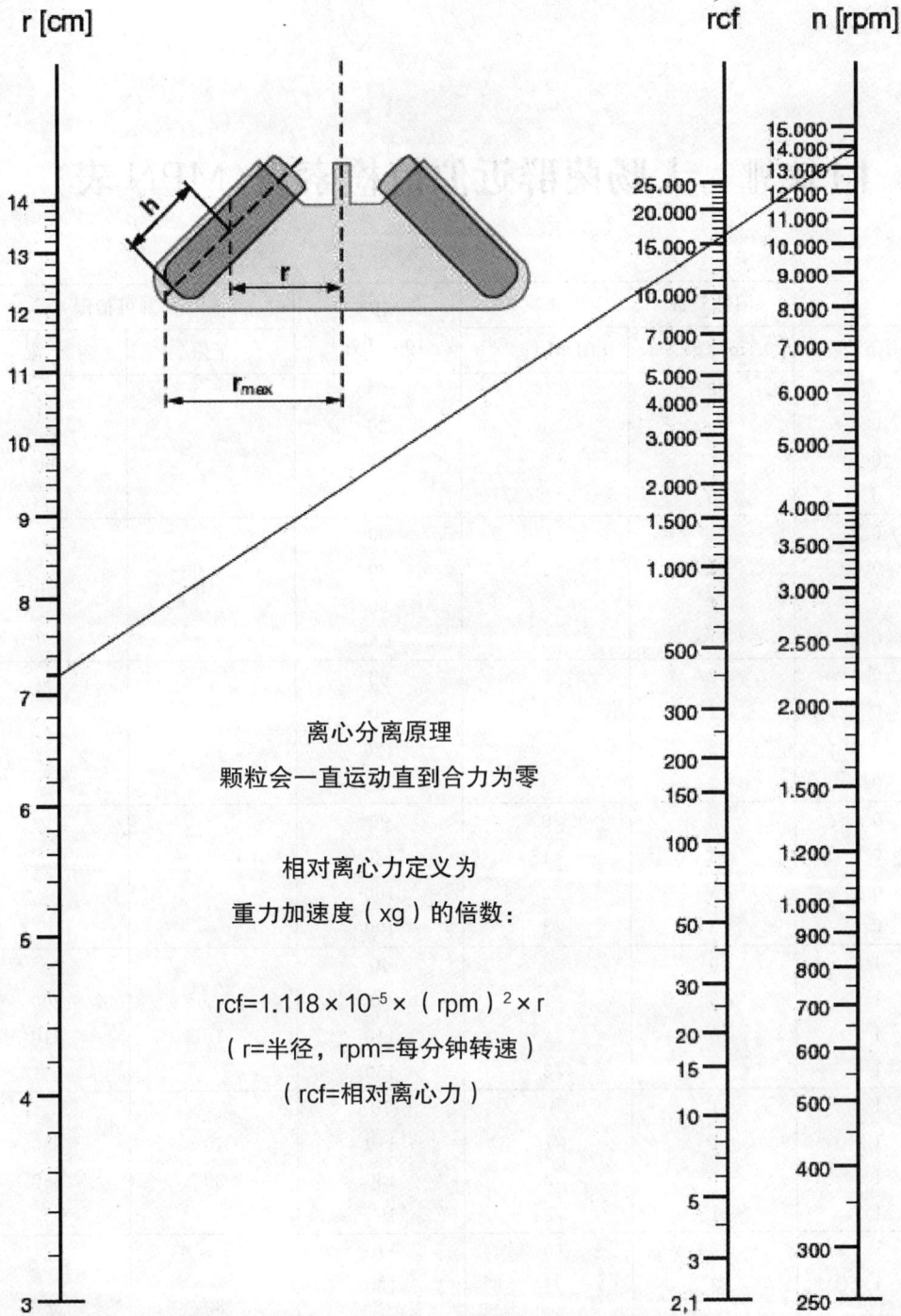

离心分离原理

颗粒会一直运动直到合力为零

相对离心力定义为

重力加速度（xg）的倍数：

$$rcf=1.118\times10^{-5}\times(rpm)^2\times r$$

（r=半径，rpm=每分钟转速）

（rcf=相对离心力）

图Ⅵ-2

（盖新娜）

# 附录Ⅶ 大肠菌群近似值检索表(MPN 表)

| 阳性管数 | | | MPN | 95%可信限 | |
|---|---|---|---|---|---|
| 1mL(g)×3 | 0.1mL(g)×3 | 0.01mL(g)×3 | 100mL(g) | 下限 | 上限 |
| 0 | 0 | 0 | <30 | | |
| 0 | 0 | 1 | 30 | | |
| 0 | 0 | 2 | 60 | <5 | 90 |
| 0 | 0 | 3 | 90 | | |
| 0 | 1 | 0 | 30 | | |
| 0 | 1 | 1 | 60 | | |
| 0 | 1 | 2 | 90 | <5 | 130 |
| 0 | 1 | 3 | 120 | | |
| 0 | 2 | 0 | 60 | | |
| 0 | 2 | 1 | 90 | | |
| 0 | 2 | 2 | 120 | | |
| 0 | 2 | 3 | 160 | | |
| 0 | 3 | 0 | 90 | | |
| 0 | 3 | 1 | 130 | | |
| 0 | 3 | 2 | 160 | | |
| 0 | 3 | 3 | 190 | | |
| 1 | 0 | 0 | 40 | | |
| 1 | 0 | 1 | 70 | <5 | 200 |
| 1 | 0 | 2 | 110 | 10 | 210 |
| 1 | 0 | 3 | 150 | | |
| 1 | 1 | 0 | 70 | | |
| 1 | 1 | 1 | 110 | 10 | 230 |
| 1 | 1 | 2 | 150 | 30 | 360 |
| 1 | 1 | 3 | 190 | | |
| 1 | 2 | 0 | 110 | | |
| 1 | 2 | 1 | 150 | | |
| 1 | 2 | 2 | 200 | 30 | 360 |
| 1 | 2 | 3 | 240 | | |
| 1 | 3 | 0 | 160 | | |
| 1 | 3 | 1 | 200 | | |
| 1 | 3 | 2 | 240 | | |
| 1 | 3 | 3 | 290 | | |

续表

| 阳性管数 | | | MPN | 95%可信限 | |
|---|---|---|---|---|---|
| 1mL(g)×3 | 0.1mL(g)×3 | 0.01mL(g)×3 | 100mL(g) | 下限 | 上限 |
| 2 | 0 | 0 | 90 | | |
| 2 | 0 | 1 | 140 | 10 | 360 |
| 2 | 0 | 2 | 200 | 30 | 370 |
| 2 | 0 | 3 | 260 | | |
| 2 | 1 | 0 | 150 | | |
| 2 | 1 | 1 | 200 | 30 | 440 |
| 2 | 1 | 2 | 270 | 70 | 890 |
| 2 | 1 | 3 | 340 | | |
| 2 | 2 | 0 | 210 | | |
| 2 | 2 | 1 | 280 | 40 | 470 |
| 2 | 2 | 2 | 350 | 100 | 1500 |
| 2 | 2 | 3 | 420 | | |
| 2 | 3 | 0 | 290 | | |
| 2 | 3 | 1 | 360 | | |
| 2 | 3 | 2 | 440 | | |
| 2 | 3 | 3 | 530 | | |
| 3 | 0 | 0 | 230 | | |
| 3 | 0 | 1 | 390 | 40 | 1200 |
| 3 | 0 | 2 | 640 | 70 | 1300 |
| 3 | 0 | 3 | 950 | 150 | 3800 |
| 3 | 1 | 0 | 430 | | |
| 3 | 1 | 1 | 750 | 70 | 2100 |
| 3 | 1 | 2 | 1200 | 140 | 2300 |
| 3 | 1 | 3 | 1600 | 300 | 3800 |
| 3 | 2 | 0 | 930 | | |
| 3 | 2 | 1 | 1500 | 150 | 3800 |
| 3 | 2 | 2 | 2100 | 300 | 4400 |
| 3 | 2 | 3 | 2900 | 350 | 4700 |
| 3 | 3 | 0 | 2400 | | |
| 3 | 3 | 1 | 4600 | 360 | 13000 |
| 3 | 3 | 2 | 11000 | 710 | 24000 |
| 3 | 3 | 3 | ≥24000 | 1500 | 48000 |

注:(1)本表采用3个稀释度[1mL(g)、0.1 mL(g)、0.01mL(g)],每稀释度3管。

(2)表内所列检验量如改用10mL(g)、1mL(g)、0.1mL(g)时,表内的数字应相应降低10倍,如改用0.1mL(g)、0.01mL(g)、0.001mL(g)时,则表内数字应相应增加10倍,其余可类推。

(宋振辉、张鹦俊)

# 参考文献

[1]姚火春.兽医微生物学实验指导.北京:中国农业出版社,2007.

[2]罗满林,顾为望.实验动物学.北京:中国农业出版社,2009.

[3]张宾,王予辉.常用动物试验操作指南.上海:上海中医药大学出版社,2007.

[4]邹移海,徐志伟,苏刚强.实验动物学.北京:科学出版社,2004.

[5]吴端生,张健.现代实验动物学技术.北京:化学工业出版社,2007.

[6]崔淑芳.实验动物学.江苏:第二军医大出版社,2007.

[7]刘须民,刘友光,寇红,梅刘芳.动物病料的采集、固定和送检.河南畜牧兽医,2002(第5期).

[8]叶志斌,史朝俊,张新国.兽医临床病料的采取、包装及运送.上海畜牧兽医通讯,2006年(第3期):69.

[9]张鹏飞.病料的采集与保管.国外畜牧学——猪与禽,2010(3):83.

[10]钱存柔等.微生物学实验教程.北京:北京大学出版社,1999.

[11]陆承平.兽医微生物学.北京:中国农业出版社,2007年8月第4版

[12]葛兆宏主编.动物微生物.北京:中国农业出版社,2004.

[13]赵斌,何绍江主编.微生物学实验.北京:科学出版社,2002.

[14]沈萍,陈向东主编.微生物学实验.北京:高等教育出版社,2007.

[15]罗晶,袁嘉丽主编.微生物学实验.北京:中国中医药出版社,2007.

[16]牛天贵.食品微生物学.北京:中国农业大学出版社,2009.

[17]张文治.新编食品微生物学.北京:中国轻工业出版社,2006.

[18]胡开辉.微生物学实验.北京:中国林业出版社,2004.

[19]吴金鹏.食品微生物学.北京:农业出版社,1992.

[20]中华人民共和国国家标准(GB4789.3——2010)

[21]纪铁鹏,崔雨荣.乳品微生物学.北京:中国轻工业出版社,2006.

[22]唐丽杰.微生物学实验.哈尔滨:哈尔滨工业大学出版社,2005.

[23]刘慧.现代食品微生物学实验技术.北京:中国轻工业出版社,2006.

[24]郭鑫.动物免疫学实验教程.北京:中国农业大学出版社,2007

[25]杜念兴.兽医免疫学.北京:中国农业出版社,1999

[26]陈溥言.兽医传染病学.北京:中国农业出版社,2006.

[27]中华人民共和国标准致病性嗜水气单胞菌检验防范(GB/T18652-2002)

[28]肖克宇,陈昌福.水产微生物学.北京:中国农业出版社,2004.

[29]钱靖,骆志成,魏玉平.兰州地区犬小孢子菌感染情况及药敏试验研究.西北国防医学杂志,2008(29):449~450.

[30]胡沙沙.犬小孢子菌的研究进展.中华现代皮肤科学杂志,2005(2):39~40.

[31]胡桂学.兽医微生物学实验教程.北京:中国农业大学出版社,2006.

[32]刘志恒.现代微生物学(第2版).北京:科学出版社,2008年3月

[33]张维铭.现代分子生物学实验手册(第2版).北京:科学出版社,2007.

[34]朱玉贤,李毅高.现代分子生物学(第2版).北京:高等教育出版社,2002.

[35]唐理杰.微生物学实验.哈尔滨:哈尔滨工业大学出版社,2005.

[36]胡建和,王丽荣,杭柏林.动物微生物学.北京:中国农业科学技术出版社,2006.

[37]杨文博.微生物学实验.北京:化学工业出版社,2004.

[38]杜鹏.乳品微生物学实验技术.北京:中国轻工业出版社,2008.

[39]马绪荣,苏德模.药品微生物学检验手册.北京:科学出版社,2001.

[40]肖克宇.水产动物免疫与应用.北京:科学出版社,2007.

[41]王世若.兽医微生物学及免疫学实验指导.长春:中国人民解放军兽医大学,1984.

[42]房海等.水产养殖动物病原细菌学.北京:中国农业出版社,2010.

[43]周德庆.微生物学教程.北京:高等教育出版社,1993.

[44]闻玉梅.现代医学微生物学.上海:上海医科大学出版社,1999.

[45]黄青云.畜牧微生物学(第五版).北京:中国农业出版社,2009.

**图书在版编目(CIP)数据**

动物微生物实验教程/沙莎,宋振辉主编. — 重庆：西南
师范大学出版社，2011.8
高等学校规划教材
ISBN 978-7-5621-5395-5

Ⅰ.①动… Ⅱ.①沙…②宋… Ⅲ.①兽医学:微生物
学－实验－高等学校－教材 Ⅳ.①S852.6－33

中国版本图书馆 CIP 数据核字(2011)第 139369 号

**动物微生物实验教程**

沙 莎 宋振辉 主 编

责 任 编 辑:杜珍辉

版 式 设 计: CASPALY 尚品视觉 周 娟 尹 恒

校 对 人 员:杨炜蓉

照 排:夏 洁

出版、发行:西南师范大学出版社

（重庆·北碚 邮编:400715

网址:www.xscbs.com）

印 刷:重庆紫石东南印务有限公司

开 本:787mm×1092mm 1/16

印 张:13.75

插 页:8

字 数:374 千字

版 次:2011 年 8 月第 1 版

印 次:2017 年 7 月第 3 次印刷

书 号:ISBN 978-7-5621-5395-5

定 价:35.00 元

# 微生物操作技术图

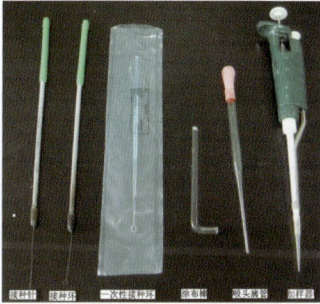

图 1.接种工具

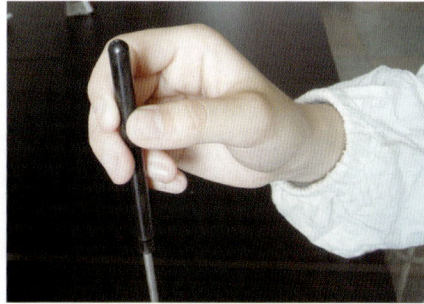

图 2.执拿接种棒手式

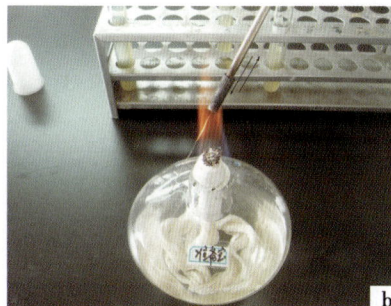

图 3.接种环灭菌。a.灭环。b.灭接头和棒。

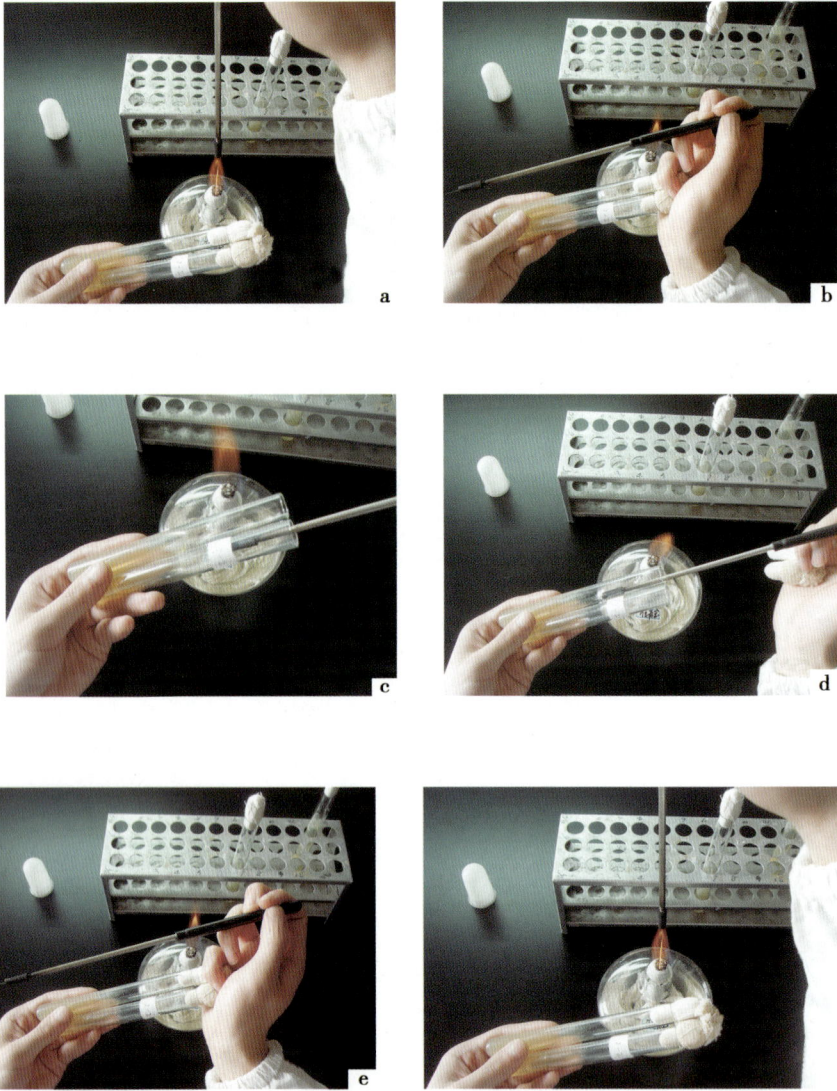

图 4.斜面移植。a.接种环灭菌。b.取棉塞。c.钓菌。d.移植划线（从斜面底部至顶部）。e.盖棉塞。f.灭菌。

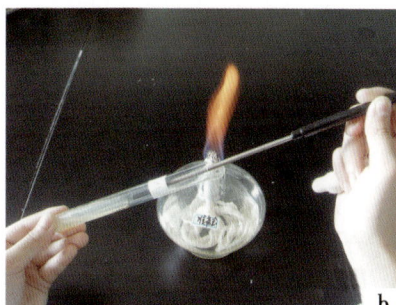

图 5.平板划线。a.接种环灭菌。b.钓菌。c.盖菌种棉塞。d.皿盖开启一小口划线

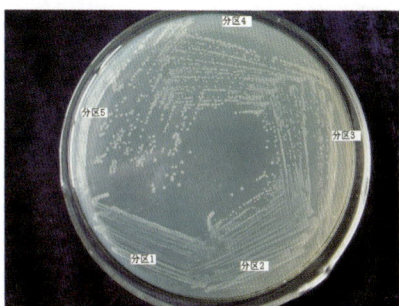

图 6.分区划线分离的菌落

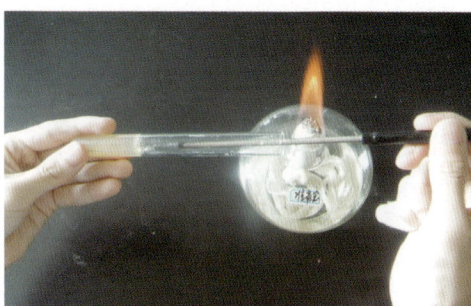

图 7.穿刺接种(水平穿刺)

图 8.倾注平板。a.取棉塞并在火焰上掠烧瓶口。b.倾到培养基于无菌平板中。c.水平移开倾倒好的平板。d.培养基凝固后倒置。

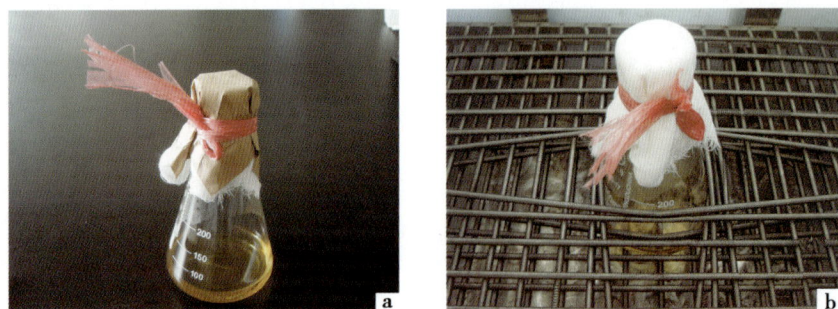

图 9.液体培养基摇振培养。a.培养瓶瓶口用 16 层纱布和纸包扎灭菌。b.接种后,去掉包扎纸摇振培养。

# 兽医病原菌形态彩图

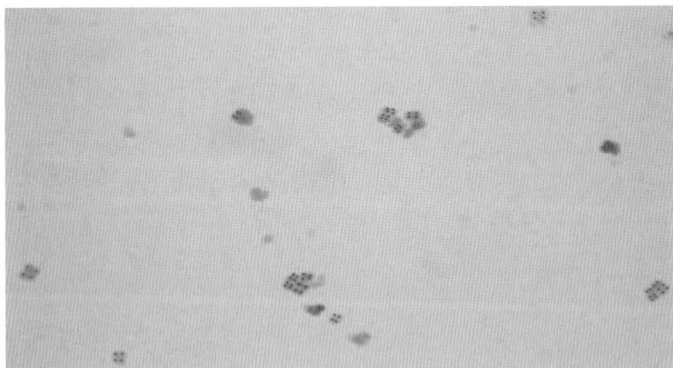

图 1.四联球菌(10×100)

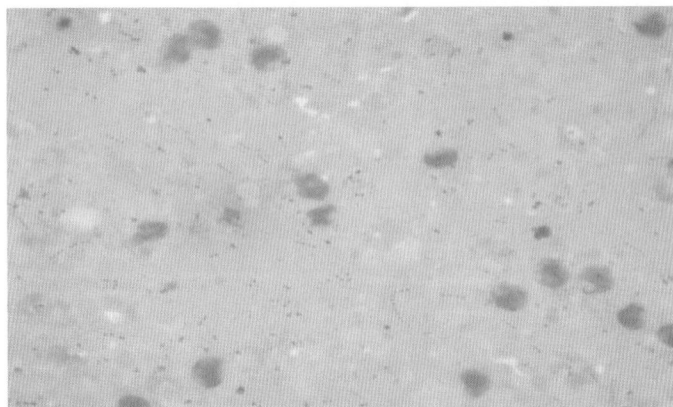

图 2.猪链球菌组织涂片(10×100)

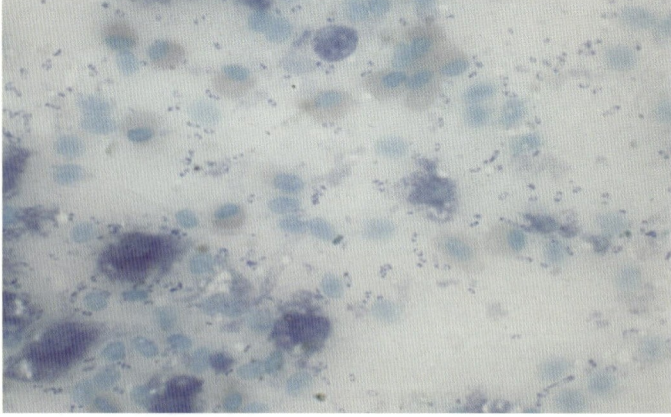

图 3.多杀性巴氏杆菌组织涂片(10×100)

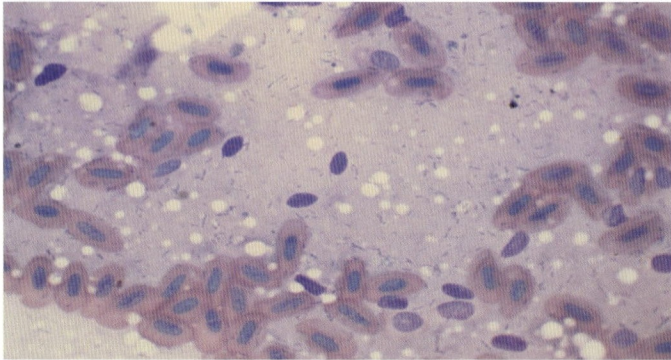

图 4.猪丹毒杆菌组织涂片(10×100)

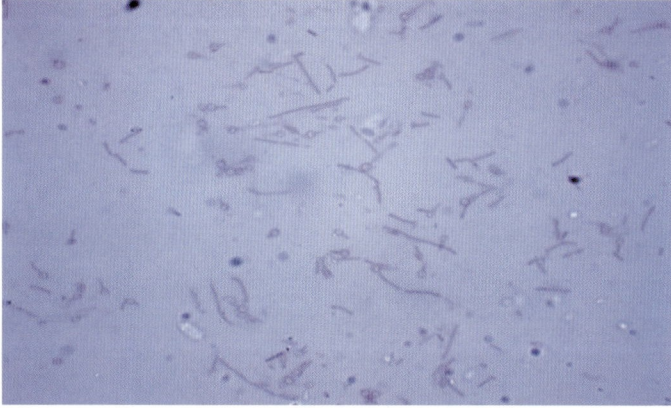

图 5.破伤风芽孢杆菌(10×100)

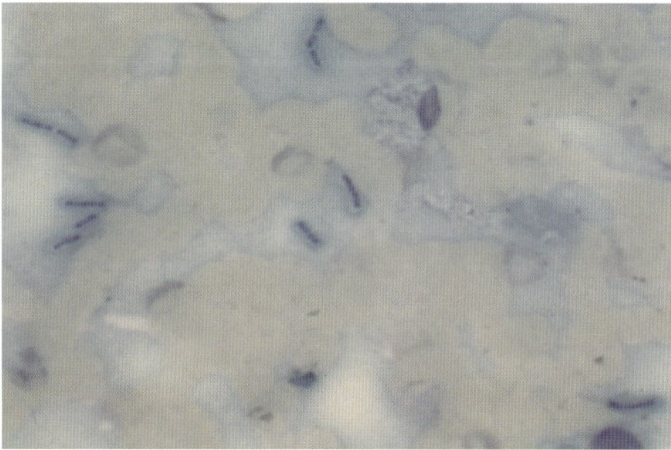

图 6.炭疽杆菌荚膜(10×100)

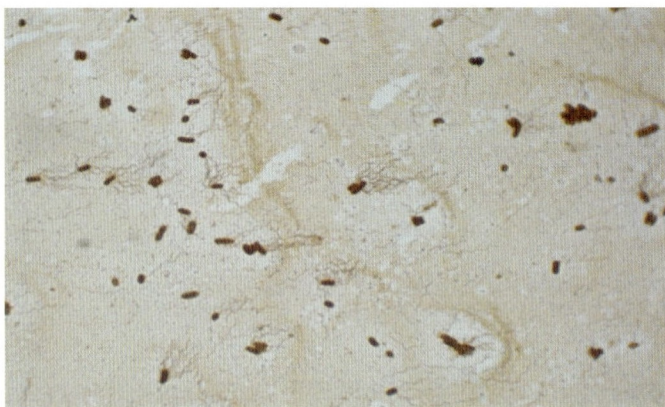

图 7. 沙门菌鞭毛(10×100)

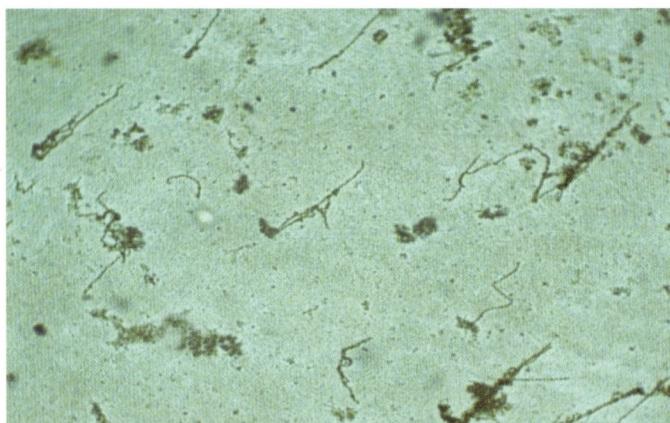

图 8.钩端螺旋体(10×100)